智能系统与技术丛书

大型语言模型实战指南

应用实践与场景落地

刘聪 沈盛宇 李特丽 杜振东◎著

图书在版编目（CIP）数据

大型语言模型实战指南：应用实践与场景落地 / 刘聪等著 .—北京：机械工业出版社，2024.7（2025.1 重印）
（智能系统与技术丛书）
ISBN 978-7-111-75845-7

Ⅰ. ①大…　Ⅱ. ①刘…　Ⅲ. ①自然语言处理－指南　Ⅳ. ① TP391-62

中国国家版本馆 CIP 数据核字（2024）第 099975 号

机械工业出版社（北京市百万庄大街 22 号　邮政编码 100037）
策划编辑：杨福川　　　　　　　责任编辑：杨福川　陈　洁
责任校对：张雨霏　张　薇　　　责任印制：郜　敏
三河市宏达印刷有限公司印刷
2025 年 1 月第 1 版第 2 次印刷
186mm×240mm · 18 印张 · 389 千字
标准书号：ISBN 978-7-111-75845-7
定价：99.00 元

电话服务　　　　　　　　　　　网络服务
客服电话：010-88361066　机　工　官　网：www.cmpbook.com
　　　　　010-88379833　机　工　官　博：weibo.com/cmp1952
　　　　　010-68326294　金　书　网：www.golden-book.com
封底无防伪标均为盗版　　　机工教育服务网：www.cmpedu.com

PREFACE

前　　言

为什么要写本书

2022年11月30日，ChatGPT模型问世后，立刻在全球范围内掀起了轩然大波。无论是AI从业者还是非AI从业者，都在热议ChatGPT极具冲击力的交互体验和惊人的生成内容。各大厂纷纷入局大型语言模型，“百模”甚至“千模”大战的帷幕慢慢被拉开。很多企业和高校也随之开源了一些表现优异的大型语言模型，例如GLM系列模型、LLaMA系列模型、CPM系列模型、Yi系列模型、Baichuan系列模型、Qwen系列模型、Mistral系列模型、DeepSeek系列模型、Moss模型等。但是大型语言模型距离真正落地，还有一段艰难的路要走，例如：如何优化通用大型语言模型在领域上的效果，如何在某些场景中合理运用大型语言模型，如何确保生成内容的稳定性和安全性，如何确保大型语言模型可以在生产环境下稳定使用等。

2023年，很多人在做底座大型语言模型的搭建、领域大型语言模型的预训练或微调，我们也出版了《ChatGPT原理与实战：大型语言模型的算法、技术和私有化》一书，对大型语言模型的知识体系进行了细致的梳理，并且通过实战帮助读者从零开始搭建自己的ChatGPT模型。但很多读者反馈这本书对大型语言模型应用部分的讲解不够细致，并且随着技术和时代的发展，大型语言模型如何进行场景落地变得尤为重要。

因此，经过一番思考和准备之后，我们决定从大型语言模型的应用落地角度出发，进一步系统梳理大型语言模型的相关技术，帮助读者学习如何利用开源的大型语言模型优化自身领域或场景中的使用效果。

技术的变化是飞速的，在撰写本书初期，OpenAI的GPTs应用还没有提出，不少应用还没有以产品形态呈现。随着新的应用的推出，我们修改了相关章节，目的是希望本书介绍的大型语言模型相关技术更具前沿性。技术会持续更新换代，书中提到的很多技术也许在不远的将来会被更强大的技术所取代，但这并不影响我们学习这一系列技术，因为学习这些技术本身会引发更深层次的思考。

AI已来，学无止境，那么请各位与我们一起来迎接AGI（人工通用智能）的到来吧。

读者对象

- AIGC（生成式人工智能）相关领域的师生。
- 初入AI行业的从业人员。
- 对大型语言模型感兴趣的读者。

本书特色

本书是一本集理论、实战、应用与落地于一体的大型语言模型力作，具备以下特点。

1）理论联系实际。本书不仅全面讲解了大型语言模型的核心理论，如Transformer架构和各种主流模型等，还深入探讨了领域特定模型的应用，如法律、医疗、金融和教育领域，有助于读者从多个维度理解和实践大型语言模型。

2）实战应用落地。本书详细介绍了如何构建具有个性化特点的大型语言模型应用，包括大型语言模型的微调方法、人类偏好对齐技术，以及构建具体应用的步骤等。通过实战案例和深入浅出的讲解，确保读者能够理解模型的构建和优化过程。

3）多样化应用场景。本书通过展示大型语言模型在多种场景下的应用潜力，如角色扮演、信息抽取、知识问答等，引导读者探索大型语言模型在不同领域的应用可能性，以激发读者的创新思维，最终实现大型语言模型的应用创新。

4）应用发展洞察。本书结合了我们在AI领域的丰富经验，从基础理论到实战应用，从简单模型应用到复杂系统应用，提供了全面的技术和应用视角。通过分析大型语言模型的行业应用、挑战、解决方案以及未来的发展趋势，为读者在迅速变化的技术领域中应用大型语言模型提供了宝贵的参考。

如何阅读本书

本书从逻辑上分为三部分。

第一部分（第1～3章）为基础知识，深入探讨大型语言模型的核心概念。第1章详细介绍大型语言模型的基础理论，包括常见的模型架构、领域大型语言模型以及如何评估模型的性能。第2章解析模型微调的关键步骤，即数据的收集、清洗到筛选，直至微调训练。

第 3 章介绍如何将大型语言模型与人类偏好进行对齐，详细介绍了基于人工反馈的强化学习框架及当前主流的对齐方法，旨在提供一个全面的视角来帮助读者理解大型语言模型的发展和优化路径。

第二部分（第 4～7 章）着眼于大型语言模型的实际应用，指导读者构建简单但强大的应用程序。第 4 章展示如何利用 GPTs 来快速构建一个个性化的专属 ChatGPT 应用。第 5 章介绍 Text2SQL 应用的搭建，以及如何通过 DeepSeek Coder 模型进行定制化优化。第 6 章探讨角色扮演应用的构建，并介绍了如何通过微调 Baichuan 模型来增强体验。第 7 章聚焦于对话信息抽取应用的搭建，展示了如何通过微调 Qwen 模型来将大型语言模型有效地应用于实际场景中。

第三部分（第 8～10 章）带领读者挑战更加复杂的应用的搭建。第 8 章介绍大型语言模型 Agent 以及常用框架。第 9 章深入 RAG（检索增强生成）模型的各个组件，展示了如何构建一个基于知识库的智能问答应用。第 10 章则基于 LangChain 框架，引导读者构建一个 AutoGPT 应用，展示了大型语言模型在自动化任务执行中的潜力。

本书内容丰富，旨在为读者提供一个结构清晰的学习路径，无论是大型语言模型的新手还是有经验的开发者，都能从中获得宝贵的知识和灵感。

勘误和支持

由于水平有限，书中难免存在一些遗漏或者不够准确的地方，恳请读者批评指正。如果读者发现了书中的错误，可以将其提交到 https://github.com/liucongg/LLMsBook。同时，读者遇到任何问题，欢迎发送邮件至邮箱 logcongcong@gmail.com，我们将在线上提供解答。期待得到读者的真挚反馈！

致谢

首先要感谢提出 ChatGPT 的每一位研究员，他们的坚持让人工智能进入大型语言模型时代，让我有机会体验到人工智能的魅力，也让我对人工智能有了新的认识。

感谢为大型语言模型开源社区贡献力量的每一个人，他们的无私奉献让更多人体会到了大型语言模型的美好。

感谢我硕士期间的导师侯凤贞以及本科期间的关媛、廖俊、胡建华、赵鸿萍、杨帆等老师，他们指引我走到今天。

感谢在“云问”共同奋斗的每一位充满创意和活力的朋友：李平、杨萌、李辰刚、张雅冰、孟凡华、李蔓、付晓东、丁兴华。由衷感谢云问公司创始人王清琛、茆传羽、张洪磊对我工作的支持，十分荣幸可以与各位在一家创业公司一起为人工智能落地而努力奋斗。

感谢关注“NLP 工作站”的社区成员以及所有粉丝，他们的支持才让我有了不断创作的动力。

最后感谢我的爸爸妈妈、爷爷奶奶，他们将我培养成人，并时时刻刻给予我信心和力量！

谨以此书献给我亲爱的妻子崔天宇！

刘　聪

2024 年 2 月

CONTENTS

目　录

CHAPTER 1

第 1 章 大型语言模型基础

ChatGPT 模型问世后，立刻在全球范围内掀起了轩然大波。其卓越的效果引发了新一轮 AI 浪潮，尤其是在零样本或少样本数据情况下，ChatGPT 模型也能够达到 SOTA（State Of The Art，最高水平）。这一现象使得许多 AI 从业人员转向大型语言模型（Large Language Model，LLM）的研究。大型语言模型中的“大”，不仅仅是指模型参数量大，还指模型在训练过程中所耗费的资源（数据和算力）量大。虽然目前尚无明确定义规定多少参数量的模型可以被称为大型语言模型，但本书参考了开源社区中的大型语言模型的参数量，暂将拥有 10 亿以上参数量的预训练语言模型定义为大型语言模型。

目前，大型语言模型已经成为 AI 从业人员必须掌握的重要知识领域。本章首先讲解大型语言模型的基础架构——Transformer，然后介绍目前常用的通用大型语言模型和领域大型语言模型的技术细节，最后讨论大型语言模型的评估方法，帮助读者更全面地理解大型语言模型的概念和原理。

1.1 Transformer 基础

Transformer 模型由 Google 于 2017 年提出，用于解决序列到序列（Sequence-to-Sequence，Seq2Seq）任务，该模型摒弃了传统的卷积神经网络（Convolutional Neural Network，CNN）和循环神经网络（Recurrent Neural Network，RNN）结构，采用注意力（Attention）机制，在减少计算量和提高并行效率的同时取得了更加优异的效果。

为了解决 Seq2Seq 任务，Transformer 模型的结构由编码器（Encoder）和解码器（Decoder）两部分组成，如图 1-1 所示，左边为编码器部分，右边为解码器部分。编码器部分主要由 6 个（图 1-1 左边的数字 N 为 6）相同的层堆叠而成，而每一层都包含两个子层，分别为多头注意力（Multi-Head Attention）层和前馈网络（Feed-Forward Network，FFN）层，并采用相加和层归一化（Layer Normalization，LayerNorm）操作连接两个子层。解码器部分也是由6个（图1-1右边的数字N为6）相同的层堆叠而成，除了编码器的两层之外，又插入一个掩码多头注意力层，用于将编码器的输出与解码器的输入相融合。Transformer模型在解码器部分的注意力机制上增加了上三角掩码矩阵，防止在模型训练过程中出现信息泄露情况，保证模型在计算当前位置信息时不受后面位置信息的影响。

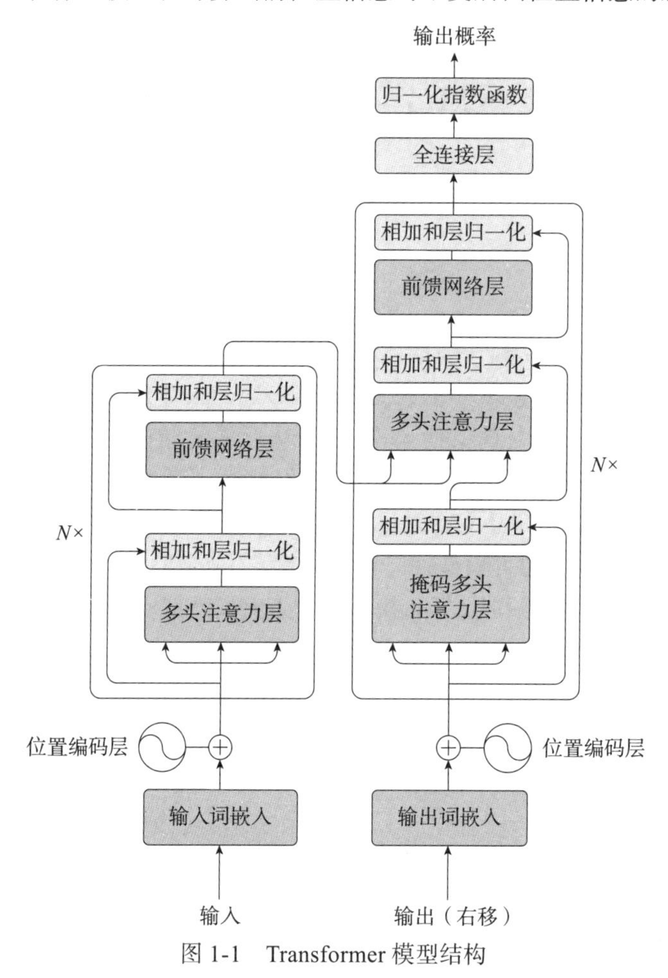

图1-1　Transformer模型结构

多头注意力层由多个缩放点积注意力（Scaled Dot-Product Attention）的自注意力（Self-Attention）机制组成，如图1-2所示。

注意力机制一般可以看作将查询（Query）和一组键值对（Key Value Pair）映射到高维空间，即对Value进行加权求和计算，其中加权求和时的权重值是由Query与Key计算得出的。对于缩放点积注意力来说，将查询向量（$\boldsymbol{Q}$）与键向量（$\boldsymbol{K}$）进行相乘，再进行大小为$\sqrt{d_k}$的缩放，经过归一化后，与值向量（$\boldsymbol{V}$）进行相乘，获取最终输出，计算公式如下：

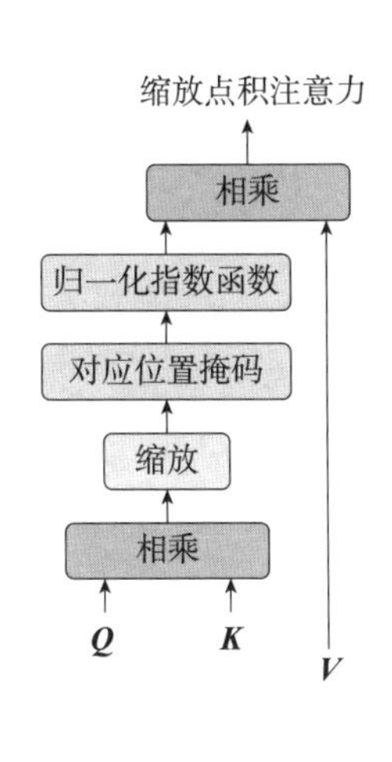

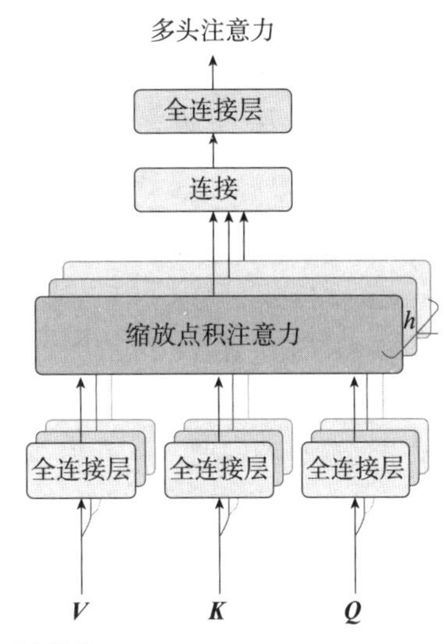

图 1-2　多头注意力层结构

$$\text{Attention}(\boldsymbol{Q},\boldsymbol{K},\boldsymbol{V})=\text{softmax}\left(\frac{\boldsymbol{Q}\boldsymbol{K}^{\mathrm{T}}}{\sqrt{d_k}}\right)\boldsymbol{V}$$

由于 $\boldsymbol{Q}$ 和 $\boldsymbol{K}$ 相乘得到向量时，向量中值之间的方差会变大，即向量中不同维度的取值波动变大，如果直接进行归一化，会导致较大的值更大，较小的值更小，因此进行参数缩放，使得参数之间的差距变小，训练效果更好。由于解码器部分的特殊性，注意力机制中 $\boldsymbol{Q}$ 与 $\boldsymbol{K}$ 相乘后，还需要额外乘上一个掩码矩阵。

多头注意力是将多个缩放点积注意力的输出结构进行拼接，再通过全连接层变换得到最终结构，计算公式如下：

$$\text{MultiHead}(\boldsymbol{Q},\boldsymbol{K},\boldsymbol{V})=\text{Concat}(\text{head}_1,\cdots,\text{head}_h)\boldsymbol{W}^0$$

在不同位置中，$\boldsymbol{Q}$、$\boldsymbol{K}$ 和 $\boldsymbol{V}$ 的获取方式不同。编码器部分的多头注意力层和解码器部分的第一个多头注意力层的 $\boldsymbol{Q}$、$\boldsymbol{K}$、$\boldsymbol{V}$ 是由输入向量经过 3 种不同的全连接层变换得来的。解码器部分的第二个多头注意力层的 $\boldsymbol{Q}$ 是由第一个多头注意力层输出向量经过全连接变换得来的，$\boldsymbol{K}$、$\boldsymbol{V}$ 则是编码器部分的输出向量。

Transformer 中的 FFN 层则由两个全连接层加上 ReLU 激活函数组成，计算公式如下：

$$\text{FFN}(\boldsymbol{x})=\max(0,\boldsymbol{x}\boldsymbol{W}_1+b_1)\boldsymbol{W}_2+b_2$$

每一层采用层归一化的原因是层归一化不受训练批次大小的影响，并且可以很好地应用在时序数据中，不需要额外的存储空间。

由于注意力机制与 CNN 结构一样，无法表示文本的时序性，相比于 LSTM 结构等循环神经网络，在 NLP 领域效果要差一些，因此引入位置信息编码，相当于使模型具备解决时序性内容的能力，这也是 Transformer 成功的重要因素之一。Transformer 采用了绝对位置编码策略，通过不同频率的正余弦函数组成每个时刻的位置信息，计算公式如下：

$$\mathrm{PE}_{(\mathrm{pos},2i)}=\sin\left(\mathrm{pos}/10000^{2i/d_{\mathrm{model}}}\right)$$

$$\mathrm{PE}_{(\mathrm{pos},2i+1)}=\cos\left(\mathrm{pos}/10000^{2i/d_{\mathrm{model}}}\right)$$

Transformer 模型目前已经成为主流框架，不仅在 NLP 任务上大放异彩，并且在计算机视觉（Computer Vision，CV）任务上崭露头角，目前主流的大型语言模型基本上都采用了 Transformer 模型结构。相较于 CNN 来说，Transformer 模型可以获取全局的信息。相较于 RNN 来说，Transformer 模型拥有更快的计算速度，可以并行计算，并且注意力机制也有效地解决了长序列遗忘的问题，具有更强的长距离建模能力。

Transformer 结构仍存在一些缺点，例如：组成 Transformer 的自注意力机制的计算复杂度为 $O(L^2)$，当输入长度 L 过大时，会导致计算量爆炸；Transformer 获取内容位置信息的方式全部来源于位置信息编码等。因此，出现了很多 Transformer 结构的变种，例如 Sparse Transformer、Longformer、BigBird、Routing Transformer、Reformer、Linformer、Performer、Synthesizer 和 Transformer-XL 等，也涌现出了各种位置编码，如 RoPE、ALiBi 等，用于解决上述问题。本节主要介绍原始 Transformer 的结构，上述变体以及位置编码就不过多介绍了，若想了解更多可以阅读相关论文。

1.2 常用的大型语言模型

ChatGPT 模型爆火之后，“百模”甚至“千模”大战的帷幕慢慢被拉开，各厂商纷纷入局大型语言模型，很多企业和高校也随之开源了一些表现优异的大型语言模型。本节主要介绍一些常用的大型语言模型，包括 GPT（Generative Pre-Training，生成式预训练）系列模型、OPT 模型、Bloom 模型、GLM 系列模型、LLaMA 系列模型、Baichuan 系列模型、Qwen 系列模型和 Skywork 模型。当然，还有许多优秀的大型语言模型，但由于没有公开的技术报告，因此本书不做过多介绍。

1.2.1 GPT 系列模型

GPT 模型是由 OpenAI 于 2018 年提出的，其基础结构采用 Transformer 的解码器部分，也是首个采用 Transformer 结构的预训练语言模型（Pretrain Language Model，PLM）。与传统的语言模型一样，当前时刻的所有信息仅来源于前面所有时刻的信息，与后面的信息无关。预训练是自监督学习的一种特殊情况，其目的是找到一个良好的模型初始化参数，早期主要应用于计算机视觉任务，在 NLP 任务上常用的 Word2Vec 技术也属于预训练的一种。虽然 Word2Vec 在神经网络时代也取得了较好的效果，但由于模型中的参数没有经过大量数据训练，导致模型初始化时没有良好的起点。GPT 模型采用 Transformer 结构，再充分利用大量未标记的文本数据进行生成式预训练，使得预训练过的模型在每个特定的任务上仅需要少量数据进行微调就可以取得较为优异的效果。具体如图 1-3 所示。

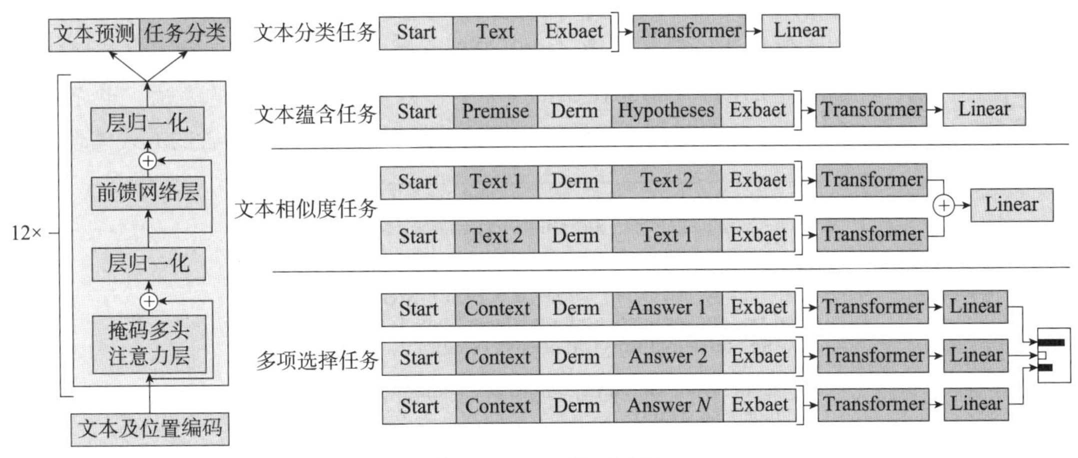

图 1-3　GPT 模型示意

预训练是一个标准的语言模型任务，损失函数如下：

$$L_1(U)=\sum_i \log P(u_i \mid u_{i-k},\cdots,u_{i-1};\theta)$$

当进行下游任务微调时，将最后一个时刻的节点作为整个句子的向量表征，损失函数如下：

$$L_2(C)=\sum_{(x,y)} \log P(y \mid x^1,\cdots,x^m)$$

在完成下游任务时，如果将语言模型任务与下游特定任务一起优化，会使得模型的泛化更好，收敛速度更快。

在预训练时，GPT 模型仅采用 Books Corpus 数据集，并使用字节对编码（Byte Pair Encoding，BPE）方法获取大小为 40 000 的词表。模型仅包含 12 层，参数量为 11 700 万。在训练时，采用 Adam 优化器，学习率为 2.5×10^{-4}，使用 GeLU（Gaussian error Linear Units，高斯误差线性单元）激活函数，模型的最大输入长度为 512。

但不幸的是，在 BERT（Bidirectional Encoder Representation from Transformer，来自 Transformer 的双向编码器表示）模型（基础结构采用 Transformer 的编码器部分）出现后，GPT 模型逐渐被人遗忘。OpenAI 坚持认为 Transformer 的解码器结构才是正道，于是，在 2019 年 OpenAI 又提出了 15 亿参数量的 GPT-2 模型。GPT-2 模型可以在无监督数据预训练后，在下游任务中不进行微调而获得较好的效果。在 GPT-2 模型的开发者看来，无监督数据中包含很多有监督的任务内容。如果在无监督数据上学习得足够充分，就不需要下游任务进行微调，只需对任务输入进行转化，增加对应的提示信息，就能够进行下游任务预测。例如，在完成英译法的翻译任务时，将输入变成“翻译成法语，[英文文本]，[法语文本]”；在完成机器阅读理解任务时，将输入变成“回答问题，[文档内容]，[问题]，[答案]”。

因此，无监督数据的规模和质量显得尤为重要。GPT-2 模型构建了一个高质量的、多领域的、带有任务性质的 WebText 数据集。该数据集主要爬取 Reddit 网站中 Karma 大于 3 的网页，并从中抽取文本内容，最终获取了 800 万个文档，总计 40GB 文本。以英译法的翻译任务为例，如图 1-4 所示，在 WebText 数据集中可以发现相似内容的表达，也充分证明了在无监督数据中包含各种有监督任务数据，但这些数据以片段或者隐含的方式体现。

"I'm not the cleverest man in the world, but like they say in French: **Je ne suis pas un imbecile [I'm not a fool].**

In a now-deleted post from Aug. 16, Soheil Eid, Tory candidate in the riding of Joliette, wrote in French: **"Mentez mentez, il en restera toujours quelque chose,"** which translates as, **"Lie lie and something will always remain."**

"I hate the word **'perfume,"'** Burr says. 'It's somewhat better in French: **'parfum.'**

If listened carefully at 29:55, a conversation can be heard between two guys in French: **"-Comment on fait pour aller de l'autre coté? -Quel autre coté?"**, which means **"- How do you get to the other side? - What side?"**.

If this sounds like a bit of a stretch, consider this question in French: **As-tu aller au cinéma?**, or **Did you go to the movies?**, which literally translates as Have-you to go to movies/theater?

"Brevet Sans Garantie Du Gouvernement", translated to English: **"Patented without government warranty"**.

图 1-4　无监督 WebText 数据集中存在英译法的翻译任务的片段数据

GPT-2 模型也采用 Transformer 的解码器结构，但做了一些微小的改动，具体如下。

- 将归一化层移动到每个模型的输入前，并在每个自注意力模块后额外添加了一个归一化层。
- 采用了更好的模型参数初始化方法，残差层的参数初始化随着模型深度的改变而改变。具体缩放值为$1/\sqrt{N}$，其中 N 为层数。
- 采用了更大的词表，将词表大小扩展到 50 257。此外，模型能接受的最大长度由 512 扩展到 1024，并在模型训练时将批次扩大到 512。

随着模型的增大，无论是文本摘要任务还是问答任务，其完成效果都随之增加。秉承着数据至上、参数至上的思想，OpenAI 于 2020 年又推出了 GPT-3 模型，为大型语言模型时代的到来打下坚实的基础。

GPT-3 模型的结构与 GPT-2 模型的一致，包括模型初始化方法、归一化标准、分词器等。然而 GPT-3 在全连接和局部带状稀疏注意力模块方面借鉴了 Sparse Transformer 模型，并设计了 8 个大小不同的模型，模型参数细节如表 1-1 所示。在这些模型中，模型越大，训练的批次就越大，而学习率减小。

表 1-1 GPT-3 模型的不同尺度的模型参数细节

模型名称	模型参数个数	模型层数	模型隐藏层维度	模型头的个数	训练批次（Token 数量）	学习率
GPT-3 Small	1.25 亿	12	768	12	50 万	6.0×10^{-4}
GPT-3 Medium	3.5 亿	24	1024	16	50 万	3.0×10^{-4}
GPT-3 Large	7.6 亿	24	1536	16	50 万	2.5×10^{-4}
GPT-3 XL	13 亿	24	2048	24	100 万	2.0×10^{-4}
GPT-3 2.7B	27 亿	32	2560	32	100 万	1.6×10^{-4}
GPT-3 6.7B	67 亿	32	4096	32	200 万	1.2×10^{-4}
GPT-3 13B	130 亿	40	5140	40	200 万	1.0×10^{-4}
GPT-3 175B	1750 亿	96	12 288	96	320 万	0.6×10^{-4}

训练一个拥有 1750 亿参数量的庞大模型需要更大规模的训练语料，数据主要来自 Common Crawl 数据集，但由于该数据集质量偏低，因此需要进行数据清洗，具体步骤如下。

步骤 1：对原始 Common Crawl 数据集进行过滤，即通过 GPT-2 的高质量数据集和现有的 Common Crawl 数据集构建正负样本，使用逻辑回归分类器训练，再使用分类器对 Common Crawl 数据集进行判断，获取质量较高的数据集。

步骤 2：对过滤后的内容进行重复数据过滤，即通过 Spark 中的 MinHashLSH 方法，找出一个与现有数据集相似的文档，并将模糊、重复内容删除，进一步提高模型训练数据质量和防止过拟合。

步骤 3：加入已知高质量 GPT-2 模型所使用的训练数据集。

最终从 45TB 的 Common Crawl 数据集中清洗了 570GB，相当于 4000 亿个 Token，用于 GPT-3 模型的训练。在模型预训练过程中，训练集数据的采样并不是按照数据集大小进行的，而是质量较高的数据集的采样频率更高。各数据集分布情况如表 1-2 所示，Common Crawl 和 Books2 数据集在训练过程中采样小于 1 次，其他数据集采样 2～3 次。

表 1-2 GPT-3 模型预训练过程中各数据集分布情况

数据集	数量（Token）	训练占比
Common Crawl	4100 亿	60%
WebText2	190 亿	22%
Books1	120 亿	8%
Books2	550 亿	8%
Wikipedia	30 亿	3%

GPT-3 模型训练采用 Adam 优化器，其中 $\beta1$ 和 $\beta2$ 的值分别为 0.9 和 0.95，采用余弦将学习率衰减到 10%。模型能接受的最大总长度为 2048，当文档中句子的总长度小于 2048 时，将多个文档采用停止符拼接，以提高模型的训练效率。模型在微软提供的高带宽 V100 GPU 集群上进行训练。

为了更好地挖掘预训练语言模型本身的能力，GPT-3 模型在下游任务中不使用任何数据进行模型微调，通过情景学习或上下文学习来完成任务。在不更新语言模型参数的前提下，仅通过给定的自然语言指示和任务上的几个演示示例预测真实测试示例的结果。根据演示示例的个数，可以将其分为 3 种，如图 1-5 所示。

- 少样本学习（Few-Shot），允许在给定上下文窗口范围内尽可能多地放入演示示例。
- 单样本学习（One-Shot），仅允许放入一个演示示例。
- 零样本学习（Zero-Shot），即不允许放入任何演示示例，仅给模型一个自然语言指令。

三种上下文学习场景

零样本

模型仅通过任务的自然语言描述来预测答案，无模型参数更新。

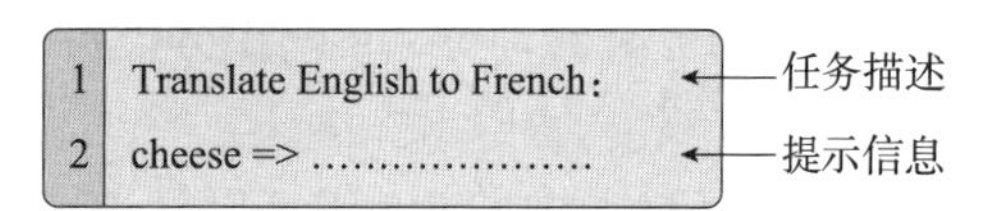

单样本

除了任务描述之外，模型还看到任务的单个示例，无模型参数更新。

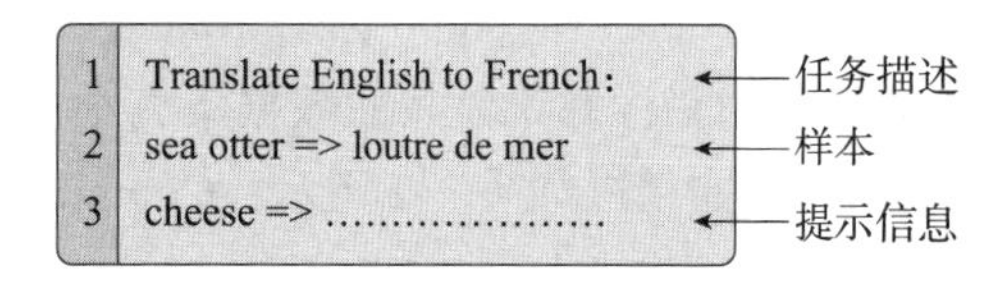

少样本

除了任务描述之外，模型还看到任务的少量示例，无模型参数更新。

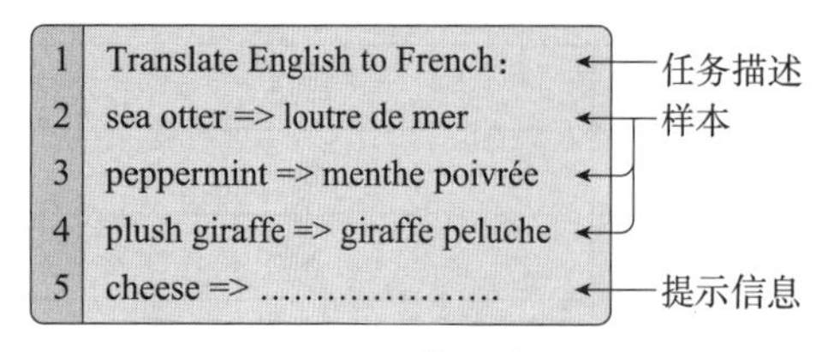

传统微调（非GPT-3）

微调

通过使用大量任务样本反复更新模型参数来训练模型

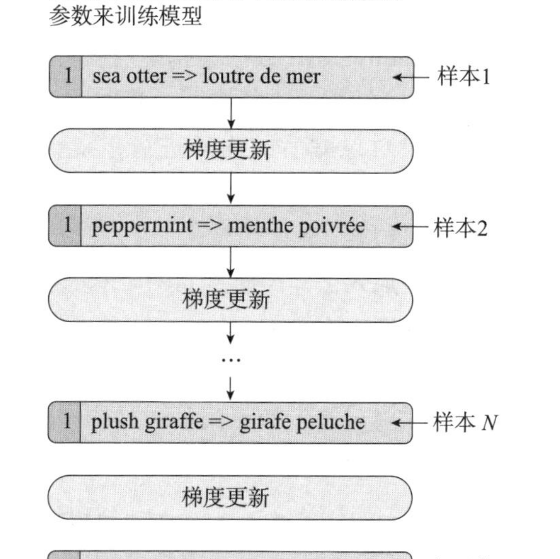

图 1-5　GPT-3 模型中少样本学习、单样本学习、零样本学习及传统微调的训练流程

最终在无训练的情况下，GPT-3 模型在很多复杂的 NLP 任务上效果超过了微调之后的 SOTA 方法，例如机器翻译等。除了传统的 NLP 任务，GPT-3 模型在数学计算、文章生成、编写代码等领域也取得了非常惊人的效果。

如果说 GPT-3 模型是将大家带入大型语言模型时代的先驱者，那么 ChatGPT 模型就是让大型语言模型得到广泛认可的推动者。ChatGPT 模型因其流畅的对话表达、极强的上下文存储、丰富的知识创作及全面解决问题的能力而风靡全球，刷新了大众对人工智能的认知，并使人们对人工智能的发展重拾信心。ChatGPT 模型是在 GPT-3 模型的基础上，让大型语言模型更好地遵循用户意图，避免生成编造的信息、偏见或具有安全隐患的文本。它主要是通过人类反馈进行模型微调，按照用户的意图（明确意图和隐含意图）进行模型训练，使得语言模型与用户意图在广泛的任务中保持一致，并具有 3H 特性，即 Helpful（有用的，可以帮助用户完成任务）、Honest（真实的，不应该编造信息误导用户）和 Harmless（无害的，不应该对人造成身体、心理或社会伤害），具体流程如图 1-6 所示。

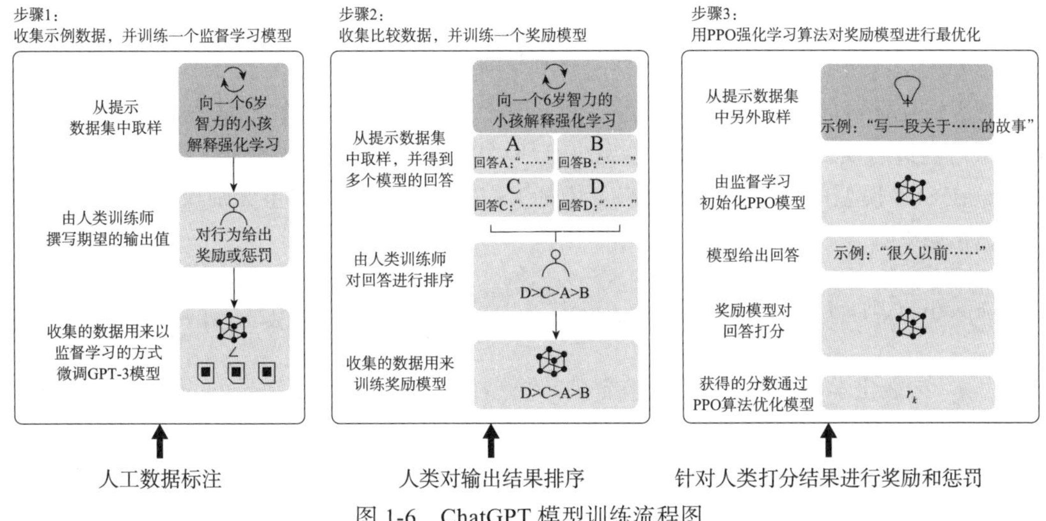

图 1-6　ChatGPT 模型训练流程图

步骤 1：监督微调（Supervised Fine-Tuning，SFT）阶段，收集示例数据并训练一个监督学习模型。从提示数据集中抽取一个提示内容，由标注人员编写答案，最后使用监督学习方法微调 GPT-3 模型。

步骤 2：奖励模型（Reward Modeling，RM）阶段，收集比较数据并训练一个奖励模型。对于一个提示内容，使用模型预测多个结果，然后由标注人员对答案进行排序，最后将这些数据用于训练奖励模型，以判断答案的具体分值。

步骤 3：强化学习阶段，通过强化学习的近端策略优化（Proximal Policy Optimization，PPO）方法进行模型优化。从提示数据集中抽取一些新的提示，然后根据模型策略生成一些结果，再根据奖励模型打分，最后采用 PPO 方法更新模型生成策略。这使得 GPT-3 模型生成的内容与特定人群（标注人员）的偏好一致。

所有步骤均可持续迭代，其中步骤3收集到更多的比较数据时，可以用于训练一个新的奖励模型，并将其用于新的策略更新。

对于奖励模型来说，采用SFT模型进行参数初始化，并将原来的LM输出层替换成一个线性全连接层，在接受提示和响应作为输入后，输出一个标量的奖励值。在训练过程中，采用Pair-Wise方法进行模型训练，即对于同一个提示内容x来说，比较两个不同回答y_w和y_l之间的差异。假设y_w在真实情况下好于y_l，那么希望$x+y_w$经过模型后的分数比$x+y_l$经过模型后的分数高，反之亦然。而对于奖励模型来说，标注人员对每个提示内容生成的K个（取值为4到9之间）回答进行排序，那么对于一个提示，就存在$\frac{K}{2}$个对，具体损失函数如下：

$$\operatorname{loss}(\theta)=-\frac{1}{\left(\frac{K}{2}\right)} E_{\left(x, y_w, y_l\right) \sim D}\left[\log \left(\sigma\left(r_\theta\left(x, y_w\right)-r_\theta\left(x, y_l\right)\right)\right)\right]$$

其中，$r_\theta(x, y)$为提示内容x和回答y经过RM模型的标量奖励值，D为人工比较数据集。

对于强化学习部分，在环境中通过PPO策略优化SFT模型。在环境中，对于随机给出的提示内容进行回复，并根据RM模型决定环境中优化的模型的奖励值，从而对模型进行更新；在SFT模型的每个Token输出上增加KL散度惩罚，以防止奖励模型的过度优化。具体优化如下：

$$\operatorname{objective}(\varnothing)=E_{(x, y) \sim D_{\pi_{\varnothing}^{\mathrm{RL}}}}\left[r_\theta(x, y)-\beta \log \left(\pi_{\varnothing}^{\mathrm{RL}}(y|x) / \pi^{\mathrm{SFT}}(y|x)\right)\right]+\gamma E_{x \sim D_{\text{pretrain}}}\left[\log \left(\pi_{\varnothing}^{\mathrm{RL}}(x)\right)\right]$$

其中，$\pi_{\varnothing}^{\mathrm{RL}}$为强化学习策略，$\pi^{\mathrm{SFT}}$为监督训练模型，$D_{\text{pretrain}}$为预训练分布。加入预训练部分参数进行整体优化，可以使模型效果更优。

经过上述大型语言模型与用户指示的对齐操作后，虽然在现在的NLP任务榜单上模型效果没有明显变化，但通过用户的真实评价可以发现，输出结果远远优于原始1750亿参数量的GPT-3模型的输出结果。这也说明在当前的NLP任务中，很多任务数据和评价指标与真实世界的用户使用感受存在较大的差距。

2023年3月14日，OpenAI又发布了GPT-4模型，GPT-4模型是一个多模态模型，相比于ChatGPT模型，它不仅可以接受文本输入，还可以接受图像输入，并输出文本内容。GPT-4模型可以很好地理解输入图片所包含的语义内容。此外，GPT-4模型在生成编造内容、偏见内容及生成内容安全方面均有较大的改善，并且可以以排名前10%的成绩通过模拟律师资格考试。

时代在发展，GPT系列模型也会迎来新的成员，GPT-5模型可能会在不久的将来发布。

1.2.2　OPT 模型

经过大量数据的训练，大型语言模型在小样本甚至零样本学习方面展现出卓越的能力。但是，考虑到成本问题，很多模型在没有大量资金的情况下很难复制。对于通过 API 访问的模型，没有完全授予整个模型所有的权重访问权，使基于这些大型语言模型的研究变得更加困难。此外，随着大型语言模型的伦理、偏见等问题的出现，对于模型风险、危害、偏见和毒性的研究也变得更加困难。

MetaAI 在 2022 年提出了 GPT-3 模型的开源复制版本 OPT（Open Pre-trained Transformer language model，开放的预训练 Transformer 语言模型）。OPT 的结构与 GPT-3 一致，仅采用解码器部分，参数个数从 1.25 亿到 1750 亿，旨在实现大型语言模型的可重复性和负责任的研究。其中，1.25 亿到 660 亿参数量的模型可以直接下载，1750 亿参数量的模型可以通过申请获取完整模型的权限。模型结构信息具体如表 1-3 所示。

表 1-3　模型结构信息

模型参数个数	层数	头数	隐藏层维度	学习率	训练批次（Token 数）
1.25 亿	12	12	768	6.0×10^{-4}	50 万
3.5 亿	24	16	1024	3.0×10^{-4}	50 万
13 亿	24	32	2048	2.0×10^{-4}	100 万
27 亿	32	32	2560	1.6×10^{-4}	100 万
67 亿	32	32	4096	1.2×10^{-4}	200 万
130 亿	40	40	5120	1.0×10^{-4}	400 万
300 亿	48	56	7168	1.0×10^{-4}	400 万
660 亿	64	72	9216	0.8×10^{-4}	200 万
1750 亿	96	96	12 288	1.2×10^{-4}	200 万

为了实现模型的可重复性，OPT 公布了模型训练日志并开放了源代码。在训练 1750 亿个参数的模型时，使用了 992 个 80GB 显存的 A100 型号 GPU 显卡，每个 GPU 的利用率达到 147 TFLOP/s，总计算资源消耗为 GPT-3 的 1/7。模型训练权重的初始化与 Megatron-LM 开源代码保持一致，采用均值为 0、标准差为 0.006 的正态分布初始化，输出层的标准差采用 $1/\sqrt{2L}$ 进行缩放，其中 L 为层数。所有偏差都被初始化为 0，并采用 ReLU 激活函数，最大训练长度为 2048。优化器采用 AdamW 优化器，$\beta1$ 和 $\beta2$ 分别为 0.9 和 0.95，权重衰减率为 0.1，dropout 始终为 0.1，但在嵌入层上不使用 dropout。学习率和批次大小随模型大小不同而变化。

在训练过程中，出现过硬件故障、损失值异常、优化器选择等问题，这些都是大型语言模型在训练过程中可能出现的。

1.2.3 Bloom 模型

随着 LLM 被证明可以仅根据一些示例或提示来完成一些新任务，越来越多的研究人员开始深入研究 LLM。但是，训练 LLM 的成本只有资源充足的组织才能承担。目前，GPT-3 等模型没有开放参数，而 OPT 需要向 MetaAI 申请使用，因此没有真正实现开源。为此，Hugging Face 牵头组织了 Big Science 项目，并于 2022 年提出了 Bloom（Bigscience large open-science open-access multilingual language model，大科学、大型、开放科学、开源的多语言语言模型）。Bloom 涉及 46 种自然语言和 13 种编程语言，共计 1.6TB 的文本数据。任何人都可以在 Hugging Face 网站上免费下载，并允许商业化使用。

Bloom 的结构与 GPT-3 模型一致，共计 1760 亿参数量，主要包括 70 层解码器结构，每层 112 个注意力头，文本的最大序列长度为 2048，在激活函数的使用上采用了 GeLU 函数，词表大小为 250 680，如图 1-7 所示。在位置信息编码上采用 ALiBi 位置嵌入策略，它没有向词嵌入层添加位置信息，而是根据 Key-Value 的距离直接降低注意力分数。在词嵌入层之后，直接加入一个归一化层，从而提高模型训练的稳定性。

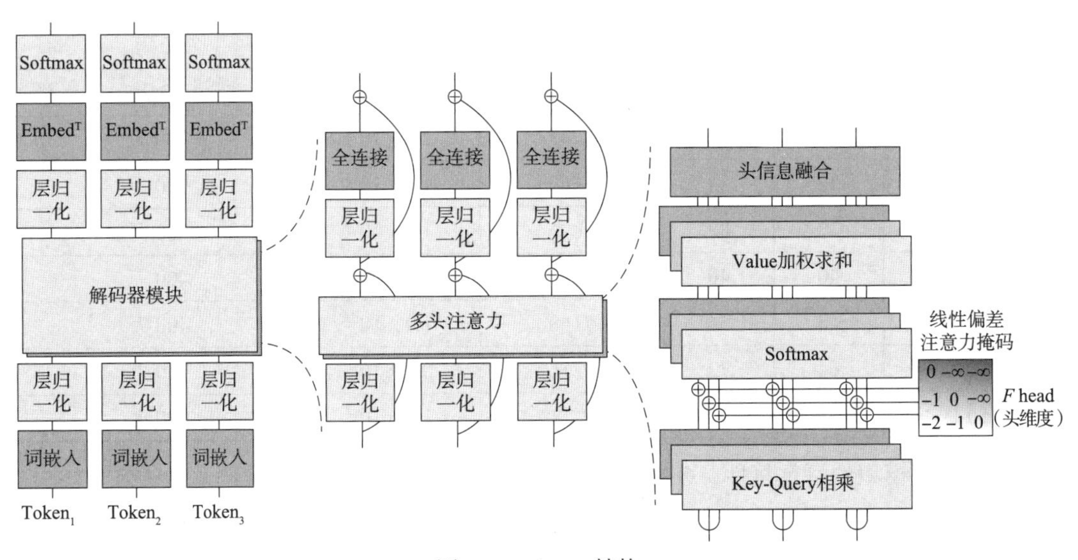

图 1-7 Bloom 结构

1.2.4 GLM 系列模型

GLM（General Language Model pretraining with autoregressive blank infilling，基于自回归空白填充的通用语言预训练模型）是由清华大学于 2021 年 3 月提出的。GLM 通过修改注意力掩码机制实现统一模型，使得模型既可以用于 NLU 任务，又可以用于 NLG 任务。

在预训练过程中，GLM 会从一个文本中随机挑选出多个文本片段（片段长度服从 λ 为 3 的泊松分布），利用 [MASK] 标记替换挑选出的片段并组成文本 A，同时将这些挑选出的文本片段随机排列组合成文本 B。通过对 [MASK] 标记进行预测，达到模型预训练的目的。GLM 模型利用特殊的掩码技术，使得文本 A 中的所有 Token 内容可以相互看见，而文本 B 中的 Token 只能看到当前 Token 以前的内容，具体如图 1-8 所示。

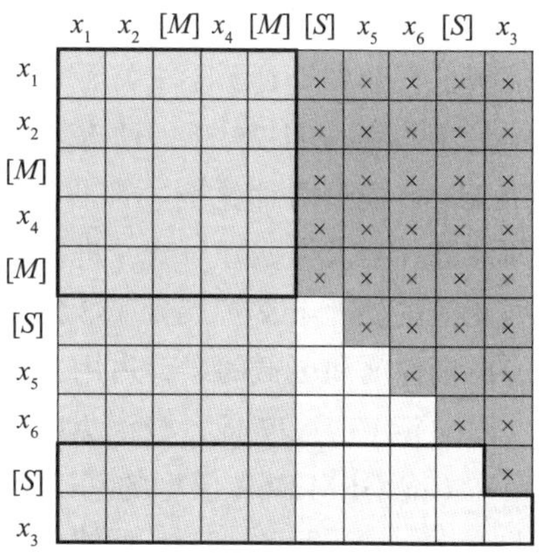

图 1-8 GLM 模型注意力掩码矩阵

为了解决每个 [MASK] 标记与文本 B 中文本片段对齐的问题，在预训练过程中，GLM 使用了两种位置编码方式。第一种位置编码方式是，文本 A 的位置编码按照 Token 顺序进行递增编码，而文本 B 中每个文本片段的位置编码与文本 A 中对应的 [MASK] 标记的位置编码相同。第二种位置编码方式是，文本 A 的位置编码全为 0，而文本 B 中每个文本片段按照 Token 顺序递增编码，具体如图 1-9 所示。

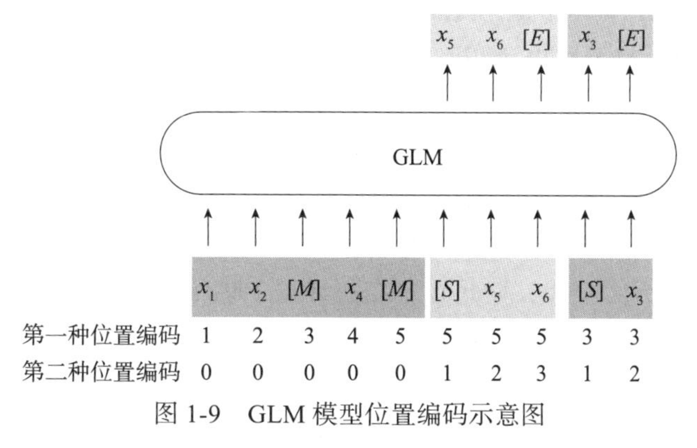

图 1-9 GLM 模型位置编码示意图

采用以 λ 为 3 的泊松分布选取文本片段长度的策略，使得 GLM 模型更偏向于完成 NLU 任务。为了更好地适应 NLG 任务，GLM 模型在预训练过程中增加了文档级任务和句子级任务。在文档级任务中，GLM 模型选择仅抽取单个长度为原始文本长度的 50%～100% 的文本片段作为后续生成内容。在句子级任务中，GLM 模型选择抽取多个完整句子的文本片段，使其总长度不超过原始文本长度的 15%，再将多个句子拼接成一段作为后续生成内容。

2022 年 10 月，清华大学又发布了 GLM-130B 模型的开源版本。相较于 GLM 模型，GLM-130B 模型在以下方面进行了优化。

- 模型参数量更大，支持中、英两种语言。
- 采用两种不同的掩码标记 [MASK] 和 [gMASK]，分别用于短文本和长文本。
- 位置编码采用了旋转位置编码。
- 采用深度归一化（DeepNorm）方案作为层归一化方案。

在 ChatGPT 出现之后，清华大学和智谱 AI 参考了 ChatGPT 的设计思路，以 GLM-

130B 模型为底座，通过有监督微调等技术实现人类意图对齐的 ChatGLM 模型，并在 2023 年 3 月 14 日开启了 ChatGLM-130B 模型的内测，开源了具有 60 亿个参数的 ChatGLM-6B 模型，在业界受到了不少好评。

2023 年 6 月 25 日，清华大学和智谱 AI 开源 ChatGLM2-6B 模型，在保留了 ChatGLM-6B 模型对话流畅、部署门槛较低等众多优秀特性的基础上，又利用更多的数据进行预训练并与人类偏好对齐，进一步改善模型的相关性能指标；利用 Flash Attention 技术将模型支持的长上下文扩展到了 3.2 万个 Token；利用 Multi-Query Attention 技术使模型有更快的推理速度和更低的显存占用，推理速度比 ChatGLM-6B 模型提升了 42%。

同年 10 月 27 日，智谱 AI 又开源第三代基座大模型 ChatGLM3-6B。ChatGLM3-6B 模型在 ChatGLM2-6B 模型的基础上，采用了更多样的训练数据、更充分的训练步数、更长的上下文，并采用 ChatML 格式的数据（涉及系统信息、用户信息、AI 助手信息、外部工具返回信息）来进行模型训练。ChatGLM3-6B 模型除了正常的多轮对话外，还支持工具调用、代码执行及智能体任务等。ChatGLM2-6B 和 ChatGLM3-6B 模型的权重均对学术研究完全开放，在填写问卷进行登记后也允许免费商业使用。

1.2.5 LLaMA 系列模型

随着语言模型参数量的不断增加，如何在给定训练成本的情况下训练出效果更好的大型语言模型是一个重要的课题。很多研究表明，在有限的训练资源下，性能最佳的语言模型不是将参数量设置为无限大，而是在更多的数据上训练参数量较少（60 亿个参数以上）的模型。在这种情况下，模型的推理成本也更低。

LLaMA 模型是由 MetaAI 在 2023 年 2 月提出的，共开源了 70 亿个参数、130 亿个参数、330 亿个参数和 650 亿个参数 4 种不同大小的模型。经过 1.4 万亿个 Token 的数据训练后的 LLaMA 模型，仅 130 亿个参数的性能就优于使用 1750 亿个参数的 GPT-3 模型。此外，130 亿个参数的 LLaMA 模型只需要一个 V100 显卡就可以进行推理计算，大大降低了大型语言模型的推理成本。

LLaMA 模型在 Transformer 的解码器结构的基础上进行了以下 3 点改进。

- 预先归一化：为了提高训练的稳定性，将每一层的输入进行归一化后，再进行层内参数计算，其中归一化函数采用 RMSNorm 函数。
- SwiGLU 激活函数：将 ReLU 激活函数替换成 SwiGLU 激活函数。
- 旋转位置编码：去除原有的绝对位置编码，在每一层网络中增加旋转位置编码。

模型在训练过程中使用 AdamW 优化器进行训练，其中 $\beta 1$ 和 $\beta 2$ 分别为 0.9 和 0.95，并根据模型的大小改变学习率和训练批次大小，详情如表 1-4 所示。LLaMA 模型在训练时进行了训练加速优化，使 650 亿个参数的模型在单个 80GB 显存的 A100 显卡上每秒可以处理 380 个 Token，最终在 2048 个 A100 显卡上进行训练，1.4 万亿个 Token 的训练数据在 21 天内训练完成。

表 1-4　不同参数量 LLaMA 模型的训练参数

模型参数个数	层数	头数	隐藏层维度	学习率	训练批次（Token 数）	训练 Token 数
70 亿	32	12	4096	3.0×10^{-4}	400 万	1 万亿
130 亿	40	40	5120	3.0×10^{-4}	400 万	1 万亿
330 亿	60	52	6656	1.5×10^{-4}	400 万	1.4 万亿
650 亿	80	64	8192	1.5×10^{-4}	400 万	1.4 万亿

LLaMA 模型开源后，衍生出了很多基于 LLaMA 模型进行继续预训练或指令微调的模型，如 Alpaca 模型、Vicuna 模型、Chinese LLaMA 模型等，如图 1-10 所示，可以说 LLaMA 模型降低了很多人进入大型语言模型赛道的门槛。

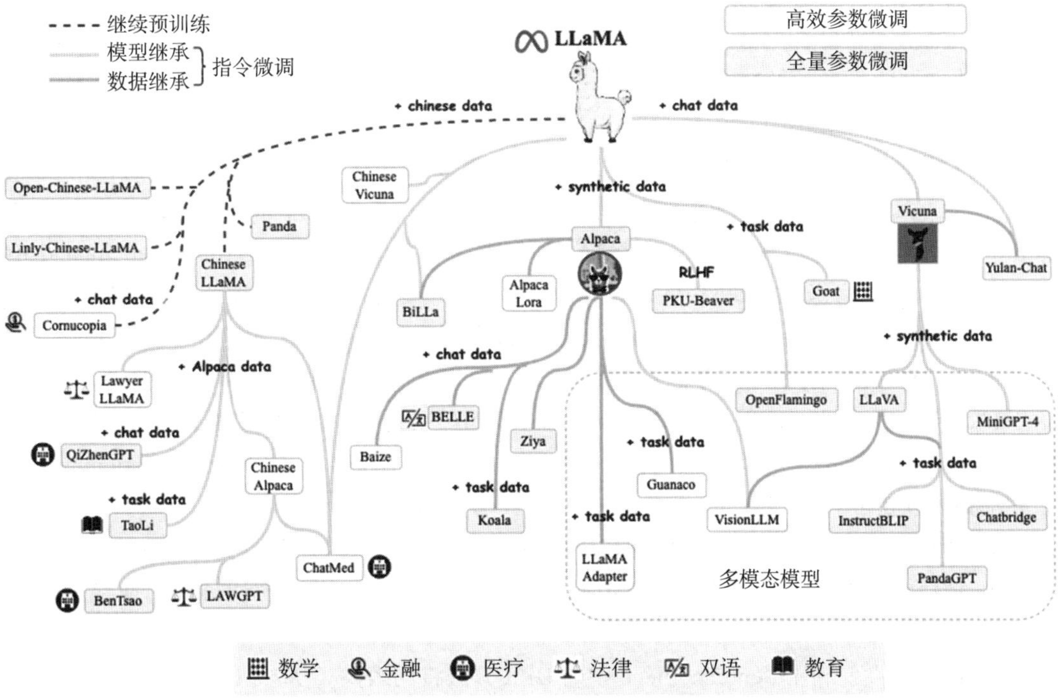

图 1-10　LLaMA 衍生模型示意图

2023 年 7 月 18 日，MetaAI 又开源了 LLaMA2 模型，此次不仅开源了预训练模型，还开源了利用对话数据微调后的 LLaMA2-Chat 模型，均包含 70 亿个参数、130 亿个参数和 700 亿个参数三种。在预训练阶段使用了 2 万亿个 Token，在微调阶段使用了超过 10 万个数据，人类偏好数据超过 100 万。

LLaMA2 模型依旧采用 Transformer 的解码器结构，与 LLaMA 模型相同的是采用 RMSNorm 归一化、SwiGLU 激活函数、RoPE 位置嵌入、相同的词表构建方式与大小，与

LLaMA 模型不同的是增加了 GQA（分组查询注意力），扩大了模型输入的最大长度，预训练语料库增加了 40%。模型预训练采用 AdamW 优化器，其 $\beta1$、$\beta2$ 和学习率分别为 0.9、0.95 和 10×10^{-5}，采用 cosin 学习率，预热 2000 步后进行学习率衰减，最终降至峰值的 10%，权重衰减系数为 0.1，梯度裁剪值为 1.0。

模型在进行人类偏好对齐时，重点关注有用性和安全性。由于有用性和安全性很难在同一个奖励模型中表现都很好，因此独立训练了两个奖励模型，一个针对有用性进行了优化，另一个针对安全性进行了优化。由于模型在几轮对话后往往忘记最初的指令，为了解决这些问题，采用 Ghost Attention 方法来增强模型对指令的遵从。

1.2.6 Baichuan 系列模型

随着大型语言模型的飞速发展，不仅国外各大厂商在大型语言模型领域发力，国内也涌现出一批以大型语言模型为核心的创业公司。其中，不少公司选择将其在中文能力上表现优异的大型语言模型及技术成果贡献给开源社区，因此加速了大型语言模型技术的传播和发展。

2023 年 6 月 15 日，百川智能发布了 70 亿个参数的具有中英双语能力的 Baichuan-7B 模型，不仅在 C-Eval、AGIEval 和 Gaokao 等中文评测榜单上超过同参数等级的模型，并且在 MMLU 英文评测榜单上超过 LLaMA-7B 模型。同年 7 月 11 日又发布了 Baichuan-13B 模型，两个模型均采用 Transformer 的解码器结构，支持的输入最大长度为 4096，Baichuan-7B 模型在 1.2 万亿个 Token 的中英双语数据下进行训练，采用 RoPE 位置编码，而 Baichuan-13B 模型则是在 1.4 万亿个 Token 数据下进行训练，采用 ALiBi 位置编码。

2023 年 9 月 6 日，百川智能又发布了 Baichuan2 系列模型，包含 7B 和 13B 模型，同时还公布了更多数据构造及模型优化上的细节。相较于 Baichuan 模型来说，Baichuan2 模型的主要改进在于：

- 模型覆盖的语种变多：从仅支持中、英双语变成支持更多种语言。
- 训练数据量增加：数据从 1.2 万亿个 Token 增加到 2.6 万亿个 Token，使模型能力更强。
- 词表增大：利用 SentencePiece 中的 BPE 方法将词表大小从 64 000 扩展到 125 696。为了更好地编码数字内容，将数字序列分成单独的数字；为处理代码中的空格，在词表中额外添加了空 Token；词表中 Token 的长度最长不超过 32；对数据压缩更多，使模型的解码效率提高。
- 开源中间步骤模型：不仅开源训练最终的模型，还开源了更多训练过程中的临时模型（checkpoint），更便于学术研究。
- 垂域支持：在医疗和法律领域的效果更为优异。

Baichuan2 模型在数据采集过程中，为了数据的全面性和代表性，从多个来源进行数据收集，包括网页、书籍、研究论文、代码等，各类别数据分布如图 1-11 所示。此外，从数据的频率和质量两个角度对数据进行清洗，最终保留了原始数据的 36.18%，清洗规则如下：

- 数据频率。借助 LSH-like 和嵌入（Embedding）特征对数据进行聚类和去重，主要是对每个聚类后的簇中内容（文档、段落、句子）进行去重和打分，分值用于最终的数据采样。
- 数据质量。句子级别质量过滤，但未明确过滤规则。不过从图 1-11 的模型安全部分可知，对数据进行了暴力、色情、种族歧视、仇恨言论等有害内容过滤，应该还包含其他内容。

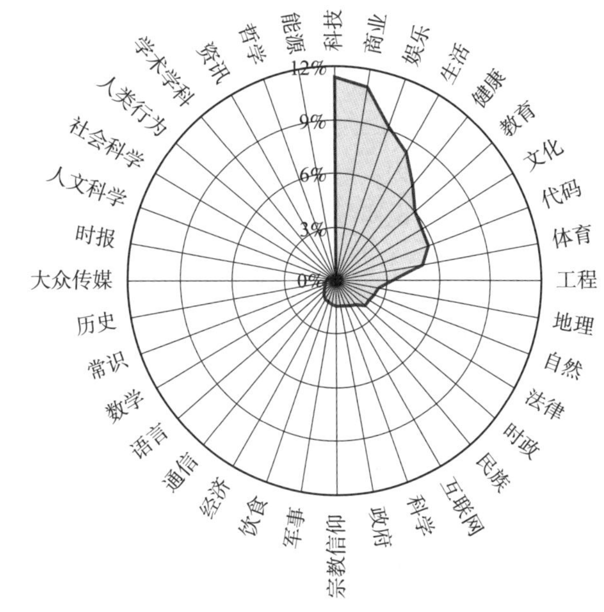

图 1-11　Baichuan2 模型训练数据分布图

Baichuan2 模型仍然采用 Transformer 的解码器结构，但做了一些小改动。

- 位置编码：7B 的位置编码采用 RoPE，13B 的位置编码采用 ALiBi。因为两种位置编码对模型效果基本没影响，所以继承了 Baichuan1 的 7B 和 13B 的位置编码。
- 激活函数：采用 SwiGLU 激活函数，不同于传统 FFN 的 2 个矩阵，SwiGLU 有 3 个矩阵，因此降低了隐藏层维度，由原来的 4 倍变成 8/3 倍，再调整为 128 的整数。
- 归一化：对 Transformer 的输入进行层归一化，提高 warm-up 的鲁棒性，并用 RMSNorm 实现。
- NormHead：为了提高模型训练的稳定性，对输出的嵌入向量进行归一化。
- Max-z loss：受 NormSoftmax 启发，对 logits 进行归约，主要有助于稳定训练并使推理对超参数更具鲁棒性。

Baichuan2 模型对微调数据进行严格把关，最终收集了 10 万个数据进行模型的有监督微调。并且，设计了一个三层分类系统全面覆盖所有类型的用户需求，包括 6 个主要类别、30 个二级类别、200 多个三级类别。在奖励模型训练时，需要保证每个类别内的数据有足够的多样性，以确保奖励模型有更好的泛化性。此外，奖励数据中的结果需要由 Baichuan2 模型生成，以确保数据分布的统一。在人类偏好对齐阶段，为了增加模型的安全性，召集 10 个有传统互联网安全经验的专家构建了 6 种攻击类型和超过 100 个细粒度安全价值类别，由 50 人标注团队生成 20 万个攻击性提示，进行模型安全性的对齐训练。

1.2.7 Qwen 系列模型

在 ChatGPT 爆火之后，国内各厂商都紧追不舍，纷纷开放自研大型语言模型接口邀请用户进行测试和体验。百度在 2023 年 3 月 16 日宣布大型语言模型“文心一言”开始内测，阿里巴巴在 2023 年 4 月 7 日宣布自研大型语言模型“通义千问”开始内测，很多厂商纷纷发声，开启了国内大型语言模型的崛起之路。但仅通过 API 来访问大型语言模型，对研究这些模型的人来说变得十分困难。阿里巴巴为了帮助更多人从事大型语言模型相关的研究，于 2023 年 8 月 3 日开源了 70 亿个参数的“通义千问”大模型 Qwen-7B，在 9 月 25 日又开源了 140 亿个参数的“通义千问”大模型 Qwen-14B，随后在 11 月 30 日开源了 18 亿个参数和 720 亿个参数的“通义千问”大模型 Qwen-1.8B 和 Qwen-72B。

Qwen 模型的预训练数据主要涉及公共网络文档、百科全书、书籍、代码等，数据涉及多种语言，但以中文和英文为主。为了保证数据质量，Qwen 模型制定了一套全面的预处理程序，最终仅保留了 3 万亿个 Token 的训练预料，具体如下：

- Web 数据需要从 HTML 中提取文本内容，并采用语言识别工具确定语种。
- 通过重复数据删除技术增加数据的多样性，包括规范化后的精确匹配重复数据删除方法及使用 MinHash 和 LSH 算法的模糊重复数据删除方法。
- 结合规则和机器学习的方法过滤低质量数据，即通过多个模型对内容进行评分，包括语言模型、文本质量评分模型及用于识别潜在冒犯性的模型。
- 从各种来源数据中手动采样并进行审查，以确保其质量。
- 有选择地对来自某些来源的数据进行采样，以确保模型在各种高质量内容上进行训练。

Qwen 模型在构建词表的过程中，采用 BPE 分词器，以 cl100k 为基础词库，增加了常用的中文字词及其他语言的词汇，并把数字字符串拆成单个数字，最终将词表大小定为 15.2 万。模型结构依然采用 Transformer 的解码器结构，但做了以下修改：

- 对于嵌入层和 lm_head 层不进行权重共享，是两个单独的权重。
- 采用 RoPE 位置编码，并选择使用 FP32 精确度的逆频率矩阵。
- 在 QKV 注意力层中添加了偏差，以增强模型的外推能力。
- 采用预归一化提高训练稳定性，并将传统归一化方法替换为 RMSNorm。
- 采用 SwiGLU 激活函数，因此降低了隐藏层维度。

此外，在模型预训练过程中，Qwen 模型采用 Flash Attention 技术来提高训练速度；采用 AdamW 优化器，并将超参数 $\beta1$、$\beta2$ 和 ε 分别定为 0.9、0.95 和 10^{-8}；采用余弦学习率计划，学习率衰减到峰值的 10%；采用 BFloat16 进行混合精度训练。由于 Transformer 模型的注意力机制在上下文长度上有很大的限制，随着上下文长度的增加，模型的计算成本和内存会成倍增加。Qwen 模型利用了动态 NTK 感知插值（随着序列长度的增加动态缩放位置信息）、LogN-Scaling（对 $\boldsymbol{Q}$ 和 $\boldsymbol{V}$ 的点积进行重新缩放，确保注意力值的熵随着上下文长度的增加而保持稳定）及窗口注意力机制（将注意力限制在一个上下文窗口内，防止模型关注到太远的内容）等方式，在推理过程中可以将上下文长度扩展到 1.6 万个 Token。

为了提高有监督微调数据集的能力，Qwen 模型对多种风格的对话进行了标注，以关注不同任务的自然语言生成，进一步提高模型的有用性。Qwen 模型采用可以使模型有效区分各类信息（包括系统质量、用户输入、模型输出等）的 ChatML 样式的格式来进行模型训练，以增强模型对复杂会话的处理和分析能力。在人类偏好对齐阶段，奖励模型先采用大量数据进行偏好模型预训练（Preference Model Pretraining，PMP），再采用高质量偏好数据进行奖励模型精调。高质量偏好数据通过具有 6600 个详细标签的分类系统平衡采样获取，以保证数据的多样性和复杂性。奖励模型由同等大小的 Qwen 模型 + 池化层得来，用特殊的句子结束标记映射值作为模型奖励值。Qwen 系列模型的详细参数如表 1-5 所示。

表 1-5　Qwen 系列模型的详细参数

模型名称	层数	头数	隐藏层维度	最大上下文长度	预训练 Token 数	System Prompt	工具调用
Qwen-1.8B	24	16	2048	3.2 万	2.2 万亿	强化	支持
Qwen-7B	32	32	4096	3.2 万	2.4 万亿	未强化	支持
Qwen-14B	40	40	5120	8000	3 万亿	未强化	支持
Qwen-72B	80	64	8192	3.2 万	3 万亿	强化	支持

1.2.8　Skywork 模型

2023 年 10 月 30 日，昆仑万维开源了 130 亿个参数的天工大模型 Skywork-13B。Skywork-13B 模型共采用 3.2 万亿个 Token 的数据进行模型预训练。预训练数据以网页、书籍、学术论文、百科全书、代码为主，涉及多种语言，但以中、英文为主，详细数据分布如表 1-6 所示。其中，杂项数据涉及法律文本、法律裁决书、年报等。Skywork 模型的数据清洗过程主要包括结构内容提取、数据分布过滤、数据去重、数据质量过滤，并为了协调模型中英文的熟练程度，还构建了一个高质量的平行语料库（将英文段落与相应的中文段落配对，确保两种语言之间的语言能力无缝匹配）。

表 1-6　Skywork 模型的详细数据分布

项目	数据类别	数据占比
英文	网页	39.8%
	书籍	3.6%
	学术论文	3.0%
	百科全书	0.5%
	杂项	2.9%

（续）

项目	数据类别	数据占比
中文	网页	30.4%
	社交媒体	5.5%
	百科全书	0.8%
	杂项	3.1%
其他语言	百科全书	2.4%
代码	GitHub	8.0%

Skywork 模型在构建词表的过程中采用 BPE 分词器，对 LLaMA 模型的原始词表进行扩充，加入常用的中文字符和词语，包括 BERT 模型词表中的 8000 个单字符和 25 000 个高频的中文词语，并且保留了 17 个预留符号，最终词表大小扩展到 65 536。Skywork 模型的结构依然采用 Transformer 的解码器结构，但做了以下修改。

- 位置编码：采用与 LLaMA 模型相同的 RoPE，以便后续的上下文扩展。
- 层归一化：对 Transformer 的输入进行前层归一化（pre-normalization），并用 RMSNorm 实现，以增强模型训练的稳定性。
- 激活函数：采用 SwiGLU 激活函数，并将前馈网络的维度从隐藏层的 4 倍变成 8/3 倍。

与 LLaMA 模型相比，Skywork 模型的结构更深、更窄，如表 1-7 所示，Skywork 模型的层数较多，但隐藏层维度较小。

表 1-7　Skywork 模型与 LLaMA 模型结构差异对比

项目	LLaMA2-13B 模型	Skywork-13B 模型
词表大小	32 000	65 536
隐藏层维度	5120	4608
前馈网络维度	13 696	12 288
每个注意力头的维度	128	128
头数	40	36
层数	40	52

Skywork 模型在预训练时采用了两阶段预训练策略，在第一阶段中主要采用通用语料（爬取的网页数据、书籍数据、论文数据等）进行模型预训练，让模型学习通用能力；在第二阶段中主要采用 STEM（科学、技术、工程、数学）数据进行模型预训练，提升模型数据、逻辑推理、解题等能力。模型在预训练过程中输入上下文的最大长度为 4096，采用 AdamW 优化器进行模型优化，其中 $\beta 1$ 和 $\beta 2$ 值分别为 0.9 和 0.95，并且模型采用 BFloat16 混合精度进行训练。在第一阶段通用预训练时，采用 2 万亿个 Token 数据，利用余弦学习率进行训练，学习率从 6×10^{-4} 逐步衰减到 6×10^{-5}。后续发现模型并没有完全收敛，增加了 1 万亿个 Token 数据进行增量训练，并将学习率恒定为 6×10^{-5}。在第二阶段预训练时，

采用 1300 亿个数据和恒定为 6×10^{-5} 的学习率进行模型训练。

1.3　领域大型语言模型

迄今为止，以 ChatGPT 为首的一系列大型语言模型给人们带来了极大的便利，例如：编辑可以借助大型语言模型的能力进行文案润色，程序员可以借助大型语言模型能力进行代码辅助生成；而在 GPT-4 等多模态模型出现后，很多人都变成了绘画大师，只需要输入一些文本描述，大型语言模型就可以生成对应的图片。

但是，大型语言模型距离真正落地还有一段艰难的路要走。目前大型语言模型在通用领域的效果还不错，但在一些特殊或垂直领域效果不是很理想。因此有不少研究者在领域数据上对通用大型语言模型采用继续预训练、指令微调、人类偏好对齐等手段，将通用大型语言模型领域化、垂直化、行业化，以在不丧失原有大型语言模型能力的基础上，进一步提高模型在特定领域的效果。我们往往将在某个领域具有较为优异效果的大型语言模型称为领域大型语言模型。例如：在医疗数据上进行进一步训练得到的大型语言模型，被称为医疗大型语言模型。目前，在很多领域都涌现出了领域大型语言模型，但主要集中在法律、医疗、金融、教育 4 个领域，因为这 4 个领域在自然语言处理发展的过程中受关注较多且具有较多的开源数据。

本节主要介绍这 4 个领域的中文大型语言模型，并从底座模型的选择、数据构造、训练方法等几个方面进行深入剖析。

1.3.1　法律大型语言模型

法律是社会秩序的基石，是用来维护公平、保护权益、解决纠纷的重要手段。随着社会的发展，人们对法律的需求日益增长，如何更快速、精确和可靠地处理法律信息变得十分急迫。虽然大型语言模型的能力已经被广大群众认可，但是由于大型语言模型在预训练阶段是在广泛数据上进行训练的，需要记忆的知识内容也比较广泛，在法律领域虽然可以回答一定的问题，但效果不是十分理想，因此很多学者为了让大型语言模型在法律领域具有较好的交互，会在法律领域数据上进行预训练或微调，来进一步提高模型效果。我们通常称在法律领域进行特殊训练过的大型语言模型为法律大型语言模型。

法律大型语言模型可以成为律师、法官、法律研究者或普通人的工具，可以快速检索和分析大量的法律文件，以协助专业人员在法律咨询、决策制定方面更高效；也可以为个人提供广泛的法律知识和意识，让人们通过法律大型语言模型来了解更多的法律概念、权力和责任，以及如何在法律系统中行使自己的权力；还可以让那些无法负担高额法律费用的人降低法律研究和咨询的成本，保证了司法公平。

目前，中文开源法律大型语言模型主要包括 LaWGPT 模型、ChatLaw 模型、LexiLaw 模型、Lawyer LLaMA 模型、智海 - 录问模型、HanFei 模型、DISC-LawLLM 模型等。

1. LaWGPT 模型

LaWGPT 模型[1]是由 Pengxiao Song 等人研发的，模型基座采用 LLaMA 模型架构，并使用中文裁判文书网公开法律文书数据、司法考试数据等数据来对模型进行词表扩张和增量预训练工作，同时利用 Self-Instruct 等方法构建法律领域对话数据集并利用 ChatGPT 进行数据清洗，进一步获取高质量数据集对模型进行指令微调工作。LaWGPT 系列模型共涉及 4 个模型，详细如表 1-8 所示。

表 1-8　LaWGPT 系列模型介绍

模型名称	基座模型	训练方式	数据量	训练方法
LaWGPT-7B-alpha 模型	Chinese-LLaMA-7B 模型	指令微调	30 万	LoRA 方法
LaWGPT-7B-beta1.1 模型	Chinese-alpaca-plus-7B 模型	指令微调	35 万	LoRA 方法
Legal-Base-7B 模型	Chinese-LLaMA-7B 模型	增量预训练	50 万	LoRA 方法
LaWGPT-7B-beta1.0 模型	Legal-Base-7B 模型	指令微调	30 万	LoRA 方法

2. ChatLaw 模型

ChatLaw 模型[2]是由北京大学提出的，主要由大型语言模型、关键词生成模型和向量匹配模型三个部分组成，如图 1-12 所示。而大型语言模型的基座采用 LLaMA 模型架构，并采用

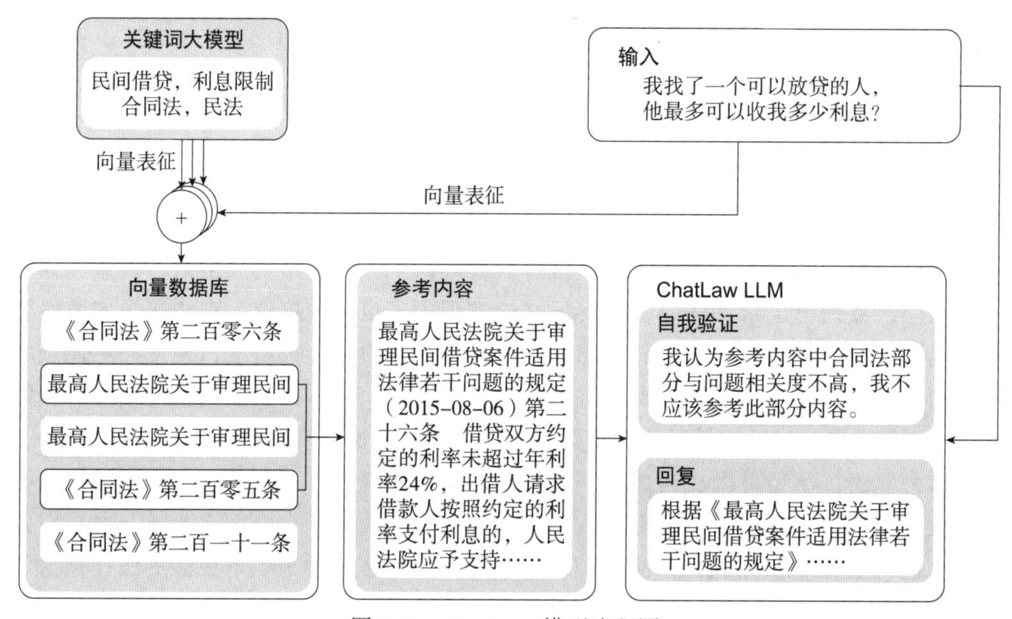

图 1-12　ChatLaw 模型流程图

[1] LaWGPT模型链接为https://github.com/pengxiao-song/LaWGPT。

[2] ChatLaw模型链接为https://github.com/PKU-YuanGroup/ChatLaw。

大量法律新闻、法律论坛、法条、司法解释、法律咨询、法考题、判决文书等原始文本构造对话数据集进行模型的指令微调。ChatLaw 系统模型共涉及 2 个模型，详细如表 1-9 所示。

表 1-9 ChatLaw 系列模型介绍

模型名称	基座模型	训练方式	数据量	训练方法
ChatLaw-13B 模型	Ziya-LLaMA-13B-v1 模型	指令微调	—	LoRA 方法
ChatLaw-33B 模型	Anima-33B 模型	指令微调	—	LoRA 方法

其中，ChatLaw-13B 模型在中文各项评测集上表现较好，但是对于逻辑复杂的法律问答效果不佳。ChatLaw-33B 模型由于参数量更大，逻辑推理能力有大幅提升，但底座模型缺少中文数据集训练，因此对于中文提问，模型可能生成英文内容。

3. Lawyer LLaMA 模型

Lawyer LLaMA 模型㊀是由北京大学提出的，模型基座采用 LLaMA 模型架构，并在大规模法律语料上进行模型继续预训练，再利用 ChatGPT 收集的法考题目分析数据及法律咨询对话数据进行模型指令微调。其中法考解题数据共 7000 条、法律咨询数据共 1.45 万条。目前开源的 lawyer-llama-13b-beta1.0 模型是以 Chinese-LLaMA-13B 模型为底座，未经过法律语料继续预训练，使用通用和法律指令数据进行指令微调得来。

4. LexiLaw 模型

LexiLaw 模型㊁是由 Haitao Li 等人研发的，模型基座采用 ChatGLM-6B 模型架构，在模型指令微调过程中不仅采用了法律领域数据，还采用了通用领域数据。其中，通用领域数据主要来自于 BELLE 项目，法律领域数据包括：LawGPT_zh 模型中 5.2 万条单轮问答数据和 9.2 万条带有法律依据的情景问答、Lawyer LLaMA 模型中法考数据和法律指令微调数据、2 万条高质量华律网问答数据、3.6 万条百度知道中的法律问答数据。此外，为了增加模型对法律条款的解释与理解能力，根据法律法规和法律参考书籍构造了对应的指令数据；为了增加模型对法律案例和文书的了解，对 5 万条法律文书采用正则匹配方法提取事实和裁判分析过程部分内容构造了对应的指令数据。LexiLaw 模型共涉及 3 种指令微调方法，包括参数冻结方法、LoRA 方法和 P-Tuning v2 方法。

5. 智海 - 录问模型

智海 - 录问模型㊂是由浙江大学、阿里巴巴达摩院及华院计算等提出的，模型基座采用 Baichuan-7B 模型，采用法律文书、司法案例及法律问答等 40GB 数据进行模型继续预训练工作，再采用 10 万条指令数据集进行模型的指令微调。在 10 万条指令数据中，70% 的数

㊀ Lawyer LLaMA模型链接为https://github.com/AndrewZhe/lawyer-llama。

㊁ LexiLaw模型链接为https://github.com/CSHaitao/LexiLaw。

㊂ 智海-录问模型链接为https://github.com/zhihaiLLM/wisdomInterrogatory。

据为通用数据，30% 的数据为法律领域数据。通用数据主要来自 LIMA、OpenOrca、ShareGPT、BELLE、MOSS 等；法律领域数据主要通过 ChatGPT 进行构造，数据种类包含法律咨询、情景问答、罪名预测、触犯法律预测、刑期预测、法考选择题、案件摘要提取、司法判断题、法律多轮对话、法院意见、法律阅读理解等。智海 - 录问模型的增量预训练和指令微调均采用全量参数训练的方式。

为了进一步增强智海 - 录问模型的最终问答效果，还收集了 6 种类型的知识库用于知识增强，包括法条类、案例类、模板类、书籍类、法律考试类、法律日常问答类。

6. HanFei 模型

HanFei 模型[1]是由中科院深圳先进院、深圳市大数据研究院等提出的，模型基座采用 Bloomz-7B 模型，采用法律案例、法律法规、法律起诉状、法律新闻等 60GB 数据进行模型继续预训练，采用 11.8 万通用数据和 14.7 万法律数据进行指令微调，并且 HanFei 模型的增量预训练和指令微调均采用全量参数训练的方式。

7. DISC-LawLLM 模型

DISC-LawLLM 模型[2]由复旦大学提出，模型基座采用 Baichuan-13B 模型，采用 29.5 万条的法律领域指令数据和 10.8 万条通用指令数据进行模型指令微调，其中法律领域指令数据主要由法律信息提取、判决预测、文档摘要和法律问题解答等数据组成，涉及直接问答数据和借助检索内容的问答数据两种。DISC-LawLLM 模型在指令微调过程中采用全量参数进行模型训练。

为了进一步增强模型的最终问答效果，还构建了包含 800 多部国家地方法律、条例和规定的法律库和 2.4 万道法律相关的考试题库。同时，还开源了一个法律大模型的评估框架 DISC-Law-Eval Benchmark，从客观和主观两个角度对来对法律大型语言模型的性能进行评估，以考察模型在中国法律领域的性能。

1.3.2 医疗大型语言模型

医疗在社会中具有极其重要的位置，不仅关系到个体的健康，还关系到整个社会的稳定和发展。随着世界人口的增多及生活质量的提高，人们对医疗系统的需求量和质量也在不断提高，为了保证每个人都能享受到高质量的医疗服务，促进社会的进步和繁荣，建设高效、公平和可持续的医疗系统是必不可少的。那么如何在健康维护、疾病治疗、研究创新、防疫等方面提高效率、降低成本、提升质量成为重要的研究课题。尽管大型语言模型的能力已经被广大群众认可，但是由于医疗领域低容错率等特点，导致通用大型语言模型在医疗领域的效果并不尽如人意。因此很多学者为了让大型语言模型在医疗领域具有更好

---

[1] HanFei模型链接为https://github.com/siat-nlp/HanFei。

[2] DISC-LawLLM模型链接为https://github.com/FudanDISC/DISC-LawLLM。

的效果，会在医疗领域数据上进行预训练或微调来进一步提高模型效果。我们通常称在医疗领域进行特殊训练过的大型语言模型为医疗大型语言模型。

医疗大型语言模型可以作用于医疗诊断的全流程，可以在诊断前可以帮助患者填写预问诊表格，以为医生提供初步信息等；在诊断中可以帮助医生快速检索查询医学相关知识，辅助制订医疗决策、治疗计划，协助生成医学报告，进行临床指标预警等；在诊断后可以为患者提供健康管理建议，协助患者进行健康评估，为患者提供一些生活方式建议等。

目前，中文开源医疗大型语言模型主要包括MING模型、BenTsao模型、ChatMed模型、BianQue模型、HuaTuoGPT模型、QiZhenGPT模型、DISC-MedLLM模型、Taiyi模型等。

1. MING模型

MING模型㊀是由上海交通大学和上海人工智能实验室提出的，模型基座采用Bloom-7B模型，根据112万条指令数据进行模型指令微调，包括医疗知识问答数据（基于临床指南和医疗共识的知识问答数据、基于医师资格考试题的知识问答数据、真实医患问答数据、基于结构化医疗图谱的知识问答数据）、多轮情景诊断与案例分析数据（基于HealthCare-Magic构造的多轮情景问答与诊断数据、基于USMLE案例分析题的格式化多轮问诊数据、多轮病人信息推理与诊断数据）、任务指令数据（医疗指令数据、通用指令数据）和安全性数据（敏感性问题数据、医疗反事实数据）。而对于MING模型的训练方式暂不明确。目前，MING模型可以对医疗问题进行解答，对案例进行分析；并且通过多轮问诊后，给出诊断结果和建议。

2. BenTsao模型

BenTsao模型㊁是由哈尔滨工业大学提出的，模型底座采用LLaMA、Bloom、活字模型等多个底座模型，通过GPT-3.5接口，根据医学知识库、知识图谱构建8千多条中文医学指令数据集，根据医学文献的结论内容构建1千条中文医学多轮问答数据数据集进行模型指令微调。BenTsao系列模型共涉及4个模型，详细如表1-10所示。其中以活字模型为底座训练得到的BenTsao-Huozi模型效果最佳。

表1-10　BenTsao系列模型介绍

模型名称	基座模型	训练方式	数据量	训练方法
BenTsao-LLaMA模型	LLaMA-7B模型	指令微调	—	LoRA方法
BenTsao-Alpaca模型	Alpaca-Chinese-7B模型	指令微调	—	LoRA方法
BenTsao-Bloom模型	Bloom-7B模型	指令微调	—	LoRA方法
BenTsao-Huozi模型	活字模型	指令微调	—	LoRA方法

㊀ MING模型链接为https://github.com/MediaBrain-SJTU/MING。

㊁ BenTsao模型链接为https://github.com/SCIR-HI/Huatuo-Llama-Med-Chinese。

3. ChatMed 模型

ChatMed 模型[1]是由 Wei Zhu 等人提出的，模型底座采用 LLaMA 模型架构，从互联网上爬取 50 多万个不同用户或患者的医疗问诊需求，通过 GPT-3.5 接口生成对应回复内容构建了中文医疗在线问诊数据集，并利用中医药知识图谱采用以中医药实体为中心的 Self-Instruct 方法，调用 ChatGPT 生成 11 多万的围绕中医药的指令数据。ChatMed 系列模型共涉及 2 个模型，详细如表 1-11 所示。

表 1-11　ChatMed 系列模型介绍

模型名称	基座模型	训练方式	数据量	训练方法
ChatMed-Consult 模型	Chinese-Alpaca-Plus-7B 模型	指令微调	50 万	LoRA 方法
ShenNong-TCM 模型	Chinese-Alpaca-Plus-7B 模型	指令微调	11 万	LoRA 方法

4. BianQue 模型

BianQue 模型[2]是由华南理工大学提出的，模型底座采用 T5 和 ChatGLM 模型等多个底座模型。通过分析真实场景中医生与患者的对话特性（医生与用户在交谈过程中，会根据用户当前的描述进行持续多轮的询问，最后再根据用户提供的信息综合给出建议。因此，模型需要判断当前状态是继续询问还是给出最终答案），对目前多个开源中文医疗问答数据集以及实验室长期自建的生活空间健康对话数据集进行整合，构建千万级别规模的扁鹊健康大数据用于模型的指令微调。BianQue 系列模型共涉及 2 个模型，详细如表 1-12 所示。

表 1-12　BianQue 系列模型介绍

模型名称	基座模型	训练方式	数据量	训练方法
BianQue-1.0 模型	ChatYuan-Large 模型	指令微调	超过 900 万	全量参数方法
BianQue-2.0 模型	ChatGLM-6B 模型	指令微调	—	全量参数方法

5. HuaTuoGPT 模型

HuaTuoGPT 模型[3]是由香港中文大学深圳数据科学学院和深圳大数据研究院提出的，模型底座采用 Baichuan 和 LLaMA 等多个底座模型，通过 Self-Instruct 方法构建 61 400 条指令数据，并采用两个 ChatGPT 分别作为患者和医生构建 68 888 条多轮对话数据集，还采集真实场景中医疗单轮 69 768 条数据和多轮 25 986 条对话数据进行模型指令微调。HuaTuoGPT 系列模型共涉及 2 个模型，详细如表 1-13 所示。

[1] ChatMed模型链接为https://github.com/michael-wzhu/ChatMed。
[2] BianQue模型链接为https://github.com/scutcyr/BianQue。
[3] HuaTuoGPT模型链接为https://github.com/FreedomIntelligence/HuatuoGPT。

表 1-13 HuaTuoGPT 系列模型介绍

模型名称	基座模型	训练方式	数据量	训练方法
HuaTuoGPT-13B 模型	Ziya-LLaMA-13B-Pretrain 模型	指令微调	22.6 万	全量参数方法
HuaTuoGPT-7B 模型	Baichuan-7B 模型	指令微调	22.6 万	全量参数方法

6. QiZhenGPT 模型

QiZhenGPT 模型㊀是由浙江大学提出的，模型底座采用 ChatGLM、LLaMA 模型等多个底座模型，通过对知识库中药品和疾病的半结构化数据设置特定的问题模板并利用 ChatGPT 构造指令数据集，分别为 18 万条和 29.8 万条指令数据；真实医患知识问答数据涉及疾病、药品、检查检验、手术、预后、食物等多个维度，共 56 万条指令数据。QiZhenGPT 系列模型共涉及 3 个模型，详细如表 1-14 所示。

表 1-14 QiZhenGPT 系列模型介绍

模型名称	基座模型	训练方式	数据量	训练方法
QiZhen-Chinese-LLaMA-7B 模型	Chinese-LLaMA-Plus-7B 模型	指令微调	74 万	LoRA 方法
QiZhen-ChatGLM-6B 模型	ChatGLM-6B 模型	指令微调	74 万	LoRA 方法
QiZhen-CaMA-13B 模型	CaMA-13B 模型	指令微调	103.8 万	LoRA 方法

7. DISC-MedLLM 模型

DISC-MedLLM 模型㊁是由复旦大学提出的，底座模型采用 Baichuan-13B 模型，通过重构 AI 医患对话和知识图谱问答对数据构建 47 万条训练数据进行模型指令微调。DISC-MedLLM 模型在微调过程中采用全量参数微调的方法。

8. Taiyi 模型

Taiyi 模型㊂是由大连理工大学提出的，底座模型采用 Qwen-7B 模型，通过收集 140 个任务数据（包含命名实体识别、关系抽取、事件抽取、文本分类、文本对任务、机器翻译、单轮问答、多轮对话等）并设计了多种指令模板进行指令数据转换，为了保证通用领域对话能力和推理能力还增加了通用对话数据和思维链数据共同进行模型指令微调工作。Taiyi 模型在约 100 万条指令数据上采用 QLoRA 方法进行模型训练。

1.3.3 金融大型语言模型

金融是社会经济中至关重要的组成部分，金融市场的健康运行对于经济的稳定和增长至关重要，而金融领域的创新和发展也推动了技术和就业的增长。虽然大型语言模型在金

㊀ QiZhenGPT模型链接为https://github.com/CMKRG/QiZhenGPT。

㊁ DISC-MedLLM模型链接为https://github.com/FudanDISC/DISC-MedLLM。

㊂ Taiyi模型链接为https://github.com/DUTIR-BioNLP/Taiyi-LLM。

融领域有不错的表现，但在实际应用大型语言模型时还面临挑战，例如用户需求的复杂性、结果的精准可控性、数据的安全性等。为了让大型语言模型可以更好地覆盖金融咨询、金融分析、金融计算、金融问答等多个金融应用场景，会在金融领域数据上进行预训练或者微调，来进一步提高模型效果。我们通常称在金融领域进行过特殊训练的大型语言模型为金融大型语言模型。

金融大型语言模型可以处理大规模金融数据进行趋势分析；可以监测新闻和社交媒体上的情感和舆情，帮助投资者了解市场情绪和社会因素对市场的影响；也可以为普通投资者提供更多金融知识和投资建议。

目前，中文开源金融大型语言模型主要包括 XuanYuan 模型、Cornucopia 模型、DISC-FinLLM 模型等。

1. XuanYuan 模型

XuanYuan 模型[㊀]是由度小满提出的，模型底座采用 LLaMA、Bloom 模型等多个模型，构建约 60GB 的金融数据集（包括上市公司公告、金融资讯或新闻、金融试题等），对模型进行词表扩充以及增量预训练工作。XuanYuan 系列模型目前共涉及 2 个模型，详细如表 1-15 所示。

表 1-15　XuanYuan 系列模型介绍

模型名称	基座模型	训练方式	数据量	训练方法
XuanYuan-70B 模型	LLaMA-70B 模型	增量预训练	—	全量参数微调方法
XuanYuan-176B 模型	Bloom-176B 模型	增量预训练	—	全量参数微调方法

其中 XuanYuan-70B 模型在增量预训练过程中，中文数据与英文数据的比例为 3∶1，中文数据中的通用数据和金融领域数据的比例为 9∶1，在模型训练的前期主要以知识类数据为主，并且随着训练时间的增加，金融领域数据的比例也逐步提升，从一开始的 1∶9 到最终阶段达到 1∶4 左右。

2. Cornucopia 模型

Cornucopia 模型[㊁]是由中科院成都计算机应用研究所提出的，模型底座采用 LLaMA 模型，通过中文金融公开问答数据与爬取的金融问答数据利用 GPT-3.5/4.0 接口构建高质量的指令数据集进行模型的指令微调。Cornucopia 系列模型目前共涉及 2 个模型，详细如表 1-16 所示。

表 1-16　Cornucopia 系列模型介绍

模型名称	基座模型	训练方式	数据量	训练方法
Fin-Alpaca-LoRA-7B-Meta 模型	LLaMA-7B 模型	指令微调	1200 万	LoRA 方法
Fin-Alpaca-LoRA-7B-Linly 模型	Linly-Chinese-LLaMA-7B 模型	指令微调	1400 万	LoRA 方法

㊀ XuanYuan模型链接为https://github.com/Duxiaoman-DI/XuanYuan。

㊁ Cornucopia模型链接为https://github.com/jerry1993-tech/Cornucopia-LLaMA-Fin-Chinese。

3. DISC-FinLLM 模型

DISC-FinLLM 模型[1]是由复旦大学提出的，模型底座采用 Baichuan-13B-Chat 模型，对现有开源数据采用 Self-Instruct、Chain-of-Retrieval prompting 等方法利用 ChatGPT 生成约 25 万条指令数据（包括金融咨询任务、金融分析任、金融计算任务和金融检索增强任务）进行模型指令微调。DISC-FinLLM 模型主要采用 LoRA 方法进行模型训练。

1.3.4 教育大型语言模型

教育是有意识地传授知识、技能、价值观和文化的过程，是社会发展的关键，有助于培养具有知识和技能的人才，促进民族文化、价值观、道德原则的传承。但随着人口的增多、地区经济的差异，教育资源会出现不平等分配或资源匮乏的现象。如何利用人工智能方法提高教育的水平，针对不同地区、不同学生进行不同教育，成为研究的重点。为了让大型语言模型可以更好地因材施教，通常会在教育领域数据上进行预训练或者微调，来进一步提高模型效果。我们通常称在教育领域进行过特殊训练的大型语言模型为教育大型语言模型。

教育大型语言模型可以根据每个学生的需求和能力，提供个性化的学习材料和建议，从而增加学习的效果；可以充当虚拟教师或辅导员，回答学生的问题和解释难点，并提供额外的练习；可以自动评估学生的作业和考试，提供及时的反馈，并帮助学生改进；可以在全球范围内分享教育资源，促进教育的全球化和无缝连接。

目前中文开源教育大型语言模型主要包括 Taoli 模型、QiaoBan 模型、EduChat 模型等。

1. Taoli 模型

Taoli 模型[2]是由北京语言大学、清华大学、东北大学、北京交通大学提出的，模型底座采用 LLaMA 模型，通过通用和国际中文教育指令数据进行模型的指令微调，其中国际中文教育数据主要由语法改错数据、释义生成数据、文本简化数据、可控文本生成以及高质量问答数据组成。Taoli 模型是在 Chinese-LLaMA-7B 模型上继续训练的，具体微调方法暂不明确。

2. QiaoBan 模型

QiaoBan 模型[3]是由哈尔滨工业大学提出的，模型底座采用 Baichuan-7B 模型，通过人工构建了 1 千条高质量中文儿童情感教育对话数据，并且通过 GPT-3.5 接口在儿童情绪辅导理论指导下构建 5 千条对话数据进行模型的指令微调。QiaoBan 模型采用全量参数微调方式进行模型训练。

---

[1] DISC-FinLLM模型链接为https://github.com/FudanDISC/DISC-FinLLM。

[2] Taoli模型链接为https://github.com/blcuicall/taoli。

[3] QiaoBan模型链接为https://github.com/HIT-SCIR-SC/QiaoBan。

3. EduChat 模型

EduChat 模型[⊖] 是由华东师范大学等提出的，模型底座采用 LLaMA、Baichuan 模型等多个模型，混合多个开源中英指令、对话数据构建约 400 万的指令微调数据集，并构建教育领域多技能数据分别进行模型的指令微调。EduChat 系列模型目前共开源 6 个模型，详细如表 1-17 所示。

表 1-17 EduChat 系列模型介绍

模型名称	基座模型	训练方式	数据量	训练方法
educhat-base-002-7b 模型	LLaMA-7B 模型	指令微调	400 万	全量参数方法
educhat-sft-002-7b 模型	educhat-base-002-7b 模型	指令微调	—	全量参数方法
educhat-base-002-13b 模型	LLaMA-13B 模型	指令微调	400 万	全量参数方法
educhat-sft-002-13b 模型	educhat-base-002-13b 模型	指令微调	—	全量参数方法
educhat-base-002-13b-baichuan 模型	Baichuan-13B 模型	指令微调	400 万	全量参数方法
educhat-sft-002-13b-baichuan 模型	educhat-base-002-13b-baichuan 模型	指令微调	—	全量参数方法

1.4 大型语言模型评估

自 ChatGPT 模型问世以来，无论是在学术界还是在工业界，大型语言模型的研究越来越受欢迎。虽然大型语言模型可以很好地完成各种各样的任务，给我们的生活、工作带来了很大的便捷，但是大型语言模型在发展过程中依然存在一些潜在的风险，比如生成内容存在偏见和不公平性、误导性的虚假信息、冒犯性内容、泄露用户隐私、违反法律法规以及道德标准等风险。并且随着时间的发展，越来越多的大型语言模型在市面上涌现出来，因此，如何对大型语言模型进行评估就变得十分重要。由于大型语言模型往往具有较强的通用性，可以解决诸多问题，因此需要从多个层面来进行大型语言模型进行评价；并且大型语言模型生成内容往往具有多样性，采用简单的评价指标很难进行准确判断，因此需要从多个角度来进行评判。

本节主要介绍需要从哪些内容上来对大型语言模型进行评估、采用哪些方法来进行大型语言模型的评估以及目前大型语言模型的评估榜单。

1.4.1 大型语言模型的评估内容

目前对大型语言模型的评估可以从知识和能力层面、安全无害性层面、领域能力层面 3 个层面出发，对大型语言模型进行全面评估。

⊖ EduChat模型链接为https://github.com/icalk-nlp/EduChat。

（1）知识和能力层面

大型语言模型是否可以理解并回复人类问题，主要依赖于大型语言模型掌握了多少知识内容以及对人类意图理解的能力。大型语言模型的知识和能力层面主要涉及解决传统 NLP 任务的能力、解决人类考试的能力、复杂推理的能力和使用工具的能力。

- 传统 NLP 任务：在大型语言模型之前，我们一般在哪种任务上训练模型，就在哪种任务上测试该模型；但由于大型语言模型的强大能力，常常在不更新语言模型参数的前提下，仅通过给定的自然语言指示以及任务上的几个演示示例，就可以很好地解决特定的任务，并且可以达到很好的效果。因此在评价大型语言模型的知识和能力时，应该在传统 NLP 任务上进行模型的评估。其中，传统 NLP 任务主要包括情感分析任务、文本分类任务、信息抽取任务、问答任务、摘要任务、对话任务和机器翻译任务等。
- 人类考试：目前大型语言模型效果十分惊人，明显可以感觉到仅通过常规的自然语言处理任务已无法很好地区分大型语言模型之间的差异。而考试是在社会中衡量一个人的知识、技能、能力或表现的重要手段。既然人类可以通过考试来进行区分比较，那么大型语言模型亦可如此，一般可以从不同科目的试题来衡量大型语言模型不同维度的能力，例如：社会科学类型题目可以测试大型语言模型对世界知识的了解程度，自然科学类型题目可以验证大型语言模型的推理能力。因此在评价大型语言模型的知识和能力时，应该在人类考试数据上进行模型的评估。其中，人类考试数据可以根据题目难度分为初中、高中、本科及以上，也可以根据题目形式分为客观题和主观题。
- 复杂推理：大型语言模型的强大不仅仅是因为在常见任务上的效果优于之前的模型，而且是可以理解和有效地运用已有证据和逻辑框架来进行结论的推断或决策的优化。因此在评价大型语言模型的知识和能力时，应该在复杂推理任务上进行模型的评估。其中，推理类型包括常识推理任务、逻辑推理任务、多跳推理任务和数学推理任务等。
- 工具使用：工具是人类文明和社会发展的关键组成部分，人类的智慧往往体现在创造、改进和有效的运用工具，从而解决各种问题、提高生产力、改善生活质量。目前大型语言模型已经可以模仿人类智能，通过执行工具来提高任务的最终呈现结果。因此在评价大型语言模型的知识和能力时，应该在工具使用任务上进行模型的评估。其中，工具使用包括单工具任务和多工具任务等。

（2）安全无害性层面

大型语言模型虽然表现出惊人的处理问题的能力，但由于受到数据本身或标注者的影响，生成文本可能会出现侮辱性、歧视性、不准确的内容；并且大型语言模型可能会在受到攻击情况下生成不良内容。因此，大型语言模型需要在安全无害性层面进行评估，以确保其在各种应用场景中的安全使用，主要涉及伦理道德评测、偏见评测、毒性评测、事实性评测、鲁棒性评测等。

- 伦理道德评测：主要评估大型语言模型是否具有与人类相同的伦理价值且生成内容是否偏离道德标准，而伦理道德标准可以由专家定义、众包工作者建立或者人工智能辅助人工建立。
- 偏见评测：主要评估大型语言模型是否会对社会中不同群体产生伤害和偏见，主要是对特定人群存在刻板印象或输出贬低性内容。
- 毒性评测：主要评估大型语言模型是否会生成不尊重他人的、辱骂的、令人不快的或有害的内容。
- 事实性评测：主要评估大型语言模型生成的内容是否准确，符合真实世界的客观事实。
- 鲁棒性评测：主要评估大型语言模型在受到一定攻击的情况下，是否依然可以正常生成文本内容，并且内容安全无害。例如：在输入内容中加入拼写错误、近义词等噪音，在输入内容中加入不安全的指令主题等。

（3）领域能力层面

大型语言模型通常分为通用大型语言模型和领域大型语言模型。其中，领域大型语言模型一般都经过特定领域数据的微调，更加专注于特定领域的知识和应用。一般情况需要针对不同领域制定具有强行业属性的任务进行评估，以确保大型语言模型效果在行业中达到较为优异水平。例如：在医疗领域，评估大型语言模型在患者分诊、临床决策支持、医学证据总结等方面的能力；在法律领域，评估大型语言模型在合同审查、案例检索、判决预测等方面的能力。

1.4.2 大型语言模型的评估方法

自大型语言模型爆火之后，如何对其进行有效（高效而准确）的评估成为一个极具挑战性的难题。由于大型语言模型具有适用范围较广、生成内容极具多样性、可以很好地理解人类意图等特点，因此需要综合多方面因素来对大型语言模型进行评估。目前主要的评估方法分为自动评估法和人工评估法。

（1）自动评估法

自动评估法就是利用一些自动化的手段来评估大型语言模型，主要包括利用评估指标（例如准确率、精确度、召回率、F1 值、困惑度、BLUE 值、Rouge 值等）打分和利用更强大的语言模型（通常采用 GPT-4 模型）打分。

在利用评估指标打分时，可以在传统 NLP 任务上对比大型语言模型输出内容与标准内容之间差异，最终得到分值。目前往往从人类角度来衡量大型语言模型，那么大型语言模型的做题能力是至关重要的指标，因此通常会将人类考试题转化成单项选择题、多项选择题、填空题，让大型语言模型进行解答，最终通过准确率、F1 值、EM 值来评估大型语言模型的能力。虽然人类试题可以衡量大型语言模型的好坏，但一些研究表明，候选答案的顺序对大型语言模型结果有着严重的影响，大型语言模型更喜欢偏前和偏后的选项，对中间的选项不敏感。

在利用更强大的语言模型（通常采用 GPT-4 模型）打分时，一般会制定一些评分标注来让 GPT-4 模型建立一个自己的评估体系（知道哪些内容会加分，哪些内容会减分），并给出一些评分演示示例供 GPT-4 模型参考，最终通过 GPT-4 模型给大型语言模型生成结果评分，其评分结果一般可以为是否制，也可以为积分制。目前有些研究表明，利用 GPT-4 模型给大型语言模型打分比人工打分的一致性要高；但由于 GPT-4 模型可能更喜欢偏长、有礼貌的答案，因此会造成评分的不准确性。

（2）人工评估法

人工评估法就是利用人工手段来评估大型语言模型，包括人工评价打分和人工对比打分。人工评价打分是从语言、语义以及知识等多个不同层面制定详细的评分标准，来对大型语言模型生成内容评分；人工对比打分则是人工比较两个大型语言模型生成内容的优劣，包括两个都好、两个都差、A 模型比 B 模型好、B 模型比 A 模型好，通过胜平率或者 Elo 评分来判断大型语言模型的好坏。但由于人的主观性和认知的差异性，往往在人工评估前需要对评估人员进行筛选和培训，使其明确评价标准和目标，保证最终评估结果的一致性。

自动评估法和人工评估法各有优点和局限性，自动评估法的优点包括速度快、客观性、可重复性和成本效益，但可能不够准确，尤其在处理复杂或非标准任务时，依赖于标准指标，不一定适用于所有任务。人工评估法可以提供更深入的理解和细节反馈，但成本高、耗时长，而且存在主观性和一致性的问题。

1.4.3　大型语言模型评估榜单

随着时间的推移，市面上的大型语言模型越来越多，如何判断哪个大型语言模型效果更加优异，我们在应用落地时选择哪个大型语言模型更加合适呢？为了让大型语言模型的效果更加直观，目前出现了很多大型语言模型的评估榜单，一些是自动化测试榜单，一些是人工测试榜单，一些是单数据榜单，一些是多数据综合榜单。目前单数据榜单除了传统 NLP 榜单之外，还包括 MMLU 榜单、ARC 榜单、C-Eval 榜单、AGIEval 榜单、GAOKAO-Bench 榜单、SuperCLUE 榜单、Xiezhi 榜单和 LLMEVAL 榜单等。

- MMLU 是由伯克利加州大学等提出的，包含 STEM（科学、技术、工程、数学）、人文科学、社会科学等 57 个学科，涉及传统领域（数学、物理、化学、历史等）和专业领域（法律、道德、经济、外交等），难度覆盖小学、高中、大学以及专业级，不仅考验大型语言模型对世界知识的记忆与理解，还考验大型语言模型解决问题的能力。数据集是由本科生和研究生手动收集的，共包含 15 908 道多选题，分为少样本开发集、验证集和测试集。其中，少样本开发集中的每个学科涉及 5 条数据；验证集由 1540 条数据组成，用于模型超参调节；测试集由 14 079 条数据组成，每个学科至少 100 条数据，详细如表 1-18 所示。

表 1-18 MMLU 榜单的学科统计表

STEM		社会科学	人文科学	其他
抽象代数	高中化学	计量经济学	形式逻辑	商业道德
解剖学	高中计算机科学	高中地理	高中欧洲历史	临床知识
天文学	高中数学	高中政府和政治	高中美国历史	大学医学
大学生物学	高中物理	高中宏观经济学	高中世界史	全球事实
大学化学	高中统计	高中微观经济学	国际法	人类衰老
大学计算机科学	机器学习	高中心理学	法学	管理学
大学数学		人类性行为	逻辑谬误	市场营销
大学物理		专业法律	道德争议	医学遗传学
计算机安全		专业心理学	道德场景	杂项课程
物理概念		公共关系	哲学	营养
电器工程		安全研究	史前学	专业会计
初等数学		社会学	世界宗教	专业医学
高中生物学		美国外交政策		病毒学

- ARC 是由艾伦人工智能研究所提出的，包含 3 到 9 年级科学考试的多项选择题，题目中绝大多数包含 4 个选项，并分为简单难度（5197 道）和挑战难度（2590 道）两种。其中，挑战难度的题目无法通过关键词检索和共现法获得答案，通常需要模型具有更强的推理能力。
- C-Eval 是由上海交大等提出的，与 MMLU 榜单类似，不过 C-Eval 主要用于大型语言模型中文能力的评估，包括 13 948 个多项选择题，涵盖了 STEM（科学、技术、工程、数学）、人文科学、社会科学、其他等 52 个学科，难度覆盖初中、高中、大学以及专业级，详细如表 1-19 所示。为了防止大型语言模型的训练集中混入评测数据，C-Eval 的测试数据大多来源于 PDF 格式和 Word 格式的模拟试题，题目一般需要进行人工清洗才可以使用。C-Eval 在部分学科中还提供了困难数据集，为了验证大型语言模型的高级推理能力。

表 1-19 C-Eval 榜单的学科及样本数量统计表

学科	类别	数据量	学科	类别	数据量
高等数学	STEM	197	马克思主义基本原理	社会科学	203
大学化学	STEM	253	初中地理	社会科学	125
大学物理	STEM	200	初中政治	社会科学	219
大学编程	STEM	384	教师资格	社会科学	448

（续）

学科	类别	数据量	学科	类别	数据量
计算机组成	STEM	219	艺术学	人文科学	336
计算机网络	STEM	195	中国语言文学	人文科学	237
离散数学	STEM	174	高中语文	人文科学	202
注册电气工程师	STEM	381	高中历史	人文科学	207
高中生物	STEM	199	思想道德修养与法律基础	人文科学	196
高中化学	STEM	196	法学	人文科学	250
高中数学	STEM	189	法律职业资格	人文科学	243
高中物理	STEM	199	逻辑学	人文科学	231
注册计量师	STEM	248	初中历史	人文科学	234
初中生物	STEM	218	近代史纲要	人文科学	240
初中化学	STEM	210	导游资格	人文科学	300
初中数学	STEM	201	注册会计师	其他	497
初中物理	STEM	202	基础医学	其他	其他
操作系统	STEM	203	公务员	其他	481
概率统计	STEM	189	临床医学	其他	227
兽医学	STEM	238	环境影响评价工程师	其他	317
工商管理	社会科学	339	注册消防工程师	其他	318
大学经济学	社会科学	557	医师资格	其他	497
教育学	社会科学	304	植物保护	其他	226
高中地理	社会科学	202	体育学	其他	204
高中政治	社会科学	200	税务师	其他	497
毛泽东思想和中国特色社会主义理论体系概论	社会科学	248	注册城乡规划师	其他	469

- AGIEval 是由微软提出的，用于在以人为中心的标准化考试背景下评估大型语言模型，包括普通入学考试（高考和美国 SAT）、法学院入学考试、数据竞赛、律师资格考试和公务员考试等 19 个子类。AGIEval 评估数据包含中文和英文两种语言，主要由 8062 个样本组成。
- GAOKAO-Bench 是由复旦大学提出的，由 2010 年到 2022 年近 13 年中国全国高考

题目组成，其中客观题（选择题）有1781道、主观题（填空题和解答题）有1030道。客观题部分采用自动化评分策略，主观题部分采用专家评分策略，并且测试分为理科（包括语文、英语、理科数学、物理、化学、生物）和文科（包括语文、英语、文科数学、政治、历史、地理），可以用于分析大型语言模型更偏向于哪一种。

- SuperCLUE是一个中文通用大模型综合性测评基准，评测榜单包含3个部分：模型对战评分、客观题评分和主观题评分。其评测能力包括语言理解与抽取、闲聊、上下文对话、生成与创作、知识与百科、代码、逻辑与推理、计算、角色扮演和安全，并且针对中文特性从字形与拼音、字义理解、句法分析、文学、诗词、成语、歇后语与谚语、方言、对联和古文等多个方面进行针对性评估。评测机制为黑盒评测，目前每个月会更新一次榜单。
- Xiezhi是由复旦大学提出的，包含哲学、经济学、法学、教育学、文学、历史学、自然科学、工学、农学、医学、军事学、管理学、艺术学13个类学科的249 587道试题，并提供了单一领域数据和交叉领域数据来进一步区分大型语言模型的能力。
- LLMEVAL是由复旦大学提出的，针对中文大型语言模型进行评测，目前包含3期。LLMEVAL-1包含17个大类的453个问题，包括事实性问答、阅读理解、框架生成、段落重写、摘要、数学解题、推理、诗歌生成、编程等各个领域，主要从正确性、流畅性、信息量、逻辑性和无害性5个角度进行评估。LLMEVAL-2包含12个学科的480题领域知识测试集，对每个学科领域题目包含单项选择题和问答题两种。其中每个学科25～30道客观题，10～15道主观题。单项选择题从正确性和解释正确性两个角度评分，主观题从正确性、流畅性、信息量和逻辑性资格角度评分。LLMEVAL-3聚焦于专业知识能力评测，涵盖哲学、经济学、法学、教育学、文学、历史学、理学、工学、农学、医学、军事学、管理学、艺术学等教育部划定的13个学科门类，共计约20万道标准生成式问答题目，利用GPT-4模型从回答正确性和解释正确性两个角度评分。

为了验证大型语言模型多方面的效果，目前还有一些多数据榜单，主要包括Open LLM Leaderboard榜单、OpenCompass榜单和FlagEval榜单。

- Open LLM Leaderboard由Hugging Face提出，主要针对英文开源大型语言模型进行评测，评测数据集主要包括ARC、HellaSwag、MMLU以及TruthfulQA。
- FlagEval榜单由智源提出，包含22个主观和客观评测集的84 433道评测题目，主要涉及选择式问答、文本分类和开放式问答3种，并从准确性、不确定性、鲁棒性和效率4个角度进行评估。其中，客观题通过自动评估方式评测，主观题由GPT-4模型评估和人工多人背靠背标注加第三人仲裁方式评估。
- OpenCompass榜单由上海人工智能实验室提出，从学科、语言、知识、理解和推理5个层面进行大型语言模型能力评估，其中，学科层面包括C-Eval、AGIEval、

MMLI、GAOKAO-Bench、ARC 等；语言层面包括 WiC、CHID、AFQMC、WSC、TyDiQA、Flores 等；知识层面包括 BoolQ、CommonSenseQA、NaturalQuestions、TriviaQA 等；理解层面包括 C3、RACE、OpenbookQA、CSL、XSum 等；推理层面包括 CMNLI、OCNLI、RTE、HellaSwag、GSM8K、MATH 等。

1.5　本章小结

本章主要介绍了大型语言模型的基础架构，并介绍了目前常用的通用大型语言模型和领域大型语言模型的技术细节，讨论了大型语言模型的评估内容、评估方法和常见的大型语言模型的评估榜单。

CHAPTER 2

第 2 章

大型语言模型的常用微调方法

大型预训练模型是一种在大规模语料库上预先训练的深度学习模型，它们可以通过在大量无标注数据上进行训练来学习通用语言表示，并在各种下游任务中进行微调。预训练模型的主要优势是可以在特定任务上进行微调，并且可以在多个任务上进行迁移学习，从而提高了模型的训练速度和效率。

数据集的构造对于大型语言模型的微调至关重要。大型语言模型通常需要大量的数据来训练，以便更好地理解和处理复杂的任务。本章将通过分别介绍基于 Self-Instruct 及结构化知识的数据构造方法来提升大型语言模型微调阶段的数据质量。

对于预训练模型，分词器（tokenizer）分词是非常重要的一步。分词器将输入的原始文本转化为模型可以处理的数字序列，并且将这些数字序列分为 token（标记）和 segment（分段）等。我们将从分词器入手，介绍大型语言模型预训练的常用分词方法，如 WordPiece、BPE（Byte Pair Encoding，字节对编码）等。

随着模型参数规模的扩大，微调和推理阶段的资源消耗也在增加。在模型微调时，除了加载训练参数外，还需要大量显存存储梯度和优化器信息。因此，资源消耗情况会随着训练参数规模的扩大而不断增加。针对这一挑战，可以通过优化模型结构和训练策略来降低资源消耗，本章也将详细介绍多种高效参数调优的方法。

最后我们将结合 LLaMA 预训练模型进行微调实战。

2.1 数据构造与清洗

数据构造是构建大模型过程中的关键环节，涵盖数据的获取、清洗、标注、预处理和模型评估等多个步骤。公开数据集、企业数据库、社交媒体平台以及网络爬虫都是非常重要的数据来源，而面向行业的专业研究和实验则为特定领域模型提供了专业数据。与此同时，数据清洗也十分重要，结合 Meta 发布的 LIMA（Less Is More for Alignment）模型，在 LLaMA-65B 的基础上，只用 1000 个精心准备的样本数据进行微调，不需要 RLHF（Reinforcement Learning from Human Feedback，人类反馈强化学习）就达到了和 GPT-4 相媲美的程度。研究者从实验中得出结论：大型语言模型中几乎所有知识都是在预训练期间学习的，并且只需要有限的指令调整数据来教模型生成高质量的输出。因而，在整个过程中，对数据质量的不断监控和优化是保障大型语言模型高性能的不可或缺的环节。如何有效地从大量标注数据中通过合适的数据清洗方法获取“精选”数据也十分重要。

数据构造的方法有多种，我们将对基于 Self-Instruct 方法的数据构造及面向结构化知识的数据构造进行介绍。同时，我们也将介绍面向数据清洗任务的 IFD 指标法及 MoDS 方法。

2.1.1　数据构造方法

1. 基于 Self-Instruct 方法的数据构造

大型的“指令微调”语言模型，即通过微调以响应指令的模型，已经展现出在将零样本泛化到新任务方面的卓越能力。然而，这些模型在很大程度上依赖于人类编写的指令数据，而这些数据通常在数量、多样性和创造力方面存在一定的限制，从而阻碍了模型的通用性。为了解决这一问题，研究者引入了 Self-Instruct 框架，利用指令微调技术可以提升大型语言模型应对信任的能力并提高模型泛化性，如图 2-1 所示。

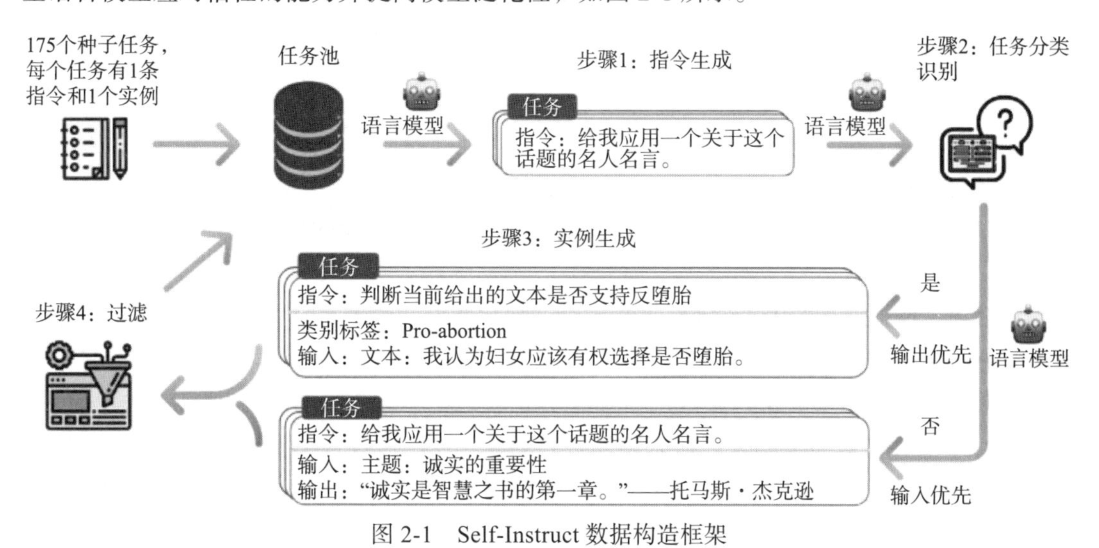

图 2-1　Self-Instruct 数据构造框架

在 Self-Instruct 框架中，我们利用公开的大型语言模型 API 进行数据收集，以提高预训练语言模型的指令跟随能力。首先利用一个任务种子集作为任务池的起点，随机采样出多个任务指令，利用大型语言模型生成新的指令内容；再利用大型语言模型判断指令任务是否为分类任务（分类任务与生成任务的要求有所不同）；然后利用大型语言模型对新的指令内容进行补全，生成输出结果，并且判断如果需要额外输入文本，也进行同步生成；其次进行数据过滤，将满足要求的数据加入任务池中；最后重复上面几步操作，直到数据达到数量要求。生成的数据不仅可用于语言模型本身的指令调整，还能让大型语言模型 API 更好地遵循指令，从而提高其泛化能力和适应新任务的灵活性。这一自我引导的数据收集方法为大型语言模型的性能提升提供了创新性的途径。

利用 openai API 进行指令扩充的相关示例代码如下：

```
import openai
import json

openai.api_key = "YOUR-TOKEN"

def collect(instruction, query):
    prompt = f"{instruction}\n{query}"
    response = openai.ChatCompletion.create(model='gpt-3.5-turbo-0301',messages=
[{"role": "user", "content": prompt}])
    result = response.choices[0].message
    return result
collect(instruction="请完善下面的任务列表：", query="任务 1：把我爱中国翻译成中文；任务 2：
请写一篇主题为我爱中国的作文，要求字数不少于 500 字；任务 3：请抽取出我爱中国的实体内容；任务 4：")
```

2. 面向结构化知识的数据构造

结构化知识数据指的是在一个记录文件中以固定格式存在的数据。在日常工作中，我们有大量的数据存储在数据库、表格以及知识图谱中。这部分数据大多来源于数据专家的收集，精准度较高，但由于这部分数据在使用时需要数据专家进行支撑或定制程序才能面向自然语言进行相关知识查询，因此如何有效地收集结构化数据中的知识数据变得十分重要。

结合前文所提及的 Self-Instruct 方法进行结构化数据的收集，是一种非常有效的数据收集方式——Self-Instruct 方法可以通过引导模型自行生成任务指导，从而实现数据的自动化收集和扩充。在处理结构化数据时，可以设计相应任务所需的提示语（prompt），要求模型根据已有的结构化数据生成类似的数据样本。例如，可以通过自动生成表格记录、数据库查询或图谱关系等方式，引导模型在结构化数据领域生成更多的样本。这样的自我引导方法有助于丰富数据集，提高模型的泛化能力，同时减少了人工标注的工作量。下面我们将介绍如何使用表格数据及图谱知识进行结构化数据收集。

在表格类数据的获取阶段，我们可以利用当前大型语言模型如 GPT-3.5、GPT-4 进行数据收集，我们可以设计如下 prompt：

"我现在有一张表格，请根据表格中的内容生成用于训练的知识类型数据，每条数据包含一个问题和该问题所对应的答案，要求问题是针对表格内容进行的提问，答案要求来源于表格内容，以下是我的表格内容:【表格内容】请生成问题和答案:"。

相关示例代码实现如下:

```
import openai
openai.api_key = "YOUR-TOKEN"
def collect(instruction, query):
    prompt = f"{instruction}\n{query}"
    response = openai.ChatCompletion.create(model='gpt-3.5-turbo-0301',messages=
[{"role": "user", "content": prompt}])
    result = response.choices[0].message
    return result

instruction = """
我现在有一张表格，请根据表格中的内容生成用于训练的知识类型数据，每条数据包含一个问题和该问题所对应的答案，要求问题是针对表格内容进行的提问，答案要求来源于表格内容，以下是我的表格内容:
"""
query = """
| 城市名称 | 巴塞罗那  |
| --- | --- |
| 市区面积 | 803 平方公里 |
| 海拔高度 | 12 米 |
| 人口数目 | 161 万 |
| 著名景点 | 哥伦布塔，毕加索博物馆，圣家赎罪堂等 |
| 气候类型  | 地中海式气候 |
| 英文名称 | Barcelona |
| 地理位置 | 伊比利亚半岛东北部 |
请生成问题和答案:
"""
collect(instruction=instruction , query=query)
```

例如。我们使用 GPT-3.5，生成结果如下:

问题 1：巴塞罗那的市区面积有多少？答案 1：803 平方公里。

问题 2：巴塞罗那的人口超过 100 万了吗？答案 2：是的，巴塞罗那的人口达到了 160 万。

问题 3：巴塞罗那的英文名称叫什么？答案 3：Barcelona。

问题 4：巴塞罗那的气候类型怎么样？答案 4：地中海式气候，非常舒适。

问题 5：巴塞罗那有哪些著名景点？答案 5：巴塞罗那著名景点众多，包括哥伦布塔、毕加索博物馆、圣家赎罪堂等。

上述问题可以有效地帮助我们进行模型训练，提升当前数据质量及数据使用效率。

在图谱类数据的获取阶段，我们可以利用当前大型语言模型如 GPT-3.5、GPT-4 进行数据收集，我们可以设计如下 prompt：

"我现在有一些从知识图谱中获取的三元组信息，请根据三元组中的内容生成用于训练的知识类型数据，每条数据包含一个问题和该问题所对应的答案，要求问题是针对三元组内容进行的提问，答案要求来源于三元组内容，以下是我的三元组内容:【三元组内容】请生成问题和答案:"。

相关示例代码实现如下：

```
import openai

openai.api_key = "YOUR-TOKEN"

def collect(instruction, query):
    prompt = f"{instruction}\n{query}"

    response = openai.ChatCompletion.create(model='gpt-3.5-turbo-0301',messag-
es=[{"role": "user", "content": prompt}])
    result = response.choices[0].message
    return result

instruction = """
我现在有一些从知识图谱中获取的三元组信息，请根据三元组中的内容生成用于训练的知识类型数据，每条数据包含一个问题和该问题所对应的答案，要求问题是针对三元组内容进行的提问，答案要求来源于三元组内容，以下是我的三元组内容:
"""
query = """
埃俄罗斯 - 外文名 - Aeolus
埃俄罗斯 - 父母 - 弥玛斯，墨拉尼珀
埃俄罗斯 - 相关人物 - 奥德修斯
俄琉斯 - 外文名 - Oileus
恩底弥翁 - 职业 - 厄利斯国王
恩底弥翁 - 外文名 - Endymion
恩底弥翁 - 国籍 - 希腊
海伦 - 特征 - 在人间里最漂亮的女人
海伦 - 外文名 - Helen
海伦 - 家庭背景 - 宙斯跟勒达所生的女儿
曼托 - 外文名 - Manto
曼托 - 性别 - 女
请生成问题和答案:
```

```
"""
collect(instruction=instruction , query=query)
```

例如，我们使用 GPT-3.5，生成结果如下：

问题 1：埃俄罗斯的外文名是什么？ 答案 1：Aeolus。

问题 2：埃俄罗斯的父母是谁？ 答案 2：弥玛斯，墨拉尼珀。

问题 3：埃俄罗斯与哪位相关人物有关？答案 3：奥德修斯。

问题 4：俄琉斯的外文名是什么？答案 4：Oileus。

问题 5：恩底弥翁的职业是什么？答案 5：厄利斯国王。

上述问题可以有效地帮助我们进行模型训练，提升当前数据质量及数据使用效率。

2.1.2 数据清洗方法

1. IFD 指标法

在论文“From Quantity to Quality: Boosting LLM Performance with Self-Guided Data Selection for Instruction Tuning”中，研究者提出了一种可以从大量可用数据集中自动识别高质量数据的方法，并提出了一个指令跟随难度（Instruction-Following Difficulty，IFD）指标。

利用 IFD 指标自动筛选“精选数据”（Cherry Data），再利用精选数据进行模型指令微调，获取更好的微调模型，主要涉及以下 3 个步骤。

步骤 1：利用少量数据进行模型初学，所选用的数据采用 K-Means 算法对数据进行聚类，针对聚类结果，选取每个簇中的若干数据组成初学数据，并结合大型语言模型进行微调得到初学模型（Brief Model）。

步骤 2：利用初学模型计算原始数据中的所有 IFD 指标，IFD 指标包含两个部分，即条件答案分数（Conditioned Answer Score，CAS）与直接答案分数（Direct Answer Score，DAS），其中，条件答案分数采用初学模型再结合指令生成答案阶段预测每个指令时的概率值组成交叉熵，计算公式如下：

$$S_\theta(A|Q)=\frac{1}{N}\sum_{i=1}^{N}\log P\left(w_i^A|Q,w_1^A,w_2^A,\cdots,w_{i-1}^A;\theta\right)$$

直接答案分数利用模型直接对答案进行续写，再根据答案真实内容获取直接的差异值，计算公式如下：

$$S_\theta(A)=\frac{1}{N}\sum_{i=1}^{N}\log P\left(w_i^A|w_1^A,w_2^A,\cdots,w_{i-1}^A;\theta\right)$$

IFD 指标计算的方式如下：

$$\mathrm{IFD}(Q,A)=\frac{S_\theta(A|Q)}{S_\theta(A)}$$

步骤 3：利用 IFD 指标对原数据集进行排序，选择分数靠前的数据作为精选数据，对原始模型进行指令微调，获取最终的精选模型。

利用 IFD 指标对数据进行筛选，降低了大型语言模型对答案本身拟合能力的影响，可以直接衡量给定指令对模型生成答案的影响。较高的 IFD 分数表明模型无法将答案与给定的指令内容进行对齐，表明指令的难度更高，对模型调优更有利。

2. MoDS 方法

随着研究的不断深入，研究者在论文“MoDS: Model-oriented Data Selection for Instruction Tuning”中提出了一种面向模型的指令数据选择方法，即 MoDS 方法。MoDS 方法主要通过数据质量、数据覆盖范围、数据必要性 3 个指标来进行数据的筛选。

1）数据质量。为确保数据质量，MoDS 方法设计采用了一套奖励模型对数据进行质量打分。将原始数据的 Instruction、Input、Output 三个部分进行拼接，送入奖励模型，得到评分结果，当评分超过阈值时，则认为数据质量达标，从而构建并得到一份高质量数据集。

2）数据覆盖范围。为了避免所选数据高度相似，可通过 K 中心贪心（K-Center-Greedy）算法进行数据筛选，在最大化多样性的情况下，使指令数据集最小化，获取种子指令数据集（Seed Instruction Data，SID）。进一步地，确保所选数据中的指令足够多样、涉及知识范围更广。

3）数据必要性。不同的大型语言模型在预训练过程中所学到的知识和具有的能力都不同，因此在对不同的大型语言模型进行指令微调时，所需的指令数据也需要不同。利用初始模型对数据质量阶段获取的高质量数据集进行预测，利用奖励模型对预测结果分别进行打分，当得分较低时，说明当前模型无法处理好该条数据，对评分低于阈值的数据进一步收集得到必要性数据集。

在模型训练阶段，针对必要性数据集进行结合 K 中心贪心算法的数据多样性筛选，最终得到增强指令数据集（Augmented Instruction Data，AID），利用 AID 与 SID 进行最终模型的微调。

2.2　分词器构造

分词器在大型语言模型中的作用是将原始文本转换为模型可理解的输入形式。它负责将文本分割成基本单位，并将其转换成模型词汇表中的索引或向量表示。分词器能够标准化输入、处理不同语言、处理特殊文本形式，并控制输入长度，直接影响模型的性能和效果。

2.2.1　分词器概述

在深入介绍分词器之前，我们需要先回答一个重要问题：为何需要对文本进行分词？词在文本中是最小的独立单元，携带了一定的语义信息。在模型训练过程中，采用分词方法能够有效降低文本数据的维度，进而提高训练效率。分词器针对不同的粒度也有不同的分词方式，如字符级分词、单词级分词、子词级分词等。例如针对以下文本：

```
Let's go to work tomorrow!
```

1）字符级分词：按照单字符进行分词，就是以 char 为最小粒度。针对上述文本，可以分割为：

```
['L', 'e', 't', '' ', 's', ' ', 'g', 'o', ' ', 't', 'o', ' ', 'w', 'o', 'r', 'k', ' ', 't', 'o', 'm', 'o', 'r', 'r',
'o', 'w', '!']
```

显然，该方法的词表中仅需存储字符级别的 token，能够最大限度地缩减词表的大小，但分词后的结果仅是单个字符，会导致严重的缺失，如英文中仅采用字母表示，几乎失去了所有的词汇语义信息，使得在后续训练阶段失去重要意义。

2）单词级分词：按照词进行分词，在英文中可以采用空格进行分割。针对上述文本，可以分割为：

```
['Let's', 'go', 'to', 'work', 'tomorrow!']
```

该方法能够用有效地为每个单词进行分词，从语义层面保留了词语信息，但是分词结果中的“Let's”“tomorrow!”等词的分词结果，存在由于大小写、缩写或标点符号导致的冗余，且单词众多，导致词表不断扩大，如 Transformer XL[⊖] 使用基于空格和标点符号的规则分词方式，其词表中的词汇量超过 250 000 个，这使得训练的代价非常高昂。同时，即使扩充了词表的规模，也依然存在词表外词（Out-Of-Vocabulary，OOV，又称未登录词）难以表征的情况。

3）子词级分词：按照词的子词进行分词，类似于利用词根和词源来学习一系列单词。通过这些共通的基本单元可以构造更多的词汇，每一个基本单元即是词表的组成部分。针对上述文本，可以分割为：

```
['let', '' ', 's', 'go', 'to', 'wor', 'k', 'to', 'mo', 'r', 'row', '!']
```

需要指出的是，我们的分词器属于基于统计意义的分词器，而非基于语言学的分词器。然而，一旦经过大量训练数据的学习，这些基本单元也能够掌握语言学上的含义。子词级分词能够有效平衡字符级分词器与单词级分词的优缺点，在大模型预训练中的分词器中得到广泛应用，如 BPE、WordPiece 和 Unigram 等。

2.2.2 BPE 分词器

BPE 是由爱丁堡大学的 Rico Sennrich 等学者于 2015 年在论文“Neural machine translation of rare words with subword units”中提出的一种简单而高效的数据压缩形式。在研究神

⊖ Transformer XL论文链接：https://arxiv.org/pdf/1901.02860.pdf。

经网络机器翻译时，传统的处理方式是为机器翻译任务设定一个固定的词汇表。然而，机器翻译面临的是未登录词问题，传统应对方法是对词汇表进行频繁更新，这无疑增加了处理的复杂性和工作量。为了解决这一难题，Rico Sennrich 等人提出了一种更为简单且有效的解决方法，即通过将未登录词编码为子单词单元序列，使神经机器学习模型能够处理未登录词问题。这种方法便是 BPE。其核心思想是在迭代过程中将原始序列中最频繁出现的字节替换为单个未使用过的字节。具体的算法逻辑如下。

1）采用任意分词方法（如空格分割方法）对所有文本进行分词。

2）统计所有词语的词频，将所有词语以字母形式进行分割，得到相关字符，并设置词库的上限。

3）统计任意两个字符连续出现的总次数。

4）选取出现次数最高的一组字符对，替换 2）中获得的字符统计，并将该字符对加入词库中。

5）重复 3）和 4），直到词库规模达到预设上限。

下面以实际数据为例，当前获得以下词语及其词频：

```
[('car', 5), ('cabbage', 3), ('table', 1), ('detch', 2), ('chair', 5)]
```

第一步：得到相应字母组成的词库，当前词库规模为 11，设定词的上限为 13。词库及词频信息如下：

```
Vocabulary ={'c': 15, 'a': 17, 'r': 10, 'b': 7, 'g': 3, 'e': 6, 't': 3, 'l': 1, 'd': 2, 'h': 7,
'i': 5}
```

第二步：结合上述词频及字母，可以将其表示为如下形式。

```
[(['c', 'a', 'r'], 5), (['c', 'a', 'b', 'b', 'a', 'g', 'e'], 3), (['t', 'a', 'b', 'l', 'e'], 1), (['d',
'e', 't', 'c', 'h', 2), (['c', 'h', 'a', 'i', 'r'], 5)]
```

第三步：经过统计，字母组合 <c，a> 在 “car” 中出现 5 次，在 “cabbage” 中出现 3 次，共出现 8 次，当前最高，因此将 “ca” 加入词库中，此时词库及词频信息如下。

```
Vocabulary = {'ca': 8, 'r': 10, 'b': 7, 'a': 9, 'g': 3, 'e': 6, 't': 3, 'l': 1, 'd': 2, 'c': 7,
'h': 7, 'i': 5}
```

第四步：进一步地，更新当前统计的词频，并将字母组合 <c，a> 进行替换，此时词频可以统计如下。

```
[(['ca', 'r'], 5), (['ca', 'b', 'b', 'a', 'g', 'e'], 3), (['t', 'a', 'b', 'l', 'e'], 1), (['d', 'e', 't',
'c', 'h'], 2), (['c', 'h', 'a', 'i', 'r'], 5)]
```

重复上述步骤，字母组合 <c，h> 在 “detch” 中出现 2 次，在 “chair” 中出现 5 次，共出现 7 次，当前最高，因此将 “ch” 加入词库中，由于字母 “c” 的所有组合均已出现，删除 “c”，并更新词库，此时词库及词频信息如下：

```
Vocabulary = {'ca': 8, 'r': 10, 'b': 7, 'a': 9, 'g': 3, 'e': 6, 't': 3, 'l': 1, 'd': 2, 'ch': 7,
'i': 5}
```

继续迭代直至词库规模达到上限 13，完成词库构建。

代码实现如下：

```
import collections
import re
def get_stats(vocab):
    """
    计算词汇表中相邻字符对的频率。
    :param vocab: 具有标记频率的词汇表。
    :return: 相邻字符对的频率。
    """
    pairs = collections.defaultdict(int)
    for word, freq in vocab.items():
        symbols = word.split()
        for i in range(len(symbols) - 1):
            pairs[symbols[i], symbols[i + 1]] += freq
    return pairs
def merge_vocab(pair, vocab):
    """
    合并词汇表中频率最高的字符对。
    :param pair: 要合并的字符对。
    :param vocab: 当前词汇表。
    :return: 合并指定字符对后的更新词汇表。
    """
    v_out = {}
    bigram = re.escape(' '.join(pair))
    p = re.compile(r'(?<!\S)' + bigram + r'(?!\S)')
    for word in vocab:
        w_out = p.sub(''.join(pair), word)
        v_out[w_out] = vocab[word]
    return v_out
def get_tokens(vocab):
    """
    从当前词汇表生成标记。
    :param vocab: 具有标记频率的词汇表。
    :return:  具有频率的标记。
    """
    tokens = collections.defaultdict(int)
    for word, freq in vocab.items():
```

```
        word_tokens = word.split()
        for token in word_tokens:
            tokens[token] += freq
    return tokens
def tokenize_word(word, tokenizer):
    tokens = []
    while word:
        found = False
        for i in range(len(word), 0, -1):
            subword = word[:i]
            if subword in tokenizer:
                tokens.append(subword)
                word = word[i:]
                found = True
                break
        if not found:
            tokens.append(word[0])
            word = word[1:]
    return tokens
def main():
    # 示例词汇表用于演示
    vocab = {"c a r": 5, "c a b b a g e": 3, "t a b l e": 1, "d e t c h": 2, "c h
a i r": 5}
    print('==========')
    print('BPE 分词前的标记 ')
    bpe_tokens = get_tokens(vocab)
    print(' 标记 : {}'.format(bpe_tokens))
    print(' 标记数 : {}'.format(len(bpe_tokens)))
    print('==========')
    vocab_size = 13
    i = 0
    while len(bpe_tokens) < vocab_size:
        # for i in range(num_merges):
        pairs = get_stats(vocab)
        if not pairs:
            break
        best = max(pairs, key=pairs.get)
        vocab = merge_vocab(best, vocab)
        print(' 迭代 : {}'.format(i))
        print(' 最佳字符对 : {}'.format(best))
        bpe_tokens = get_tokens(vocab)
```

```
        print('标记：{}'.format(bpe_tokens))
        print('标记数：{}'.format(len(bpe_tokens)))
        print('==========')
        i += 1
    word = "card"
    print(f"{word}的分词结果：{tokenize_word(word, vocab)}")
if __name__ == "__main__":
    main()
```

执行上述代码，我们发现经过 4 次迭代，词表规模达到了上限 13，此时词库及词频信息如下：

```
{'car': 5, 'ca': 3, 'b': 7, 'a': 4, 'g': 3, 'e': 6, 't': 3, 'l': 1, 'd': 2, 'ch': 2, 'cha': 5, 'i': 5,
'r': 5}
```

当我们遇到新词“card”时，结合上述词库，可以得到分词结果为 ['car', 'd']。

当然 Hugging Face 也提供了分词器包，可以快速进行模型分词器的训练，以下是 BPE 训练的代码实现。

```
import collections
import re
def get_stats(vocab):
    """
    计算词汇表中相邻字符对的频率。
    :param vocab: 具有标记频率的词汇表。
    :return: 相邻字符对的频率。
    """

    pairs = collections.defaultdict(int)
    for word, freq in vocab.items():
        symbols = word.split()
        for i in range(len(symbols) - 1):
            pairs[symbols[i], symbols[i + 1]] += freq
    return pairs

def merge_vocab(pair, vocab):
    """
    合并词汇表中频率最高的字符对。
    :param pair: 要合并的字符对。
    :param vocab: 当前词汇表。
    :return: 合并指定字符对后的更新词汇表。
    """
```

```
    v_out = {}
    bigram = re.escape(' '.join(pair))
    p = re.compile(r'(?<!\S)' + bigram + r'(?!\S)')
    for word in vocab:
        w_out = p.sub(''.join(pair), word)
        v_out[w_out] = vocab[word]
    return v_out


def get_tokens(vocab):
    """
    从当前词汇表生成标记。
    :param vocab: 具有标记频率的词汇表。
    :return:  具有频率的标记。
    """
    tokens = collections.defaultdict(int)
    for word, freq in vocab.items():
        word_tokens = word.split()
        for token in word_tokens:
            tokens[token] += freq
    return tokens


def tokenize_word(word, tokenizer):
    tokens = []
    while word:
        found = False
        for i in range(len(word), 0, -1):
            subword = word[:i]
            if subword in tokenizer:
                tokens.append(subword)
                word = word[i:]
                found = True
                break
        if not found:
            tokens.append(word[0])
            word = word[1:]
    return tokens


def main():
```

```
    # 示例词汇表用于演示
    vocab = {"c a r": 5, "c a b b a g e": 3, "t a b l e": 1, "d e t c h": 2, "c h
a i r": 5}

    print('==========')
    print('BPE 分词前的标记 ')
    bpe_tokens = get_tokens(vocab)
    print(' 标记 : {}'.format(bpe_tokens))
    print(' 标记数 : {}'.format(len(bpe_tokens)))
    print('==========')
    vocab_size = 13
    i = 0
    while len(bpe_tokens) < vocab_size:
        # for i in range(num_merges):
        pairs = get_stats(vocab)
        if not pairs:
            break
        best = max(pairs, key=pairs.get)
        vocab = merge_vocab(best, vocab)
        print(' 迭代 : {}'.format(i))
        print(' 最佳字符对 : {}'.format(best))
        bpe_tokens = get_tokens(vocab)
        print(' 标记 : {}'.format(bpe_tokens))
        print(' 标记数 : {}'.format(len(bpe_tokens)))
        print('==========')
        i += 1
    word = "card"
    print(f" {word} 的分词结果: {tokenize_word(word, vocab)}")


if __name__ == "__main__":
    main()
```

BPE 方法是一种高效的分词方法，可以显著缩短训练时间，在大型语言模型的训练中体现尤为明显。例如，OpenAI 开源的 GPT-2 和 Meta 的 RoBERTa 都采用 BPE 作为分词方法并构建相应的词库。下面结合 RoBERTa 模型来测试 BPE 分词的效果。我们将利用 Hugging Face 仓库中哈工大公布的 RoBERTa 模型进行 BPE 方法的测试，相关代码如下。

```
from transformers import BertTokenizer

# 设置 vocab 路径
```

```
vocab_path = "hfl/chinese-roberta-wwm-ext"

# 利用 Transformer 中的 BertTokenizer，初始化 tokenizer
tokenizer = BertTokenizer.from_pretrained(vocab_path, do_lower_case=True)

# 利用初始化的分词器，针对中文文本分词，并打印结果
query = "我爱北京天安门，天安门上太阳升。"
print(tokenizer.tokenize(query))

# 利用初始化的分词器，针对英文文本分词，并打印结果
query2 = "A large language model (LLM) is a language model consisting of a neural
network with many parameters."
print(tokenizer.tokenize(query2))
```

针对文本“我爱北京天安门，天安门上太阳升。”得到的分词结果如下。

```
['我', '爱', '北', '京', '天', '安', '门', '，', '天', '安', '门', '上', '太', '阳', '升', '。']
```

针对文本“A large language model (LLM) is a language model consisting of a neural network with many parameters.”得到的分词结果如下。

```
['a', 'la', '##rge', 'language', 'model', '(', 'll', '##m', ')', 'is', 'a', 'language', 'model', 'con',
'##sis', '##ting', 'of', 'a', 'ne', '##ura', '##l', 'network', 'with', 'man', '##y', 'pa', '##rame',
'##ters', '.']
```

2.2.3 WordPiece 分词器

WordPiece 分词器最初由 Google 提出，旨在解决神经机器翻译中的未登录词问题。该分词方法被广泛关注，特别是在深度学习领域得到了应用，如常用的预训练语言模型 BERT 就采用了 WordPiece 分词。WordPiece 可以视作 BPE 的一种变体。它首先将所有字符添加到词库中，并需要预先设定词库的规模。在不断添加子词的过程中，WordPiece 与 BPE 最大的区别在于子词加入词库的方式。WordPiece 选择最大化训练数据的可能词对，而不考虑词频。这也意味着从初始构建的词库开始，在语言模型的训练过程中，不断更新词库，直至词库达到所设规模为止。具体操作步骤如下。

1）对待训练语料进行字符拆分，并将拆分的字符加入初始词库中。

2）设置词库上限。

3）开始训练语言模型。

4）结合训练的语言模型，将能够最大化训练数据概率的子词作为新的部分加入词库。

5）重复 3）和 4）直至词库的规模达到上限。

Hugging Face 也提供了分词器包，可以快速进行模型分词器的训练，以下是 WordPiece 训练的代码实现。

```
from tokenizers import Tokenizer
from tokenizers.models import WordPiece
from tokenizers.trainers import WordPieceTrainer
from tokenizers.pre_tokenizers import Whitespace


def train_wordpiece_model(files=None, save_path=None):
    """
    训练 WordPiece 模型并保存

    参数:
        files (list): 训练数据文件列表
        save_path (str): 保存模型的路径
    """
    if files is None:
        files = [f"../../dataset/wiki.test.raw"]

    if save_path is None:
        save_path = "./models/tokenizer-wiki.json"
    # 创建一个空白的 WordPiece tokenizer
    tokenizer = Tokenizer(WordPiece(unk_token="[UNK]"))

    # 实例化 WordPiece tokenizer 的训练器
    trainer = WordPieceTrainer(
        special_tokens=["[UNK]", "[CLS]", "[SEP]", "[PAD]", "[MASK]"],
        min_frequency=1,
        show_progress=True,
        vocab_size=40000
    )

    # 定义预分词规则（这里使用空格预切分）
    tokenizer.pre_tokenizer = Whitespace()

    # 加载数据集，训练 tokenizer
    tokenizer.train(files, trainer)

    # 保存 tokenizer
    tokenizer.save(save_path)


def wordpiece_tokenizer(save_path=None):
```

```
    """
    使用训练好的WordPiece tokenizer进行分词

    参数：
        save_path (str): 训练好的WordPiece tokenizer模型的保存路径
    """
    if save_path is None:
        save_path = "./models/tokenizer-wiki.json"

    # 加载tokenizer
    tokenizer = Tokenizer.from_file(save_path)

    # 使用tokenizer对句子进行分词
    sentence = "我爱北京天安门，天安门上太阳升。"
    output = tokenizer.encode(sentence)

    # 打印分词结果
    print("sentence: ", sentence)
    print("output.tokens: ", output.tokens)
    print("output.ids: ", output.ids)

    # 打印结果：
    # sentence: 我爱北京天安门，天安门上太阳升。
    # output.tokens: ['[UNK]', '[UNK]', '[UNK]', '[UNK]']
    # output.ids: [0, 0, 0, 0]

    # 使用tokenizer对句子进行分词
    sentence2 = "A large language model (LLM) is a language model consisting of a
neural network with many parameters."
    output2 = tokenizer.encode(sentence2)

    # 打印分词结果
    print("sentence: ", sentence2)
    print("output.tokens: ", output2.tokens)
    print("output.ids: ", output2.ids)

    # 打印结果：
    # sentence:  A large language model (LLM) is a language model consisting of a
neural network with many parameters.
    # output.tokens: ['A', 'large', 'language', 'model', '(', 'L', '##L', '##M', ')',
'is', 'a', 'language', 'model', 'consisting', 'of', 'a', 'neural',
```

```
    # 'network', 'with', 'many', 'parameters', '.']
    # output.ids: [37, 1224, 2824, 11639, 12, 48, 326, 306, 13, 530, 66, 2824,
11639, 7808, 458, 66, 13427, 6357, 506, 1131, 12361, 18]

if __name__ == '__main__':
    # 训练 WordPiece 模型
    train_wordpiece_model()

    # 使用 WordPiece tokenizer 进行分词
        wordpiece_tokenizer()
```

例如，针对文本“A large language model (LLM) is a language model consisting of a neural network with many parameters.”，利用我们训练的分词器可以得到以下结果。

```
['A', 'large', 'language', 'model', '(', 'L', '##L', '##M', ')', 'is', 'a', 'language', 'model', 'con-
sisting', 'of', 'a', 'neural', 'network', 'with', 'many', 'parameters', '.']
```

这里的“##”表示一个附加标记。

正如前文所述，在2018年由Google公司提出的BERT中就使用了WordPiece作为分词器，下面使用BERT来进行分词测试。我们可以利用Hugging Face仓库中公布的BERT模型文件来测试WordPiece分词。具体测试代码如下：

```
from transformers import BertTokenizer

vocab_path = " google-bert/bert-base-chinese "
tokenizer = BertTokenizer.from_pretrained(vocab_path, do_lower_case=True)
query = "我爱北京天安门，天安门上太阳升。"
print(tokenizer.tokenize(query))

query2 = "A large language model (LLM) is a language model consisting of a neural
network with many parameters."
print(tokenizer.tokenize(query2))
```

针对文本“我爱北京天安门，天安门上太阳升。”得到的分词结果如下。

```
['我', '爱', '北', '京', '天', '安', '门', '，', '天', '安', '门', '上', '太', '阳', '升', '。']
```

针对文本“A large language model (LLM) is a language model consisting of a neural network with many parameters.”得到的分词结果如下。

```
['a', 'la', '##rge', 'language', 'model', '(', 'll', '##m', ')', 'is', 'a', 'language', 'model', 'con',
'##sis', '##ting', 'of', 'a', 'ne', '##ura', '##l', 'network', 'with', 'man', '##y', 'pa', '##rame',
'##ters', '.']
```

2.2.4 Unigram 分词器

众多研究已经验证，子词单元（Subword）是缓解神经机器翻译中开放词汇问题的一种有效方法。尽管通常会将句子转换为独特的子词序列，但基于子词的分词结果可能存在潜在的歧义。即使在使用相同词汇的情况下，也可能会出现多种分词结果。为了应对这一挑战，Google 公司的 Kudo 提出了基于 Unigram 语言模型的基于子词的分词算法。该算法利用简单的正则化方法来分割歧义，并将其视为噪声，以提高神经机器翻译的鲁棒性。在训练过程中，该算法使用多个概率抽样的基于子词的分词来训练模型。这种分词方法被称为 Unigram 分词方法。Unigram 分词方法也是一种经常被采用的分词方式，与 BPE、WordPiece 两种分词方式的主要区别是，Unigram 在构建词库时基本包含了所有词语和符号，然后采用的逐步删除的方式得到最终的词库。具体步骤如下。

1）构建基本包含所有词语和符号的词库。

2）设置词库规模。

3）开始训练语言模型。

4）删除具有最高损失 x% 的词对。

5）重复 3）和 4）直至词库规模达到预定规模。

Hugging Face 也提供了分词器包，可以快速进行模型分词器的训练，以下是 Unigram 分词器训练的代码实现。

```
from tokenizers import Tokenizer
from tokenizers.models import Unigram
from tokenizers.trainers import UnigramTrainer
from tokenizers.pre_tokenizers import Whitespace


def train_unigram_model(files=None, save_path=None):
    """
    训练 Unigram 模型并保存

    参数：
        files (list): 训练数据文件列表
        save_path (str): 保存模型的路径
    """
    if files is None:
        files = [f"../../dataset/wiki.test.raw"]

    if save_path is None:
        save_path = "./models/tokenizer-wiki.json"
```

```
    # 创建一个空白的Unigram tokenizer
    tokenizer = Tokenizer(Unigram())

    # 实例化Unigram tokenizer的训练器
    trainer = UnigramTrainer(
        special_tokens=["[UNK]", "[CLS]", "[SEP]", "[PAD]", "[MASK]"],
        show_progress=True,
        vocab_size=40000,
        unk_token="[UNK]"
    )

    # 定义预分词规则（这里使用空格预切分）
    tokenizer.pre_tokenizer = Whitespace()

    # 加载数据集，训练tokenizer
    tokenizer.train(files, trainer)

    # 保存tokenizer
    tokenizer.save(save_path)


def unigram_tokenizer(save_path=None):
    """
    使用训练好的Unigram tokenizer进行分词

    参数：
        save_path (str)：训练好的Unigram tokenizer模型的保存路径
    """
    if save_path is None:
        save_path = "./models/tokenizer-wiki.json"

    # 加载tokenizer
    tokenizer = Tokenizer.from_file(save_path)

    # 使用tokenizer对句子进行分词
    sentence = "我爱北京天安门，天安门上太阳升。"
    output = tokenizer.encode(sentence)

    # 打印分词结果
    print("sentence: ", sentence)
    print("output.tokens: ", output.tokens)
```

```
    print("output.ids: ", output.ids)

    # 打印结果：
    # sentence: 我爱北京天安门，天安门上太阳升。
    # output.tokens: ['我爱北京天安门', '，', '天安门上太阳升', '。']
    # output.ids: [0, 0, 0, 0]

    # 使用 tokenizer 对句子进行分词
    sentence2 = "A large language model (LLM) is a language model consisting of a
neural network with many parameters."
    output2 = tokenizer.encode(sentence2)

    # 打印分词结果
    print("sentence: ", sentence2)
    print("output.tokens: ", output2.tokens)
    print("output.ids: ", output2.ids)

    # 打印结果：
    # sentence:  A large language model (LLM) is a language model consisting of a
neural network with many parameters.
    # output.tokens:  ['A', 'large', 'language', 'model', '(', 'L', 'L', 'M', ')',
'is', 'a', 'language', 'model', 'consist', 'ing', 'of', 'a', 'n', 'e', 'ural',
'n', 'e', 'twork', 'with', 'man', 'y', 'parame', 'ter', 's', '.']
    # output.ids:  [50, 160, 961, 1986, 34, 116, 116, 103, 33, 43, 9, 961, 1986,
1706, 21, 14, 9, 23, 10, 2381, 23, 10, 3732, 35, 105, 19, 6196, 285, 5, 8]

if __name__ == '__main__':
    # 训练 Unigram 模型
    train_uigram_model()

    # 使用 Unigram tokenizer 进行分词
    unigram_tokenizer()
```

2.2.5　SentencePiece 分词器

大多数的分词方法都基于空格对词语进行切分。然而，对于中文、日文、泰文等语言来说，简单的空格分割并不是最高效的方法。针对这种情况，学者们展开了深入研究。Taku Kudo 提出了一种创新的分词方式，被称为 SentencePiece。

SentencePiece 是一种简单且不依赖特定语言的文本分词方法。它不仅可以作为分词器，还可以作为逆分词器（Detokenizer）。逆分词器的作用是将已经分割的单词、标点等标记恢复为原始文本形式。SentencePiece 主要用于基于神经网络的文本生成系统。与现有的子词分割工具相比，SentencePiece 可以直接从原始句子训练子词模型，假定输入以 pre-tokenized 为单词序列，这时我们可以构建一个纯粹的端到端且语言层面相对独立的系统。

为了实现所谓的端到端和与语言无关，SentencePiece 设计了 4 个主要组件。

- 规范化器。规范化器是一个模块，用于将语义上等效的 Unicode 字符标准化为规范形式。
- 训练器。训练器从经过标准化的语料库中训练子词分割模型。
- 编码器。编码器在内部执行规范化器来标准化输入文本，并使用训练器训练的子词模型将其标记为子词序列。
- 解码器。解码器则负责将子词序列转换为标准化文本。

SentencePiece 实现了两种子词分割算法，即前文提到的 BPE 和 Unigram，并且扩展了直接从原始句子训练的能力。这个工具以输入流的方式处理输入文本，包括字符、空格、标点等内容，而分词方式可以采用 BPE、Unigram 等方法。

利用开源工具 SentencePiece 包可以快速进行模型分词器的训练，以下是利用分词 SentencePiece 包并使用 BPE 进行分词器训练的代码实现。

```
from tokenizers import Tokenizer
from tokenizers.models import Unigram
from tokenizers.trainers import UnigramTrainer
from tokenizers.pre_tokenizers import Whitespace


def train_uigram_model(files=None, save_path=None):
    """
    训练 SentencePiece 模型并保存

    参数:
        files (list): 训练数据文件列表
        save_path (str): 保存模型的路径
    """
    if files is None:
        files = [f"../../dataset/wiki.test.raw"]

    if save_path is None:
        save_path = "./models/tokenizer-wiki.json"
    # 创建一个空白的 BPE tokenizer
    tokenizer = Tokenizer(Unigram())

    # 实例化 SentencePiece tokenizer 的训练器
```

```
    trainer = UnigramTrainer(
        special_tokens=["[UNK]", "[CLS]", "[SEP]", "[PAD]", "[MASK]"],
        show_progress=True,
        vocab_size=40000,
        unk_token="[UNK]"
    )

    # 定义预分词规则（这里使用空格预切分）
    tokenizer.pre_tokenizer = Whitespace()

    # 加载数据集，训练 tokenizer
    tokenizer.train(files, trainer)

    # 保存 tokenizer
    tokenizer.save(save_path)


def unigram_tokenizer(save_path=None):
    """
    使用训练好的 SentencePiece tokenizer 进行分词

    参数：
        save_path (str): 训练好的 SentencePiece tokenizer 模型的保存路径
    """
    if save_path is None:
        save_path = "./models/tokenizer-wiki.json"

    # 加载 tokenizer
    tokenizer = Tokenizer.from_file(save_path)

    # 使用 tokenizer 对句子进行分词
    sentence = "我爱北京天安门，天安门上太阳升。"
    output = tokenizer.encode(sentence)

    # 打印分词结果
    print("sentence: ", sentence)
    print("output.tokens: ", output.tokens)
    print("output.ids: ", output.ids)

    # 打印结果:
    # sentence: 我爱北京天安门，天安门上太阳升。
```

```
    # output.tokens: ['我爱北京天安门', '，', '天安门上太阳升', '。']
    # output.ids: [0, 0, 0, 0]

    # 使用 tokenizer 对句子进行分词
    sentence2 = "A large language model (LLM) is a language model consisting of a neural network with many parameters."
    output2 = tokenizer.encode(sentence2)

    # 打印分词结果
    print("sentence: ", sentence2)
    print("output.tokens: ", output2.tokens)
    print("output.ids: ", output2.ids)

    # 打印结果:
    # sentence:  A large language model (LLM) is a language model consisting of a neural network with many parameters.
    # output.tokens:  ['A', 'large', 'language', 'model', '(', 'L', 'L', 'M', ')', 'is', 'a', 'language', 'model', 'consist', 'ing', 'of', 'a', 'n', 'e', 'ural', 'n', 'e', 'twork', 'with', 'man', 'y', 'parame', 'ter', 's', '.']
    # output.ids:  [50, 160, 961, 1986, 34, 116, 116, 103, 33, 43, 9, 961, 1986, 1706, 21, 14, 9, 23, 10, 2381, 23, 10, 3732, 35, 105, 19, 6196, 285, 5, 8]

if __name__ == '__main__':
    # 训练 SentencePiece 模型
    train_uigram_model()

    # 使用 SentencePiece tokenizer 进行分词
    unigram_tokenizer()
```

例如针对文本“A large language model (LLM) is a language model consisting of a neural network with many parameters.”，利用我们训练的分词器可以得到以下结果。

```
['▁A', '▁large', '▁language', '▁mod', 'el', '▁(', 'L', 'L', 'M', ')', '▁is', '▁a', '▁language', '▁mod', 'el', '▁consisting', '▁of', '▁a', '▁ne', 'ural', '▁network', '▁with', '▁many', '▁param', 'et', 'ers', '.']
```

在由 Hugging Face 提供的 Transformers 库中，多数基于 Transformer 架构的模型（如 ALBert、XLNet、T5 等）的分词都采用了 SentencePiece 与 Unigram 结合的方法作为分词器。其中，XLNet 是一种基于自回归语言模型的预训练方法，由 CMU 和谷歌的研究人员联合提出。这里我们采用在 Hugging Face 上哈工大公布的一个基于中文 XLNet 模型架构提供的模型，利用如下代码进行测试。

```
from transformers import XLNetTokenizer

tokenizer = XLNetTokenizer.from_pretrained("hfl/chinese-xlnet-base")
query = "我爱北京天安门，天安门上太阳升。"
print(tokenizer.tokenize(query))
query2 = "A large language model (LLM) is a language model consisting of a neural
network with many parameters."
print(tokenizer.tokenize(query2))
```

针对文本“我爱北京天安门，天安门上太阳升。”得到的分词结果如下。

```
['▁我', '爱', '北京', '天', '安', '门', '，', '天', '安', '门', '上', '太阳', '升', '。']
```

针对文本“A large language model (LLM) is a language model consisting of a neural network with many parameters. ”得到的分词结果如下。

```
['▁A', '▁', 'lar', 'ge', '▁', 'lan', 'gu', 'age', '▁', 'mod', 'el', '▁', '(', 'LL', 'M', ')', '▁',
'is', '▁', 'a', '▁', 'lan', 'gu', 'age', '▁', 'mod', 'el', '▁con', 'sis', 'ting', '▁', 'of', '▁',
'a', '▁', 'ne', 'ur', 'al', '▁', 'net', 'work', '▁w', 'ith', '▁', 'man', 'y', '▁p', 'ara', 'met',
'ers', '.']
```

2.2.6 词表融合

若想对大型语言模型词表进行扩充，可以有多种方式，这里给出一个面向中文词表扩充的方法，相关步骤如下，相关流程如图 2-2 所示。

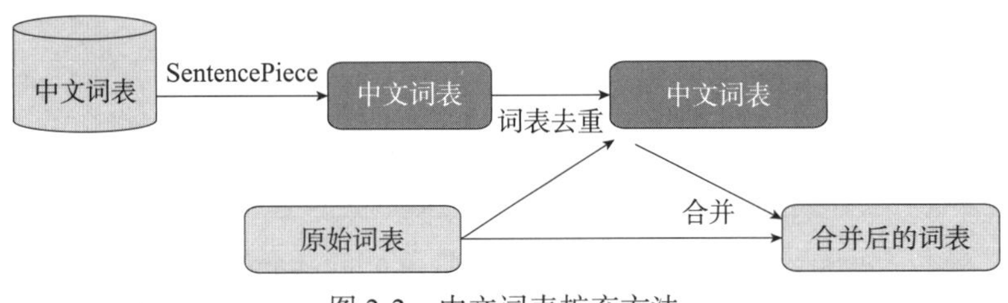

图 2-2　中文词表扩充方法

1）使用 SentencePiece 工具在中文预训练语料上进行训练，生成一个包含中文词单词的词表。

2）从上述获取的中文词表中删除包含词表（如 LLaMA）的部分。

3）将原版词表与经过去重后的中文词表进行拼接，得到最终的扩展后的中文词表。

在针对 LLaMA 进行中文词表扩充的任务中，通过上述流程将 LLaMA 词表的大小得以扩充至 49 953 个单词，而二代中文 LLaMA 则进一步扩充至 55 396 个单词。这个词表扩充的过程旨在丰富中文词汇，提高模型对多样化语言表达的理解能力，从而更好地满足语言模型在不同应用场景下的需求。

2.3　大型语言模型的微调方法

大型语言模型已经让我们看到了模型的基础能力，与此同时，当个人用户或企业用户准备好数据后，针对模型的微调也能迅速看到模型的迁移能力。随着模型参数规模的不断扩大，使用全量参数规模的训练在模型微调和后续推理阶段必然会导致资源消耗。在模型微调时，不仅需要消耗资源在加载模型的训练参数方面，还需要大量显存资源用于存储训练这些参数的梯度及优化器信息，资源消耗的情况随着训练参数规模的扩大而不断增加。在模型推理时，多个模型的加载也会消耗大量算力资源。

结合上述两种情况，研究者的优化方向也从两个方面共同推进。一方面，针对训练参数过多导致资源消耗巨大的情况，可以考虑通过固定基础大型语言模型的参数，引入部分特定参数进行模型训练，大大减少了算力资源的消耗，也加速了模型的训练速度。比较常用的方法包括前缀调优、提示调优等。另一方面，还可以通过固定基础大型语言模型的架构，通过增加一个“新的旁路”来针对特定任务或特定数据进行微调，当前非常热门的 LoRA 就是通过增加一个旁路来提升模型在多任务中的表现。

上述各种在模型参数调优阶段进行的操作，开源社区 Hugging Face 将其归纳为高效参数调优方法（Parameter-Efficient Fine-Tuning，PEFT）。PEFT 方法能够在不微调所有模型参数的情况下，有效地让预训练语言模型适应各种下游应用。PEFT 方法只微调了少量额外的模型参数，从而大幅降低了大模型训练和微调的计算与存储成本。通过合理使用 PEFT 方法，不但能提高模型的训练效率，还能在特定任务上达到大型语言模型的效果。

2.3.1　前缀调优

为了更好地结合大型预训练语言模型来执行下游任务，目前广泛采用的方法是针对大型语言模型进行微调来提升其表现。然而，微调的一个显著特点是修改了语言模型的所有参数，因此需要为每个任务存储一个完整的模型副本。在这种情况下，研究者提出了前缀调优（Prefix Tuning）这一方法，这是一种轻量级的微调替代方法，专门用于自然语言生成任务。前缀调优的独特之处在于它不改变语言模型的参数，而是通过优化一系列连续的任务特定向量（即前缀）来实现优化任务。

前缀调优方法通过冻结 LM 参数并仅优化前缀模块来实现。因此，在训练中只需要为每个任务存储前缀即可，使得前缀调优具有模块化和高效利用空间的特点。前缀调优的架构如图 2-3 所示。

研究者表示，前缀调优的灵感来自于语言模型提示，允许后续标记重点关注这个前缀，就好像它们是“虚拟标记”一样。这种方法可在特定任务的上下文中引导模型生成文本，而无须修改庞大的语言模型。前缀调优的轻量级设计有望在 NLP 任务中提供高效的解决方案，避免了存储和计算资源的浪费，同时保持了模型的性能。

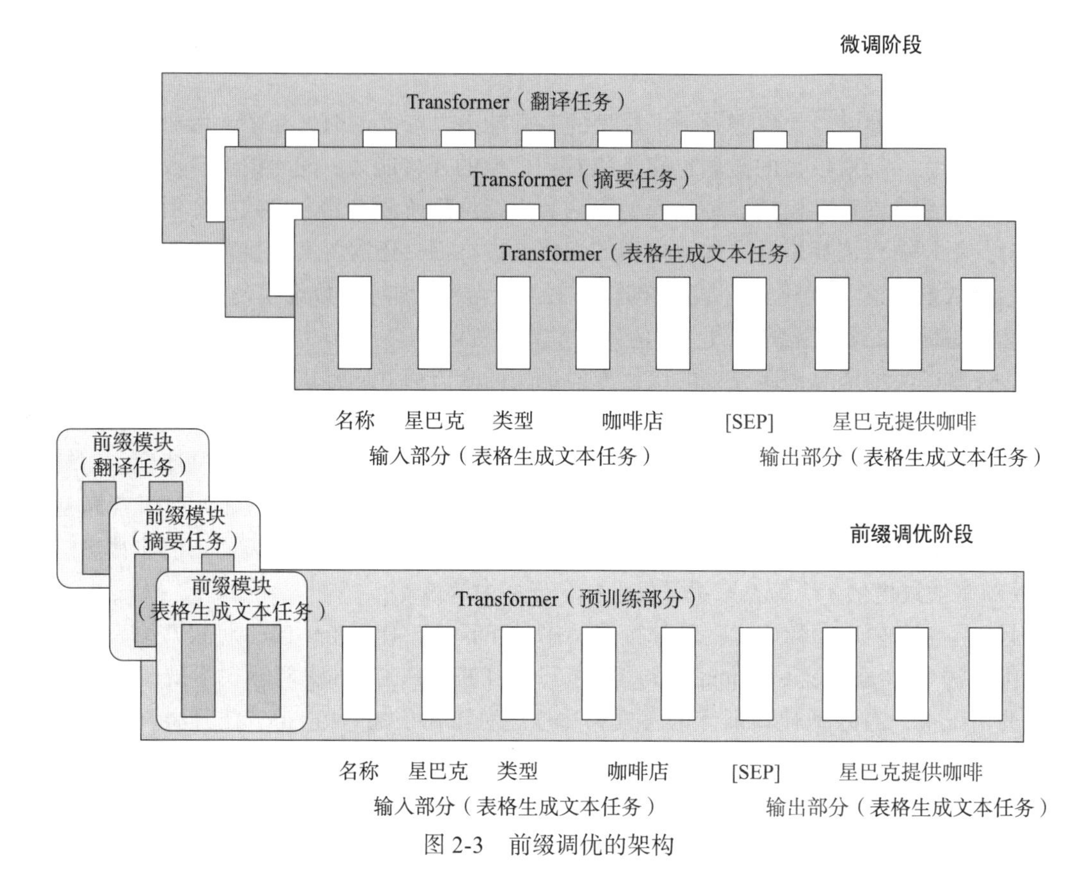

图 2-3 前缀调优的架构

2.3.2 提示调优

提示调优（Prompt Tuning）是一种简单而有效的机制，该方法采用“软提示”（Soft Prompt）的方式，赋予语言模型能够执行特定的下游任务的能力。该方法是由 Brian Lester 在论文“The Power of Scale for Parameter-Efficient Prompt Tuning”中提出的，相较于软提示中直接采用反向传播学习来优化模型参数，提示调优通过冻结整个预训练模型，只允许每个下游任务在输入文本前面添加 k 个可调的标记（Token）来优化模型参数。这里所使用的“软提示”采用端到端的训练方法，并可以完整地学习参与训练的全量数据的参数信息，使该方法在少样本提示方面表现出色。

提示调优的架构如图 2-4 所示。相较于模型调整需要为每个下游任务制作一个任务特定的预训练模型副本，并需要在单独的批次中执行推理，提示调优只需要为每个任务存储一个小的任务特定提示，并允许使用原始的预训练模型进行混合任务推理。在论文的实验对比中，对于 T5-XXL 模型，每个经过调整的模型副本需要 110 亿个参数，相比之下，提示调优需要的参数规模仅为 20 480 个参数。

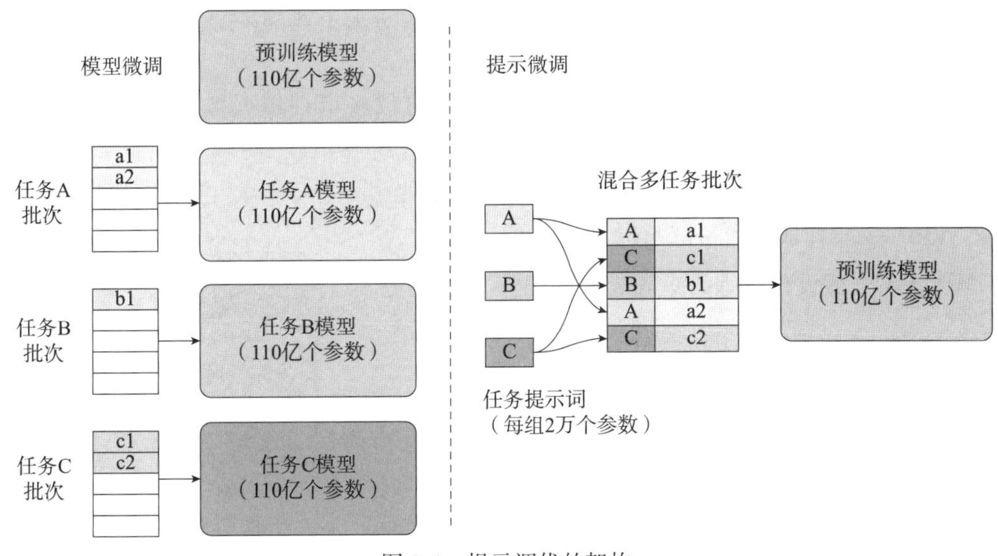

图 2-4　提示调优的架构

2.3.3　P-Tuning v2

如前所述，提示调优采用连续提示的思想，在原始输入词嵌入序列中添加可训练的连续嵌入。尽管提示调优在相应任务上取得了一定的效果，但当底座模型规模较小，特别是小于 1000 亿个参数时，效果表现不佳。为了解决这个问题，清华大学的团队提出了 P-Tuning v2 方法，该方法是一种针对深度提示调优的优化和适应性实现，最显著的改进是对预训练模型的每一层应用连续提示，而不仅仅是输入层。深度提示调优增加了连续提示的功能，并缩小了在各种设置之间进行微调的差距，特别是对于小型模型和困难的任务。此外，该方法还提供了一系列优化和实现的关键细节，以确保可进行微调的性能。P-Tuning v2 方法实际上是一种针对大型语言模型的软提示方法，主要是将大型语言模型的词嵌入层和每个 Transformer 网络层前都加上新的参数。实验表明，P-Tuning v2 在 30 亿到 100 亿个参数的不同模型规模下，以及在提取性问题回答和命名实体识别等 NLP 任务上，都能与传统微调的性能相匹敌，且训练成本大大降低。

2.3.4　LoRA

随着大型语言模型的不断推进与应用，对领域数据进行大规模预训练，然后通过微调来适应特定任务成为当前自然语言处理的一种重要范式。模型不断迭代，训练一个全量参数微调的模型需要的算力资源十分庞大。因此，如何制定有效的策略来进行大规模模型微调变得至关重要。微软公司在 2021 年提出了一种名为 Low-Rank Adaptation（LoRA，低秩适配器）的方法。LoRA 的核心思想是通过冻结预训练模型的权重，并将可训练的秩分解矩阵注入 Transformer 架构的每一层，从而显著减少下游任务中可训练参数的数量。在训练过程中，只需要固定原始模型的参数，然后训练降维矩阵 $\boldsymbol{A}$ 和升维矩阵 $\boldsymbol{B}$。LoRA 的架构如图 2-5 所示。

与使用 Adam 微调的 GPT-3 175B 相比，LoRA 可以将可训练参数的数量减少 10 000 倍，并将 GPU 内存需求减少 3 倍。尽管 LoRA 的可训练参数较少，训练吞吐量较高，但与 RoBERTa、DeBERTa、GPT-2 和 GPT-3 等模型相比，LoRA 在模型质量性能方面与微调相当，甚至更好。

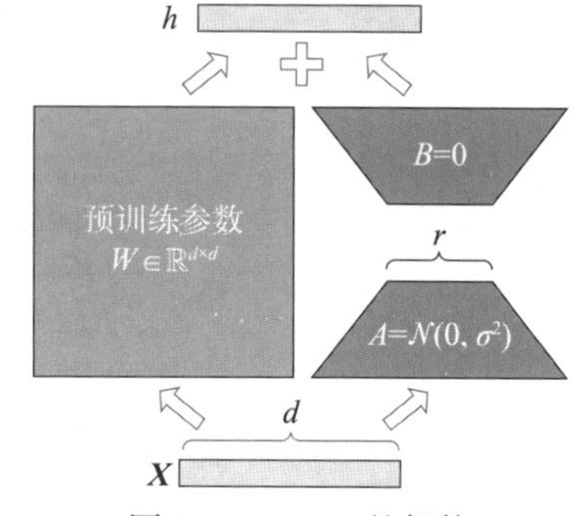

图 2-5　LoRA 的架构

具体来看，假设预训练的矩阵为 $\boldsymbol{W}_0 \in \mathbb{R}_{d\times k}$，它的更新可表示为：

$$\boldsymbol{W}_0 + \Delta\boldsymbol{W} = \boldsymbol{W}_0 + \boldsymbol{B}\boldsymbol{A}$$

其中：$\boldsymbol{B} \in \mathbb{R}_{d\times r}$，$\boldsymbol{A} \in \mathbb{R}_{r\times k}$，$r \ll \min(d,k)$。

2.3.5　DyLoRA

随着预训练模型规模的持续扩大，微调过程变得愈发耗时且资源密集。为应对此问题，LoRA 方法应运而生。该方法通过保持模型的主要预训练权重不变，仅引入可学习的截断奇异值分解（即 LoRA 块）模式，就可以提升参数效率。但随着研究的深入，LoRA 块存在两大核心问题：首先，一旦训练完成后，LoRA 块的大小便无法更改，若要调整 LoRA 块的秩，则需重新训练整个模型，这无疑增加了大量时间和计算成本；其次，LoRA 块的大小是在训练前设计的固定超参，优化秩的过程需要精细的搜索与调优操作，仅设计单一的超参可能无法有效提升模型效果。

为解决上述问题，研究者引入了一种全新的方法——DyLoRA（动态低秩适应）。DyLoRA 的架构如图 2-6 所示，研究者参考 LoRA 的基本架构，针对每个 LoRA 块设计了上投影（$\boldsymbol{W}_{\text{up}}$）和下投影（$\boldsymbol{W}_{\text{dw}}$）矩阵及当前 LoRA 块的规模范围 R。为确保增加或减少秩不会明显阻碍模型的表现，在训练过程中通过对 LoRA 块对不同秩的信息内容进行排序，再结

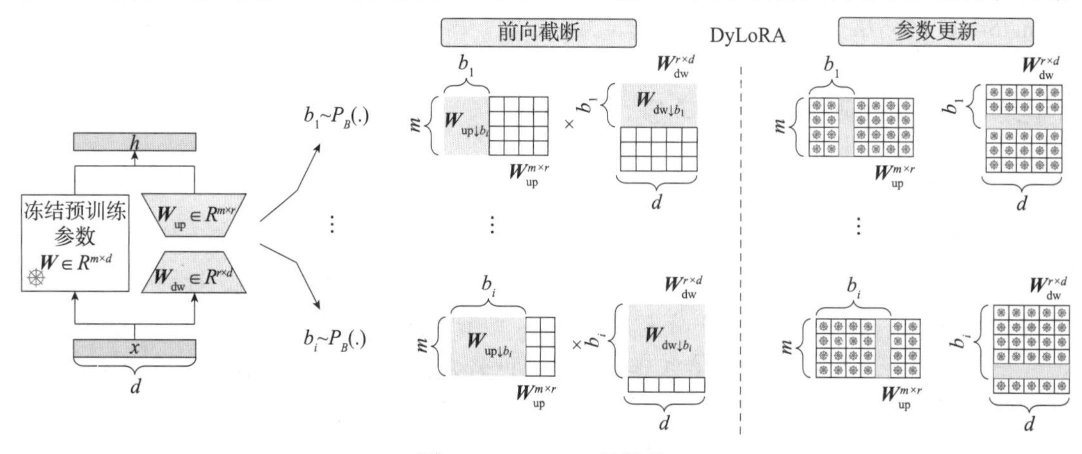

图 2-6　DyLoRA 的架构

合预定义的随机分布中进行抽样，来对 LoRA 块镜像上投影矩阵和下投影矩阵截断，最终确认单个 LoRA 块的大小。

研究结果表明，与 LoRA 相比，使用 DyLoRA 训练出的模型速度可提升 4～7 倍，且性能几乎没有下降。此外，与 LoRA 相比，该模型在更广泛的秩范围内展现出了卓越的性能。

2.3.6 AdaLoRA

正如 DyLoRA 优化方法一样，提出 AdaLoRA 的研究者也发现，当前 LoRA 存在的改进方向：首先，由于权重矩阵在不同 LoRA 块和模型层中的重要性存在差异，因此不能提前制定一个统一规模的秩来约束相关权重信息，需要设计可以支持动态更新的参数矩阵；其次，需要设计有效的方法来评估当前参数矩阵的重要性，并根据重要性程度，为重要性高的矩阵分配更多参数量，以提升模型效果，对重要性低的矩阵进行裁剪，进一步降低计算量。根据上述思想，研究者提出了 AdaLoRA 方法，可以根据权重矩阵的重要性得分，在权重矩阵之间自适应地分配参数规模。

在实际操作中，AdaLoRA 采用奇异值分解（SVD）的方法来进行参数训练，根据重要性指标剪裁掉不重要的奇异值来提高计算效率，从而进一步提升模型在微调阶段的效果。

2.3.7 QLoRA

随着模型参数规模的不断扩大，如何在较小规模算力水平下镜像大模型训练引起了研究者的广泛关注，Tim Dettmers 等研究者在论文“QLoRA: Efficient Finetuning of Quantized LLMs”中提出了一种高效的模型微调方法——QLoRA，通过 QLoRA 微调技术，可以有效降低模型微调时的显存消耗。QLoRA 的架构如图 2-7 所示，从图中可以看出，QLoRA 是针对 LoRA 的改进，而改进的主要模式是采用 4bit 精度和分页优化来共同减少模型的显存消耗。

QLoRA 的创新内容主要如下：

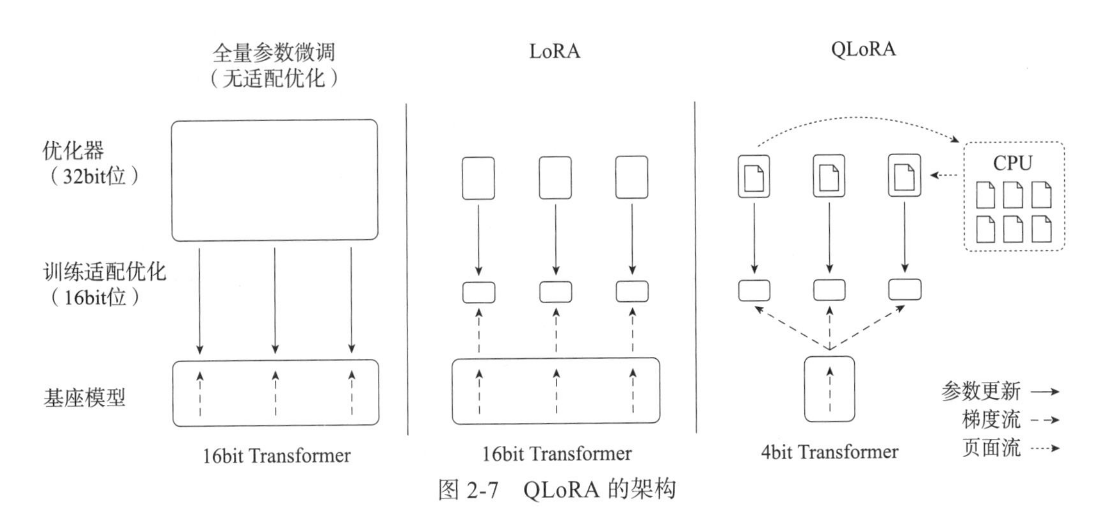

图 2-7　QLoRA 的架构

1）4bit NormalFloat（NF4）。NF4 是一种新型数据类型，它对正态分布的权重来说是信息理论上的最优选择。

2）双重量化技术。双重量化技术减少了平均内存的使用，它通过对已量化的常量进行再量化来实现。

3）分页优化器。分页优化器有助于管理内存峰值，防止梯度检查点时出现内存不足的错误。

实验表明，QLoRA 技术使得研究者能够在单个 48GB GPU 上微调 650 亿个参数规模的模型，同时维持 16bit 精度任务的完整性能。例如，在训练 Guanaco 模型时，仅需在单个 GPU 上微调 24h，即可达到与 ChatGPT 相当的 99.3% 性能水平。

2.3.8　QA-LoRA

大型语言模型取得了迅猛发展，尽管在许多语言理解任务中表现强大，但由于巨大的计算负担，尤其是在需要将它们部署到边缘设备时，应用受到了限制。在论文“QA-LoRA: Quantization-aware Low-rank Adaptation of large language models”中，研究者提出了一种量化感知的低秩适应（QA-LoRA）算法。该方法来源于量化和适应的自由度不平衡的思想。具体而言，预训练权重矩阵的每一列只伴随一个缩放和零参数对，但有很多 LoRA 参数。这种不平衡不仅导致了大量的量化误差（对 LLM 的准确性造成损害），而且使得将辅助权重整合到主模型中变得困难。因此，研究者提出采用分组运算符的方式，旨在增加量化自由度的同时减少适应自由度。QA-LoRA 的实现简便，仅需几行代码，同时赋予原始的 LoRA 两倍的能力：在微调过程中，LLM 的权重被量化（如 INT4），以降低时间和内存的使用；微调后，LLM 和辅助权重能够自然地集成到一个量化模型中，而不损失准确性。通过在 LLaMA 和 LLaMA2 模型系列的实验中证明，QA-LoRA 在不同的微调数据集和下游场景中验证了其有效性。

如图 2-8 所示，与之前的适应方法 LoRA 和 QLoRA 相比，QA-LoRA 在微调和推理阶

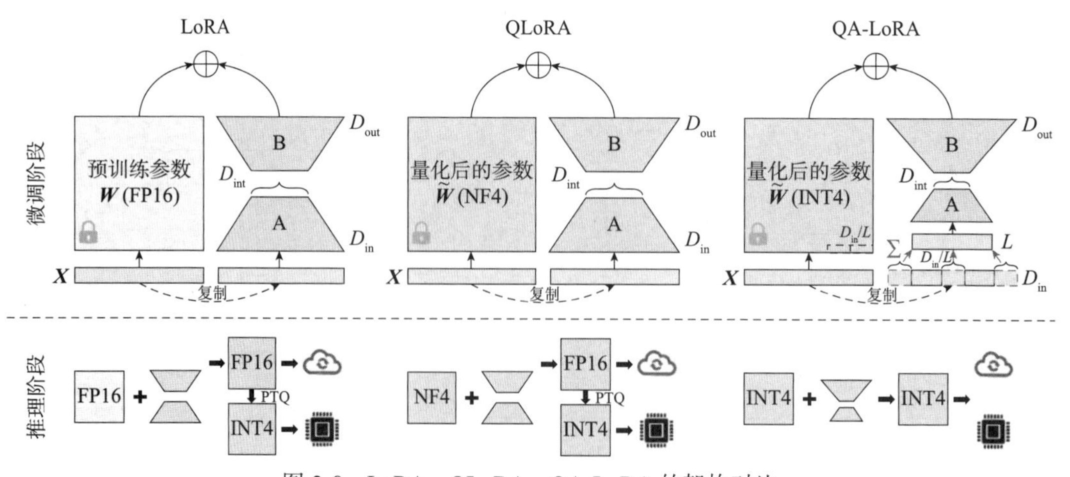

图 2-8　LoRA、QLoRA、QA-LoRA 的架构对比

段都具有更高的计算效率。更重要的是，由于不需要进行训练后量化，因此它不会导致准确性损失。在图 2-8 中展示了 INT4 的量化，但 QA-LoRA 可以推广到 INT3 和 INT2。

2.3.9 LongLoRA

通常情况下，用较长的上下文长度训练大型语言模型的计算成本较高，需要大量的训练时间和 GPU 资源。例如，对上下文长度为 8192 的自注意层进行训练需要的计算成本是上下文长度为 2048 的 16 倍。为了在有限的计算成本下扩展预训练大型语言模型的上下文大小，研究者在论文“LongLoRA: Efficient Fine-tuning of Long-Context Large Language Models”中提出了 LongLoRA 的方法，整体架构如图 2-9 所示。

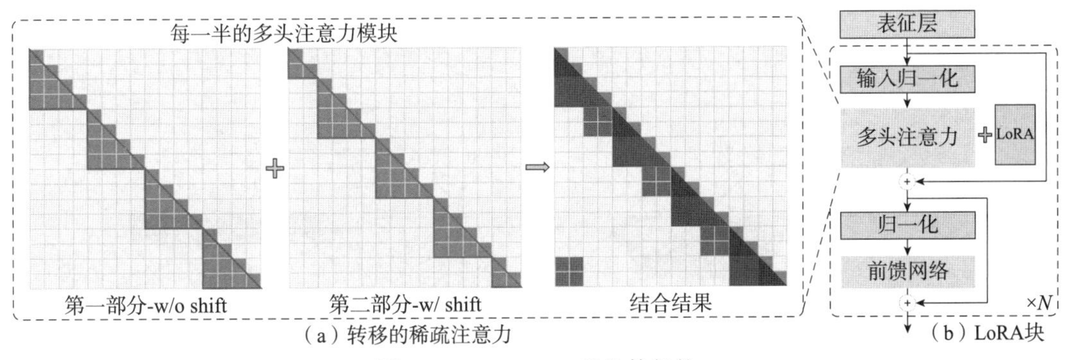

图 2-9 LongLoRA 的整体架构

LongLoRA 在两个方面进行了改进：首先，虽然在推理过程中需要密集的全局注意力，但通过采用稀疏的局部注意力，可以有效地进行模型微调。在 LongLoRA 中，引入的转移短暂的注意力机制能够有效地实现上下文扩展，从而在性能上与使用香草注意力（Vanilla Attention）进行微调的效果相似；其次，通过重新审视上下文扩展的参数高效微调机制，研究者发现在可训练嵌入和规范化的前提下，用于上下文扩展的 LoRA 表现良好。

LongLoRA 在从 70 亿、130 亿到 700 亿个参数的 LLaMA2 模型的各种任务上都取得了良好的结果。具体而言，LongLoRA 采用 LLaMA2-7B 模型，将上下文长度从 4000 个 Token 扩展到 10 万个 Token，展现了其在增加上下文长度的同时保持了高效计算的能力。这为大型语言模型的进一步优化和应用提供了有益的思路。

2.3.10 VeRA

目前，LoRA 是一种常用的大型语言模型微调方法，它在微调大型语言模型时能够减少可训练参数的数量。然而，随着模型规模的进一步扩大或者需要部署大量适应于每个用户或任务的模型时，存储问题仍然是一个挑战。研究者提出了一种基于向量的随机矩阵适应（Vector-based Random matrix Adaptation，VeRA）的方法，与 LoRA 相比，VeRA 成功将可训练参数的数量减少了 10 倍，同时保持了相同的性能水平。

VeRA 的实现方法是通过使用一对低秩矩阵在所有层之间共享，并学习小的缩放向量来实现这一目标。实验证明，VeRA 在 GLUE 和 E2E 基准测试中展现了其有效性，并在使用 LLaMA2 7B 模型时仅使用 140 万个参数的指令就取得了一定的效果。这一方法为在大型语言模型微调中降低存储开销提供了一种新的思路，有望在实际应用中取得更为显著的效益。

VeRA 与 LoRA 的架构对比如图 2-10 所示，LoRA 通过训练低秩矩阵 $\boldsymbol{A}$ 和 $\boldsymbol{B}$ 来更新权重矩阵 $\boldsymbol{W}$，中间秩为 r。在 VeRA 中，这些矩阵被冻结，在所有层之间共享，并通过可训练向量 $\boldsymbol{d}$ 和 $\boldsymbol{b}$ 进行适应，从而显著减少可训练参数的数量。在这种情况下，低秩矩阵和向量可以合并到原始权重矩阵 $\boldsymbol{W}$ 中，不引入额外的延迟。这种新颖的结构设计使得 VeRA 在减少存储开销的同时，还能够保持和 LoRA 相媲美的性能，为大型语言模型的优化和应用提供了更加灵活的解决方案。

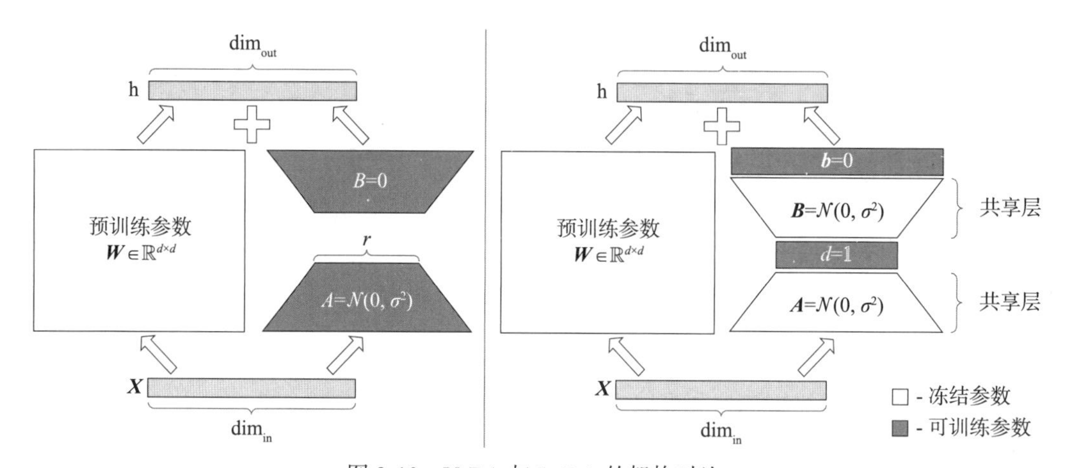

图 2-10　VeRA 与 LoRA 的架构对比

2.3.11　S-LoRA

“预训练 - 微调”范式在大型语言模型的部署中是普遍采用的方法。LoRA 作为一种参数高效的微调方法，通常用于将基础模型适应到多种任务中，从而形成了大量派生自基础模型的 LoRA 模型。由于多个采用 LoRA 形式训练的模型的底座模型都为同一个，因此可以参考批处理模式进行推理。据此，研究者提出了一种 S-LoRA（Serving thousands of concurrent LoRA adapters）方法，S-LoRA 是一种专为可伸缩地服务多个 LoRA 适配器而设计的方法。

S-LoRA 的设计理念是将所有适配器存储在主内存中，并在 GPU 内存中动态获取当前运行查询所需的适配器。为了高效使用 GPU 内存并减少碎片，S-LoRA 引入了统一分页。统一分页采用统一的内存池来管理具有不同秩的动态适配器权重以及具有不同序列长度的 KV 缓存张量。此外，S-LoRA 还采用了一种新颖的张量并行策略和高度优化的自定义

CUDA 核心，用于异构批处理 LoRA 计算。这些特性使得 S-LoRA 能够在单个 GPU 或跨多个 GPU 上提供数千个 LoRA 适配器，而开销相对较小。

通过实验发现，S-LoRA 的吞吐量提高了 4 倍多，并且提供的适配器数量增加了数个数量级。因此，S-LoRA 在实现对许多任务特定微调模型的可伸缩服务方面取得了显著进展，并为大规模定制微调服务提供了潜在的可能性。

2.4 基于 PEFT 的 LLaMA 模型微调实战

LLaMA 是由 Meta 开源的一个大型语言模型，提供了从 70 亿到 700 亿不等的参数规模的模型。在测试过程中，LLaMA2 在许多基准测试上表现优异，超越了开源聊天模型的性能。通过人工评估，我们发现在帮助性和安全性方面，LLaMA2-Chat 的表现也十分优异。但 LLaMA 系列模型是采用拉丁语系进行训练的大语言模型，不包含中文词典，因此很多研究者进行了 LLaMA 的中文化。这里我们采用一个中文化的 LLaMA2-7B 模型[⊖]进行大型语言模型的微调实战。

2.4.1 项目介绍

本项目是 LLaMA2 基于 PEFT 进行的微调方法介绍。利用 LLaMA2-7B 模型从开源数据中进行数据构造，并进行模型微调。代码见 GitHub 中的 LlamaFinetuneProj 项目，项目主要结构如下。

- data：存放数据及数据处理的文件夹。
  - dev.jsonl：验证集数据。
  - train.jsonl：训练数据。
  - load_data.py：用于针对开源数据进行数据处理，生成训练集及验证集数据。
- finetune：模型微调的文件夹。
  - train_lora_llama.py：使用 LoRA 进行 LLaMA2 训练的函数。
- predict：预测所需的代码文件夹。
  - predict.py：利用已训练的模型进行模型生成的方法。

本项目从数据预处理、模型微调和模型预测几个部分入手，手把手地带领大家一起完成 LLaMA-2 PEFT 微调任务。

2.4.2 数据预处理

在进行模型训练时，我们需要准备相应数据，并转换得到用于训练的数据，然后选择合适的模型进行配置。数据格式通常要求参考 Self-Instruction 方式进行构造，以便模型能

⊖ LLaMA2-7B模型地址：https://huggingface.co/FlagAlpha/Llama2-Chinese-7b-Chat。

够准确理解和学习相应知识信息。

当前，已有众多机构和研究者开源了用于学习和使用的指令数据。此处我们使用链家开源的一份指令数据集[1]进行验证。该数据基础格式如下：

```
{
    "instruction": "给定一个英文句子，翻译成中文。\nI love to learn new things every day.\n",
    "input": "",
    "output": "我每天喜欢学习新事物。"
}
```

我们可以直接使用上述数据进行模型训练。当然，我们也可以采用自己收集和构造的数据进行转换。例如针对知识图谱场景，我们可以构建如下数据：

```
{
    "instruction": "俄琉斯的外文名是什么？",
    "input": "",
    "output": "Oileus"
}
```

2.4.3　模型微调

针对 LLaMA2 模型微调，采用 finetune 文件夹中的 train_lora_llama.py 进行模型训练，主要包含模型训练参数设置函数和模型训练函数，主要涉及以下步骤。

步骤 1：设置模型训练参数。

步骤 2：实例化分词器和 LLaMA2 模型。

步骤 3：加载模型训练所需要的训练数据和测试数据。

步骤 4：加载模型训练所需的 trainer。

步骤 5：进行训练，并按需保存模型和分词器。

相关代码如下：

```
import os
import argparse
from typing import List, Dict, Optional

import torch
import logging
from datasets import load_dataset
from transformers import (
    AutoModel,
```

[1] 链家开源指令数据集：https://huggingface.co/datasets/BelleGroup/train_0.5M_CN。

```
    AutoTokenizer,
    HfArgumentParser,
    set_seed,
    TrainingArguments,
    Trainer,
)
from peft import (
    TaskType,
    LoraConfig,
    get_peft_model,
    set_peft_model_state_dict,
    # prepare_model_for_kbit_training
)
from peft.utils import TRANSFORMERS_MODELS_TO_LORA_TARGET_MODULES_MAPPING

_compute_dtype_map = {
    'fp32': torch.float32,
    'fp16': torch.float16,
    'bf16': torch.bfloat16
}
logger = logging.getLogger("train_model")


def parse_args():
    parser = argparse.ArgumentParser(description='llama2-7B QLoRA')
    parser.add_argument('--train_args_json', type=str, default="./llama2-7B_LoRA.
json", help='TrainingArguments的json文件')
    parser.add_argument('--model_name_or_path',type=str, default="./pre_train_mod-
els/llama2-7B", help='模型id或local path')
    parser.add_argument('--train_data_path', type=str, default="./data/train.
jsonl", help='训练数据路径')
    parser.add_argument('--eval_data_path', type=str, default="./data/dev.jsonl",
help='验证数据路径')
    parser.add_argument('--seed', type=int, default=42)
    parser.add_argument('--max_input_length', type=int, default=128, help='in-
struction + input的最大长度')
    parser.add_argument('--max_output_length', type=int, default=256, help='output
的最大长度')
    parser.add_argument('--lora_rank', type=int, default=4, help='lora rank')
    parser.add_argument("--lora_dim", type=int, default=8, help="")
    parser.add_argument('--lora_alpha', type=int, default=32, help='lora_alpha')
```

```
    parser.add_argument('--lora_dropout', type=float, default=0.05, help='lora
dropout')
    parser.add_argument("--lora_module_name", type=str, default="query_key_value",
help="")
    parser.add_argument('--resume_from_checkpoint', type=str, default=None, help='
恢复训练的checkpoint路径')
    parser.add_argument('--prompt_text', type=str, default='', help='统一添加在所有
数据前的指令文本')
    parser.add_argument('--compute_dtype', type=str, default='fp16', choices=
['fp32', 'fp16', 'bf16'], help='计算数据类型')
    return parser.parse_args()
def tokenize_func(example, tokenizer, global_args, ignore_label_id=-100):
    """单样本tokenize处理"""
    question = global_args.prompt_text + example['instruction']
    if example.get('input', None):
        if example['input'].strip():
            question += f'''\n{example['input']}'''
    answer = example['output']
    q_ids = tokenizer.encode(text=question, add_special_tokens=False)
    a_ids = tokenizer.encode(text=answer, add_special_tokens=False)
    if len(q_ids) > global_args.max_input_length - 2:  # 2 - gmask, bos
        q_ids = q_ids[: global_args.max_input_length - 2]
    if len(a_ids) > global_args.max_output_length - 1:  # 1 - eos
        a_ids = a_ids[: global_args.max_output_length - 1]
    input_ids = tokenizer.build_inputs_with_special_tokens(q_ids, a_ids)
    # question_length = input_ids.index(tokenizer.bos_token_id)
    question_length = len(q_ids) + 2
    labels = [ignore_label_id] * question_length + input_ids[question_length:]
    return {'input_ids': input_ids, 'labels': labels}
def get_datset(data_path, tokenizer, global_args):
    """读取本地数据文件，并执行shuffle操作，返回datasets.dataset"""
    data = load_dataset('json', data_files=data_path)
    column_names = data['train'].column_names
        dataset = data['train'].map(lambda example: tokenize_func(example, to-
kenizer, global_args),
 batched=False, remove_columns=column_names)
    dataset = dataset.shuffle(seed=global_args.seed)
    dataset = dataset.flatten_indices()
    return dataset
class DataCollatorForLlama2:
    def __init__(self,
```

```
                 pad_token_id: int,
                 max_length: int = 2048,
                 ignore_label_id: int = -100):
        self.pad_token_id = pad_token_id
        self.ignore_label_id = ignore_label_id
        self.max_length = max_length
    def __call__(self, batch_data: List[Dict[str, List]]) -> Dict[str, torch.Ten-
sor]:
        """根据batch最大长度做padding"""
        len_list = [len(d['input_ids']) for d in batch_data]
        batch_max_len = max(len_list)
        input_ids, labels = [], []
        for len_of_d, d in sorted(zip(len_list, batch_data), key=lambda x: -x[0]):
            pad_len = batch_max_len - len_of_d
            ids = d['input_ids'] + [self.pad_token_id] * pad_len
            label = d['labels'] + [self.ignore_label_id] * pad_len
            if batch_max_len > self.max_length:
                ids = ids[: self.max_length]
                label = label[: self.max_length]
            input_ids.append(torch.LongTensor(ids))
            labels.append(torch.LongTensor(label))
        input_ids = torch.stack(input_ids)
        labels = torch.stack(labels)
        return {'input_ids': input_ids, 'labels': labels}
class LoRATrainer(Trainer):
    def save_model(self, output_dir: Optional[str] = None, _internal_call: bool =
False):
        """只保存adapter"""
        if output_dir is None:
            output_dir = self.args.output_dir
        self.model.save_pretrained(output_dir)
        torch.save(self.args, os.path.join(output_dir, "training_args.bin"))
def train(global_args):
    hf_parser = HfArgumentParser(TrainingArguments)
    hf_train_args, = hf_parser.parse_json_file(json_file=global_args.train_args_
json)
    set_seed(global_args.seed)
    hf_train_args.seed = global_args.seed
    model_max_length = global_args.max_input_length + global_args.max_output_
length
    print("global_args.model_name_or_path", global_args.model_name_or_path)
```

```
    tokenizer=AutoTokenizer.from_pretrained(global_args.model_name_or_path, trust_
remote_code=True)

    lora_module_name = TRANSFORMERS_MODELS_TO_LORA_TARGET_MODULES_MAPPING['llama']
    config = LoraConfig(r=global_args.lora_dim,
                        lora_alpha=global_args.lora_alpha,
                        target_modules=lora_module_name,
                        lora_dropout=global_args.lora_dropout,
                        bias="none",
                        task_type=TaskType.CAUSAL_LM,
                        inference_mode=False,
                        )

    model=AutoModel.from_pretrained(args.model_name_or_path, trust_remote_
code=True).half().cuda()
    model = get_peft_model(model, config)
    resume_from_checkpoint = global_args.resume_from_checkpoint
    if resume_from_checkpoint is not None:
        checkpoint_name = os.path.join(resume_from_checkpoint, 'pytorch_model.
bin')
        if not os.path.exists(checkpoint_name):
            checkpoint_name = os.path.join(
                resume_from_checkpoint, 'adapter_model.bin'
            )
            resume_from_checkpoint = False
        if os.path.exists(checkpoint_name):
            logger.info(f'Restarting from {checkpoint_name}')
            adapters_weights = torch.load(checkpoint_name)
            set_peft_model_state_dict(model, adapters_weights)
        else:
            logger.info(f'Checkpoint {checkpoint_name} not found')
    model.print_trainable_parameters()

    # data
    train_dataset = get_datset(global_args.train_data_path, tokenizer, global_
args)
    eval_dataset = None
    if global_args.eval_data_path:
        eval_dataset = get_datset(global_args.eval_data_path, tokenizer, global_
args)
```

```
    data_collator = DataCollatorForLlama2(pad_token_id=tokenizer.pad_token_id,
max_length=model_max_length)
    # train
    trainer = LoRATrainer(
        model=model,
        args=hf_train_args,
        train_dataset=train_dataset,
        eval_dataset=eval_dataset,
        data_collator=data_collator
    )
    trainer.train(resume_from_checkpoint=resume_from_checkpoint)
    trainer.model.save_pretrained(hf_train_args.output_dir)
if __name__ == "__main__":
    args = parse_args()
    print(args)
    train(args)
```

2.4.4 模型预测

针对已微调后的 LLaMA2 模型，使用相应的模型加载方法，可以针对问题和参考段落进行答案生成。

步骤 1：加载模型与分词器。

步骤 2：获取用户问题。

步骤 3：生成相应结果并返回。

相关代码如下：

```
from transformers import AutoTokenizer, AutoModel
def get_result(model_path, question):
    """
    :param model_path: 模型路径
    :param question: 问题
    :return:
    """
    tokenizer = AutoTokenizer.from_pretrained(model_path, trust_remote_code=True)
    model = AutoModel.from_pretrained(model_path, trust_remote_code=True).half().
cuda()
    model = model.eval()
    input_ = question
    response, history = model.chat(tokenizer, input_, history=[])
    print(response)
```

2.5 本章小结

本章主要针对大型语言模型的微调方法，介绍了数据清洗与构造的重要性，为模型提供了高质量输入。在分词器构造方法中讨论了对文本处理的重要性。在微调方法方面，我们介绍了如 LoRA 等常用技巧。最后，通过基于 PEFT 的 LLaMA 模型微调实战，进一步巩固对大型语言模型的微调方法的应用。

CHAPTER 3

第3章

大型语言模型的人类偏好对齐

上一章介绍了大型语言模型的微调方法，虽然与之前的NLP模型存在差异，但整体思路同原有NLP任务“预训练＋微调”的两个阶段保持一致。然而，真正让大型语言模型与众不同的是其偏好对齐能力。本章重点介绍大型语言模型的人类偏好对齐能力，首先介绍基于人类反馈的强化学习框架，然后介绍4种前沿偏好对齐方法，最后开展基于DPO的偏好对齐实战。通过本章的内容，希望让读者了解偏好对齐技术的前沿发展。

3.1 基于人类反馈的强化学习框架

初次接触大型语言模型技术的读者或许会存在这样的困惑：为什么大型语言模型需要偏好对齐？为什么在已存在微调阶段的情况下偏好对齐还会被需要？更加重要的是，偏好对齐究竟突破了何种瓶颈，使得大模型变得如此与众不同？

带着上述的疑问，本节将介绍对大型语言模型影响极为深远的算法——基于人类反馈的强化学习（RLHF）。

这个算法其实是一种框架思想，最早由OpenAI公司与DeepMind公司的研究人员在2017年率先提出。前几年这两家公司在强化学习上开展深入研究，在围棋、电子竞技等领域上大放异彩。它们提出了包括DQN（Deep Q-Learning）、蒙特卡洛方法等一系列的强化学习建模体系，其中就包括在大型语言模型上大放异彩的RLHF。RLHF机理示意图如图3-1所示。

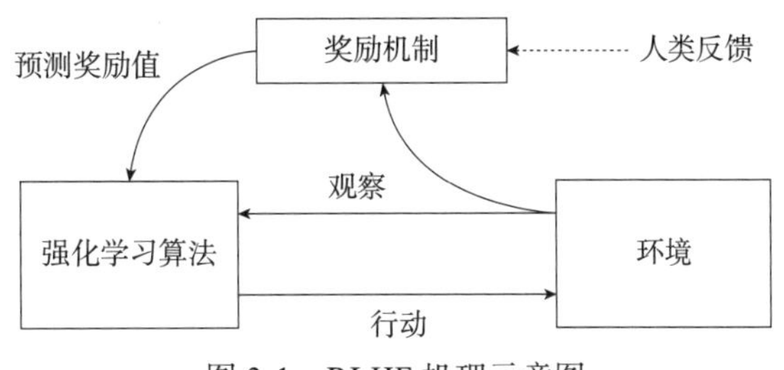

图3-1　RLHF机理示意图

正如其他强化学习算法一样，RLHF并不仅仅只针对某一种任务单独训练建模，它更像一种框架机制，描述强化学习算法如何运用此框架实现自我能力的进一步提升。下面简单介绍强化学习的这几个核心概念。

（1）强化学习算法

强化学习算法是强化学习中机器行动的中枢，相当于整个系统的大脑模块，常见算法包括DQN算法、AC算法、TRPO算法、PPO算法等。OpenAI在研制ChatGPT模型时所使用的就是PPO算法。到这里可能会有人存在疑惑，前文介绍大型语言模型都是使用RLHF，这与PPO算法是否存在矛盾呢？回答这一问题主要需要理解框架与算法的差异，RLHF是一个完整技术框架，PPO仅仅是其中强化学习算法模块的一种实现方式。这也体现出了学习框架的重要性，我们在后续3.3节中介绍的DPO算法也是对PPO算法的一种升级。优异的强化学习算法与健全的深度学习框架将共同支撑系统的自我更新学习。

（2）行动

行动就是机器基于算法产生的行为内容，随着我们期望机器操作的内容发生变化，在围棋领域就是下一步的落子，在自动驾驶领域就是方向盘和各类操作杆的执行命令，在智能交互领域就是机器基于用户输入的反馈内容。行动是一个明确的指令，一定是在我们给予的有限范围内开展任务。例如，我们完全可以创作一个只能说中文的语言模型，只需要将行动输出字符限制在中文字符中即可。由此可知，在强化学习的建模过程中，行动是系统预先设计的，具有明确导向性的内容。

（3）环境

与其他机器学习任务处理方式不同，强化学习系统需要考虑仿真环境要素，这样才能让系统基于当前环境执行最为合适的动作。因此很多强化学习任务的前提条件就是构造一个仿真的环境，换言之，缺乏或难以仿真环境因素的智能体系统都不太适用于强化学习算法。例如围棋就是一个可以完全仿真的封闭环境，所以相关强化学习算法可以付诸实践。早年在缺乏自动驾驶仿真环境时，强化学习也很难开展应用，直到各类仿真软件可以真实模拟驾驶场景时才得以大展拳脚。OpenAI公司为了设计优化各类强化学习算法，专门研制了一套仿真物理环境的Python类库——Gym，关注强化学习环境的读者可以进一步研究这个类库。

（4）观察

如果说环境是客观存在的内容，观察则是系统对环境信息的捕捉。任何人或智能体都无法掌握环境的全部要素，都是通过视角观察来了解环境的关键信息，再利用分析引擎，进而做出决策动作。其实从智能体的角度来看，所谓的世界观可能并不会客观存在，而是物理环境对于智能体的刻画投射表征。这也就是“一千个读者心中有一千个哈姆莱特”的真实体现。因此，系统如何通过观察环境获取信号以供决策也是极为关键的环节。

（5）奖励机制

奖励机制也是强化学习系统具有特色的模块，在奖励机制出现前，众多机器学习算法是通过损失函数的梯度更新来进行模型学习的。这种损失函数优化效果带来的是模型直接收益反馈，然而不同于传统机器学习的单一任务分析，针对复杂环境的分析以及任意动作带来的奖励反馈极为动态，比如我们在驾驶场景，方向盘多转动5度所带来的奖励收益是极为复杂的，这也让众多传统机器学习算法无法对上述任务进行建模。如何设计良好的奖励机制，是强化学习系统算法建模之前就要想清楚的问题。

通过上述模块的介绍，相信读者对强化学习的相关模块有了大体了解，然而原有的强化学习算法存在很大的局限性。如何构建仿真环境以及设计奖励函数对众多应用都是极为困难的。毕竟，像围棋这样有明确操作规则与棋盘尺寸的应用场景是极为少数的，大多数场景难以仿真，奖励机制也并不显性。就以设计一个智能交互机器人来说，似乎让系统直接评价机器人生成好坏，设计对应奖励机制并不比设计一个智能机器人轻松。RLHF的出现有效缓解了这个问题，进而扩展了强化学习的应用场景。

RLHF的做法是不再像原有强化学习系统依赖机器计算奖励反馈，而是利用人工计算奖励反馈，正因为基于人工计算，所以该算法框架才被定义为基于人类反馈的强化学习框架。的确，人工计算奖励反馈确实是直觉上可行的技术路线，理应更早被人所发现，但是为什么这种框架之前都没有被设计出来呢？其主要原因就是成本极高，原先在任务微调上已经标注大量的数据，如果还需要标注大量模型生成的反馈数据，成本会成倍地提高（值得注意的是，标注反馈/评价数据往往比标注正确答案成本更高）。也正因如此，当OpenAI与DeepMind在2017年提出这个方法时并不被大众看好，它们并不会觉得有哪种场景真正值得如此巨大的标注投入。但是ChatGPT与GPT-4的横空出世，以及RLHF的助力，让我们重新思考，原来真的勤勤恳恳标注数据就可以由量变引起质变。

接下来重点介绍一下Anthropic公司于2022年4月发表的一篇介绍如何利用RLHF训练智能交互机器人的论文。之所以重点介绍这篇论文，一方面是因为Anthropic公司旗下的Claude是可以与ChatGPT在许多场景一较高下、相互媲美的明星级产品，通过对其技术路线研究，可以更好地看清强化学习是如果一步步让大型语言模型变得如此强大的。另一方面，也极为关键，那就是这篇论文的作者，也与许多Anthropic的员工一样，都是OpenAI曾经的员工。在OpenAI并没有将其技术路线详细剖析的时候，我们通过研读其曾经员工的前瞻技术研究，或许也能大体了解ChatGPT早期的技术路线。

图3-2是Anthropic设计出的基于RLHF的交互智能体数据收集与训练流程图，图中左上角是一个经过预训练的大语言模型，然后开展偏好模型的预训练，让该模型具备一定的偏好理解能力，进一步对其进行人类反馈微调训练，最终构建更好的偏好理解模型（在部分论文中也被称为裁判/奖励模型）。左上角的模型与最终微调的模型在RLHF框架中开展策略学习，RLHF框架中所使用的强化学习算法就是前文介绍过的PPO算法，不断更新完善自身生成策略。模型利用新策略生成的效果再通过人类反馈界面收集数据，进而丰富偏好反馈数据集，更新相关微调步骤，至此形成“微调—偏好模型学习—强化学习策略学习—人工评估—进一步微调”的良性循环。

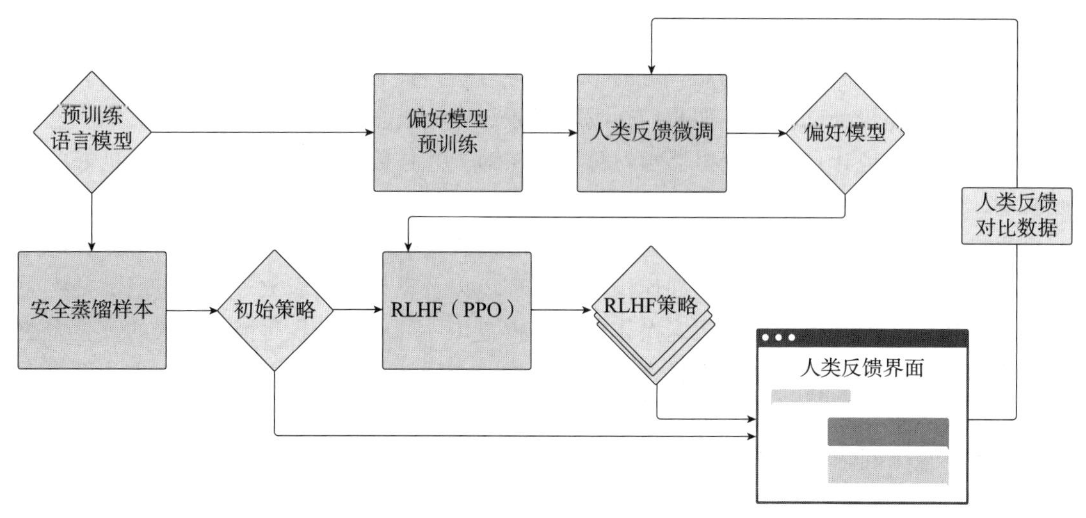

图 3-2　基于 RLHF 的交互智能体数据收集与训练流程图

其中有一个细节需要注意，那就是原始预训练的大模型（左上角）将一直作为初始策略所保留，这限制了强化学习策略的优化力度，即不能与原有大模型偏差太大，其原因与机器学习加入正则化约束一样——主要是避免出现因微调导致的过拟合现象。强化学习加入原始模型进行约束，也是避免因为策略影响导致模型生成的过度倾斜，在实践中通过采用 KL 离散度来约束新模型与基模的偏差值。

在介绍完 RLHF 训练 Anthropic 公司的智能对话系统之后，我们再来看一下 OpenAI 公司介绍其训练 InstructGPT 模型（ChatGPT 的前身）的 3 个主要阶段（见图 3-3），可能会有更加深刻的理解。

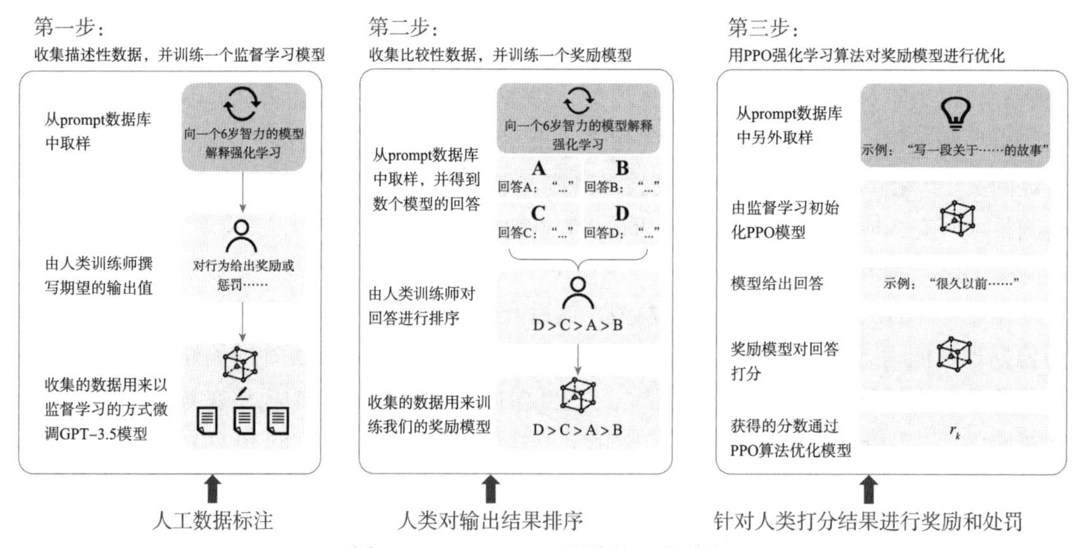

图 3-3　InstructGPT 训练的 3 个阶段

（1）微调训练阶段

与第 2 章的介绍一致，大型语言模型的训练是从任务微调开始的。但是 InstructGPT 并没有将任务局限于情感识别，而是像图 3-3 中所示一样，需要模型生成“向一个 6 岁智力的模型解释强化学习”这样极为复杂的问题。更值得我们关注的是，OpenAI 团队在数据标注上面投入了极大的心血，不同于别的人工智能公司设计用更加廉价、低成本的方式开展数据标注，OpenAI 团队则邀请各行领域专家开展数据标注。

（2）偏好建模阶段

模型生成的多个结果，再交由人工标注生成质量好坏，再把标注本身当成一种机器学习任务加以训练学习，进而构建一个可以自动判别的偏好模型。单独训练这个偏好模型本身并不划算，尤其是在微调阶段已经耗费大量精力构建高质量样本集的前提条件下。但是在强化学习建模任务中，这又是关键环节，只有让机器自动判断行动造成的奖励得分，才能让其制定更好的生成策略。偏好标注由于需要客观统一，标注比第一阶段要更加严谨标准，标注成本极高。因此，想要构建偏好模型的提前是制定好标注规范，确保可以高效训练出可靠的偏好模型。

InstructGPT 在奖励模型训练的过程中采用 Pair-Wise 方法进行模型训练，即对于同一个提示内容x来说，比较两个不同回应y_w和y_l之间的差异。假设y_w在真实情况下好于y_l，那么希望$x+y_w$经过模型后的分数比$x+y_l$经过模型后的分数要高，反之亦然。而对于奖励模型来说，标注人员对每个提示内容生成的K个（取值范围为 4 到 9 之间）回应进行排序，那么对于一个提示，就存在$\binom{K}{2}$个 pair 对，具体损失函数如下。

$$\text{loss}(\theta)=-\frac{1}{\binom{K}{2}}E_{(x,y_w,y_l)\sim D}\left[\log\left(\sigma\left(r_\theta(x,y_w)-r_\theta(x,y_l)\right)\right)\right]$$

其中，$r_\theta(x,y)$为提示内容x和回应y经过奖励模型的标量奖励值，D为人工比较数据集。

（3）强化学习优化阶段

利用第二阶段构建的偏好模型，对第一阶段的微调模型进一步开展强化学习策略优化。在环境中通过 PPO 策略优化第一阶段微调的模型。对于随机给出的提示内容进行回复，并根据奖励模型决定基于环境中优化的模型的奖励值，从而对模型进行更新；并且在第一阶段微调模型的每个 Token 输出上增加 KL 离散度惩罚，防止奖励模型的过度优化。具体优化如下：

$$\text{objective}(\varnothing)=E_{(x,y)\sim D_{\pi_\varnothing^{\text{RL}}}}\left[r_\theta(x,y)-\beta\log\left(\pi_\varnothing^{\text{RL}}(y|x)\big/\pi^{\text{SFT}}(y|x)\right)\right]+\gamma E_{x\sim D_{\text{pretrain}}}\left[\log\left(\pi_\varnothing^{\text{RL}}(x)\right)\right]$$

其中，$\pi_\varnothing^{\text{RL}}$为强化学习策略，$\pi^{\text{SFT}}$为监督训练模型，$D_{\text{pretrain}}$为预训练分布。在加入预训练

部分参数进行整体优化时，可以使模型效果更优。

通过偏好模型，可以让模型生成更满足偏好价值评价系统的内容，也称为人类偏好对齐。所以说，InstructGPT在第三阶段已经不是为了追求真正的正确答案，而是追求让人更加认可的答案。正是受到这种希望被认可的偏好对齐策略影响，大型语言模型在许多复杂、陌生问题求解上让所有人“眼前一亮”，在满意其答案的合理性的同时，对模型生成结果有极大的包容性。

回顾完InstructGPT的3个阶段后，不难看出，恰恰是人类反馈才构造出偏好对齐数据集，以供其在第二阶段训练偏好模型。正是有了偏好模型，才能让强化学习算法有了发挥的空间，让第一阶段的模型进一步得以提升。然而，这套方案也并非完美，ChatGPT的成功告诉世人，偏好对齐对效果提升有极大帮助，但是偏好对齐一定需要强化学习吗？偏好对齐一定需要人类反馈吗？偏好对齐一定需要训练偏好模型吗？偏好对齐一定需要大量偏好样本吗？下一节将介绍4种技术创新点，逐一解答上述问题。

3.2 前沿偏好对齐方法

ChatGPT横空出世，也带火了其背后的RLHF框架，然而随着研究的不断深入，也出现了各种更加前沿的技术手段。本节将介绍4种前沿偏好对齐方法，它们从不同层面针对原有RLHF框架提出改善和优化思路，并取得了一定效果，也希望通过介绍前沿偏好对齐方法，方便读者掌握偏好对齐这一方法的前沿发展，方便开展自身业务的探索应用。

3.2.1 RRHF

首先介绍来自阿里巴巴的RRHF（Rank Responses with Human Feedback，基于人类反馈的排序学习）。从名称中可以看出，保留了人类反馈（HF）这个模块，也从侧面说明了对RLHF中的人类反馈可以提高对齐效果的认可。但在RRHF的作者看来，RLHF模型中的强化学习（RL）并不是必需的，即可以使用其他机器学习建模手段实现对齐，例如论文中选择的排序模型。

图3-4所示为RRHF的工作流程，当一个输入请求出现时，可能会存在专家、ChatGPT以及当前训练模型3种生成结果，此时可以使用排序模型作为RRHF中的奖励模型，对相关结果进行评价打分，然后人工进一步校核打分结果的可靠性，以此优化完善排序模型。有了更加可靠的排序奖励模型后，当输入大量样本，可以通过ChatGPT的快速生成，以原有模型输出内容构造出大量候选对比样本，再通过奖励模型筛选出高价值的可靠样本，进而开展新一轮大模型的迭代微调。

在实践中，RRHF用一个大模型同时扮演排序模型与生成模型。这样的好处是可以利用联合建模的思路将损失函数合并计算，在降低参数规模的同时，还可以进一步培养生成模型的自我评价能力。原有的PPO模型需要同时在显存中保留4个模型（原始生成模型、策略优化后的生成模型、原始偏好判别模型、策略优化后的偏好判别模型），之所以 PPO 比原有的“生成 - 评价”模型多 2 个原始模型，是因为上一节介绍的利用 KL 离散度做正则约束，避免了偏好漂移的出现。但是 4 个模型的存在导致训练参数增多，资源消耗极大。

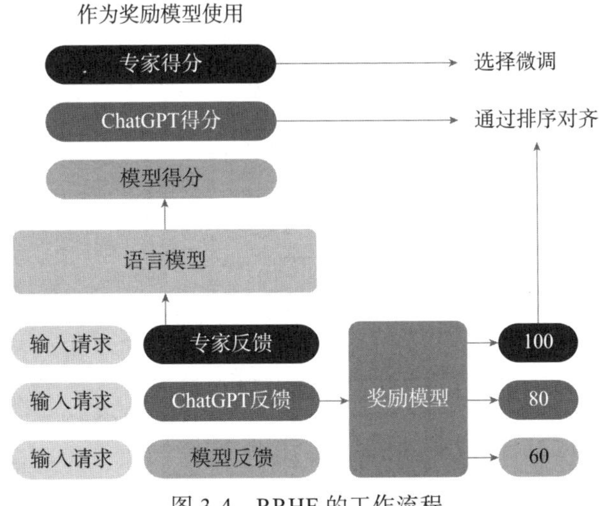

图 3-4　RRHF 的工作流程

RRHF 就可以用一个模型缓解这一问题。在 RRHF 的框架中，若人工标注的候选集有且仅有一条，则它退化成生成模型的微调任务。而且利用 RRHF 训练好的模型不仅可以用来生成更高质量的数据，其本身也是优秀的评价模型。然而经过一段时间的验证，RRHF 框架并未得到广泛的应用，其风头也被后续 RLAIF 和 DPO 所盖过，可能还是因为奖励模型使用排序算法过于简单，排序方法过度依赖主观评分，其评价模型训练不够彻底，进一步影响生成质量。但是其设计思想，特别是摒弃强化学习这方面，也打开了我们研究的思路。

同时，利用 ChatGPT 进行数据构造，也非常符合当下数据标注的现状。与 OpenAI 的从 0 到 1 构建模型有所不同，现在的模型除了借鉴人类反馈的数据标注外，还利用 AI 工具降低运行成本，进而提高建模效率。RRHF 的出现，让大家重新认知到原有的 RLHF 的对齐成本可以进一步下降，也让偏好对齐研究从单纯的追求对齐效果转换成更具性价比的研究。

3.2.2　RLAIF

RLAIF（Reinforcement Learning with AI Feedback，基于 AI 反馈的强化学习）是由谷歌提出的，从名称可以看出，它们并没有放弃强化学习，而是采用人工智能反馈学习代替原先的人类反馈学习，也就是让模型向表现更好 AI 模型进行对齐。图 3-5 为 RLAIF 与 RLHF 的训练对比。

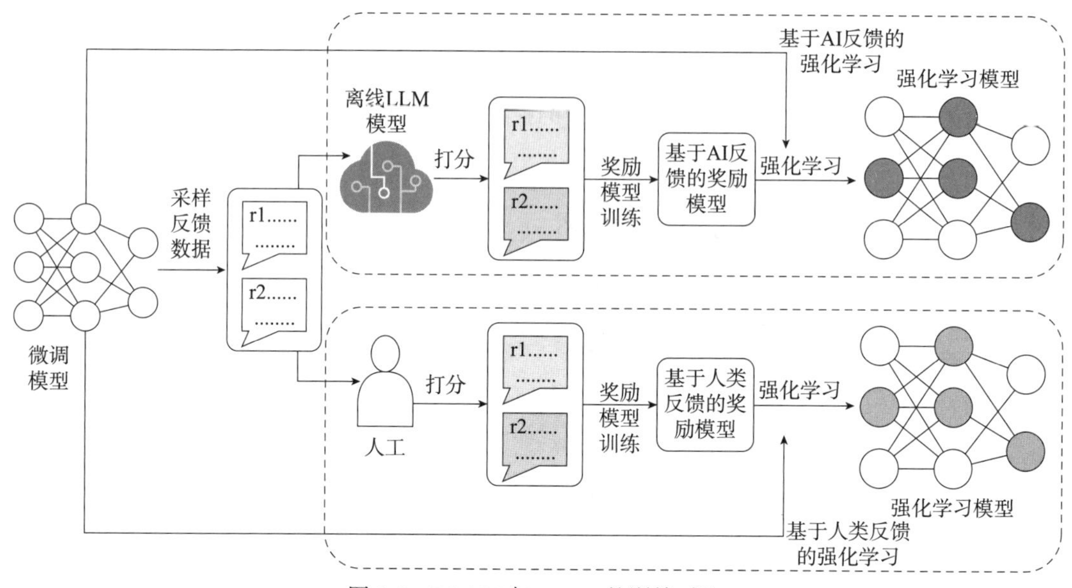

图 3-5 RLAIF 与 RLHF 的训练对比

从图 3-5 中可以看出，两者的唯一差别就是用 AI 生成的偏好作为奖励模型的训练样本，其他流程均保持一致。但就是这样简单的一步，带来的标注成本下降是极为可观的。正如在 3.1 节中介绍的那样，偏好对齐的标注工作极为繁杂，标注运营成本极为高昂。所以利用 AI 反馈代替人类反馈可以极大降低运营成本，还可以避免不同人的偏好不一致、主观性过强等一系列问题。

RLAIF 以其建模极高的性价比，一经推出就广受好评。但是问题也随之而来：为什么训练 AI 模型还要向另一个 AI 模型对齐？ RLAIF 的成本明显低于 RLHF，为什么现在才提出 RLAIF，而不是先有 RLAIF 后有 RLHF？针对 AI 模型向另一个 AI 模型学习这件事其实很好理解，就是因为两者的差异很大，即老师模型远优秀于任何学生模型。在大模型发展的当下，开源模型虽然发展势头旺盛，但因为受限于参数规模、标注团队、研发人员等，与闭源大模型相比差异非常明显。甚至在很多任务上，GPT-4 模型的生成效果好于人类，这就造成了在不少任务上同 GPT-4 对齐更能让原始模型进一步提高。

至于为什么现在才提出 RLAIF，是因为原有的 AI 模型无法实现代替人工做偏好评价，现在进入大型语言模型时代，像 GPT-4 这样的优秀模型是可以在众多场景下充当偏好评价的裁判模型的。所以，我们在采用这种方案去设计优化现有生成模型时，需要考虑选择当前最优秀的模型做反馈评价对象，不可选择一个非常基础的模型进行替换，否则很有可能出现强化学习的负优化现象。

通过对比试验，在总结、咨询类任务中，利用 RLHF 机制训练的生成模型比 RLAIF 精度提高 1%～2%，但在生成“无害”内容任务（大型语言模型在各种极端要求下都不得生成负面、消极、暴力等相关内容）上，RLAIF 精度比 RLHF 提升了 12%。这一方面说明了机器在无害生成上比人工反馈更加理智，另一方面也带给我们一些反思，即许多任务未必人工标注效果就好于机器。

RLAIF 的设计思想也为模型蒸馏拓展了思路，这在小尺寸大模型发展火热的今天显得格外受到关注。截止到 2023 年年底，国内外也都陆续发表十亿数量级规模的“小”模型：微软发布的 13 亿参数模型 phi-1.5、阿里巴巴发布的千问小尺寸（18 亿参数）版模型以及开源社区发布的 11 亿参数模型 TinyLLaMA。“小”模型能如此火热主要是出于数据规模、训练条件、推理速度及任务复杂度等多方面综合因素的考量。首先，在同等效果情况下，更大参数规模需要依赖更多训练数据才能充分训练。以笔者自身的情况为例，在同一个任务微调 70 亿和 130 亿的模型，二者达到同样精度的前提下，后者依赖的指令数据集是前者的 3 倍。其次，更多的研究人员、企业甚至个人用户都想投身于大型语言模型的构建工作，然而自身的硬件基础决定了其训练的模型参数规模并不会太大。再次，越来越多的人希望在个人电脑、车载移动设备甚至是手机上完成模型推理工作，这些设备也成为大型语言模型时代的边缘计算节点，受限于这些节点的计算水平，模型规模自然希望进一步降低。此外，许多人仍然把大型语言模型当成解决极个别任务的专业模型去使用，因此希望小模型可以实现更好训练、快速收敛的目标。RLAIF 的提出，让热衷于优化小模型的研究者看到新的思路，利用它可以逐步实现将自身小模型与 GPT-4 模型进行偏好对齐，让小模型也可以受益于强化学习。然而这里面有许多内容需要进一步研究，例如如何让小模型具有模型涌现能力，如何避免小模型过拟合等问题都需要经过大量实验分析。

关于人工反馈和 AI 反馈是否存在协同共处的可能性，谷歌做过相关尝试，然而遗憾的是，收效甚微。对我们使用者而言，如何甄别场景，挑选合适的偏好评价对象或许是当下大模型强化学习偏好学习任务的重点关注内容。

3.2.3 DPO

DPO（Direct Preference Optimization，直接偏好优化）是斯坦福大学设计的，在其论文标题中，作者就明确指出，偏好模型可能并不需要，我们构建的大型语言模型本身也许就是潜在的偏好模型。这种想法比前两者更加激进，放弃偏好模型的单独建模，直接从原有模型出发，增加单独为偏好模型专项设计的损失函数，使其在优化模型生成结果中得到进一步提高。

图 3-6 是 RLHF 与 DPO 的建模对比。RLHF 在偏好学习阶段通过极大似然估计训练方式构建奖励模型，然后通过强化学习的样本动作与奖励机制不断调整优化大型语言模型生成策略。DPO 在偏好阶段则是直接跳过奖励模型与强化学习阶段，从模型本身出发，直接最大似然估计优化最终生成模型的相关参数。DPO 的整体流程仅需以下两个阶段：

1）构造生成偏好正负例样本。相较于之前微调阶段的样本构造方式，这里将原有的“输入（Input）- 输出（Output）”数据集改为了“输入（Input）- 正反馈（Accept Response）- 负反馈（Negative Response）”。这种样本训练学习方法并不是首创，其实就是从图像领域兴起的对比学习。通过对比学习，研究者发现，模型在同时学习正负例时可以快速收敛，整体表现可以进一步提升。

2）基于设计好的损失函数，利用对比学习相关方法，通过极大似然函数对原始生成模型进行参数优化。这样的设计省去了原有偏好奖励模型与强化学习训练全过程，在效率提高的同时，精度与稳定性比 PPO 也有显著提升。通过第二阶段的优化调整，模型参数朝着靠近正例远离负例的方向不断优化，最终实现模型生成向正例内容的偏好对齐。

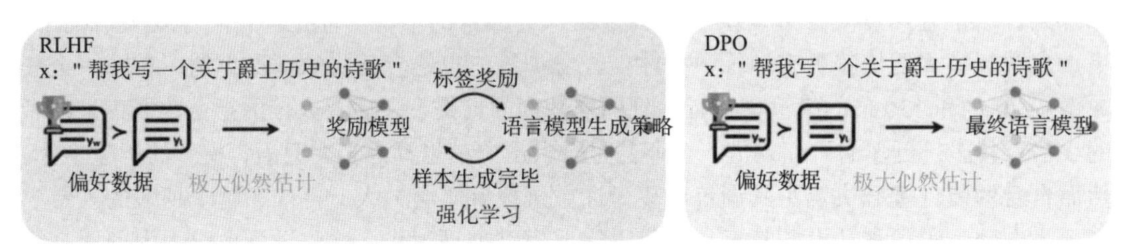

图 3-6　RLHF 与 DPO 的建模对比

如果说 RLAIF 仅改变了标注方式，整体框架与 RLHF 完全一致，那么采用 DPO 架构就彻底改变了 InstructGPT 论文中的三阶段建模方法（参考图 3-3）。采用 DPO 架构，第一阶段与 InstructGPT 一致，是任务微调，第二阶段直接采用 DPO 做偏好学习，微调模型参数，实现模型生成的对齐学习。从直觉上来看，二阶段建模复杂度是小于三阶段建模的，少训练一个偏好模型，不训练强化学习都会让采用 DPO 架构生成的模型更加稳定，从实际效果来看也确实印证了这一理论。在 DPO 论文中，斯坦福大学的研究者发现，在下游任务表现上，采用 GPT-4 作为评委，在评价人类生成结果与模型生成谁更出色问题上，采用 DPO 优化对齐的模型赢的概率明显高于（5%～10%）使用 PPO 强化学习的策略，并且表现更加稳定。值得注意的是，这里我们再一次看到 GPT-4 的身影，只不过它扮演的是更加公平的裁判者，由此可以看出 GPT-4 已经在各方面改变我们建模、标注、思考问题的方式，希望引起读者的进一步重视。

读到这里可能会产生困惑，为什么同样简单且利用二阶段排序训练的 RRHF 没有像 DPO 一样效果优秀，并受到更多研究者的追捧？简单来看，是因为 RRHF 更像是 RLHF 的低成本平替方案，在减少模型的同时，通过用排序模型替代奖励模型，一定程度上降低了训练成本，但也让训练效果进一步下降。DPO 就完全不同，就像许多检索任务已经放弃排序模型而采用对比学习，DPO 中的正负例的构造学习可以让模型训练更加充分，效果可以进一步提升。此外，DPO 具有强大的理论支持，在其论文中，作者提出借鉴 InstructGPT 中强化学习算法 PPO 面向策略模型采用 KL 离散度，DPO 也在其损失函数中加入了对比学习的 KL 离散度（RRHF 中并未涉及）。相较于强化学习的策略模型，DPO 采用的交叉熵函数更加高效，其正则化约束收效相较于 RRHF 也更加明显，这也直接导致通过 DPO 对齐后的模型生成更加稳定。

然而 DPO 模型也并非完美。首先想到的优化思路就是参考对比学习的正负样本比例非对称构造，在图像分类任务上通过实验发现，负例样本比例更多，效果往往会好于正负样本均衡的情况。究其原因可能是同时见过多个负例可以更加明确参数优化的方向，摒弃更多的错误选项。其次就是加剧模型的不可解释性，正如谷歌所说，大型语言模型自身就是潜在的奖励模型，但是一旦模型不能显性表征其偏好内容，就会让模型本身变成一个黑盒系统。我们都希望训练一个生成更高质量的语言模型，但也同样希望机器可以显性、客观、公正地评价自身或其他模型生成的结果。此外，无论是强化学习还是对比学习，都在尝试模拟偏好对齐的奖励机制，但这种非直接的方式会导致模型的不稳定性，未来应尝试更多方法去寻求更快速、准确拟合奖励函数的方法。

2023年下半年，不少模型都采用DPO作为模型后期偏好对齐的技术选型，由此可以证明DPO自身的优越性。拥有不再单独训练奖励模型和不依赖强化学习这两个优势，DPO算法在模型日新月异变化的当下显得格外重要。

3.2.4 APO

腾讯的研究团队在2023年11月公布了其设计的APO（Adversarial Preference Optimization，对抗偏好优化）算法框架。算法简称中的A就是指的对抗学习，由此可以看出，腾讯团队在思考如何开展偏好对齐任务上另辟蹊径，选择使用对抗网络框架来进行优化。

首先简要回顾一下对抗学习的基本思路，就是类似军队演习中的红蓝对抗，对抗学习会涉及两类模型：生成模型（Generator Model）与判别模型（Discriminator Model）。为了实现两个模型的高效迭代，框架采用对抗的思路开展训练。以AI伪造生成图片场景为例，生成模型的目标就是让机器生成一张以假乱真的图片，然而判别模型的目标则是判断一张图片是真实拍摄还是机器生成，从目标上我们就可以清晰看出两个模型的对抗性。在模型训练优化过程中，首先会利用当前版本的判别模型给生成模型打分，旨在通过判别模型的得分寻找生成模型优化的方向。然后使用真实图片和新一版本的生成模型作为正负样本，通过分类任务损失函数的梯度更新，让判别模型得以进一步提升自身辨识能力。这样就完成一轮生成模型与判别模型的迭代，连续多轮迭代后将最终得到更加出色的两个模型。

其实在InstructGPT提出大型语言模型的三段训练框架时，就有不少人发现，偏好奖励模型很像对抗学习的判别模型，只不过RLHF采用强化学习去优化生成模型与偏好模型。因此当腾讯团队发布APO时，才让大家发现的确可以将偏好学习任务看成判别模型，与生成模型采用对抗学习框架进行进一步优化。

图3-7为APO在奖励模型（即对抗学习中的判别模型）与大型语言模型（即对抗学习中的生成模型）训练阶段的整体流程图。具体过程如下：

在训练奖励模型阶段，首先准备好一批标注好的指令集语料（这种标注好的语料未必是纯手工标注，可以借助GPT-4这样的模型降低模型成本），让当前大型语言模型生成这些指令的生成样本，并结合其真实标注样本构建正负用例，用来训练奖励模型的偏好选择。

在大型语言模型训练阶段，选择一批指令任务（注意不需要标注这些任务的输出结果），让当前大型语言模型生成多组候选结果，再统一交由奖励模型进行评估，并将这些生成结果的评分当作大型语言模型的生成优化方向，进而开展大型语言模型的参数优化。

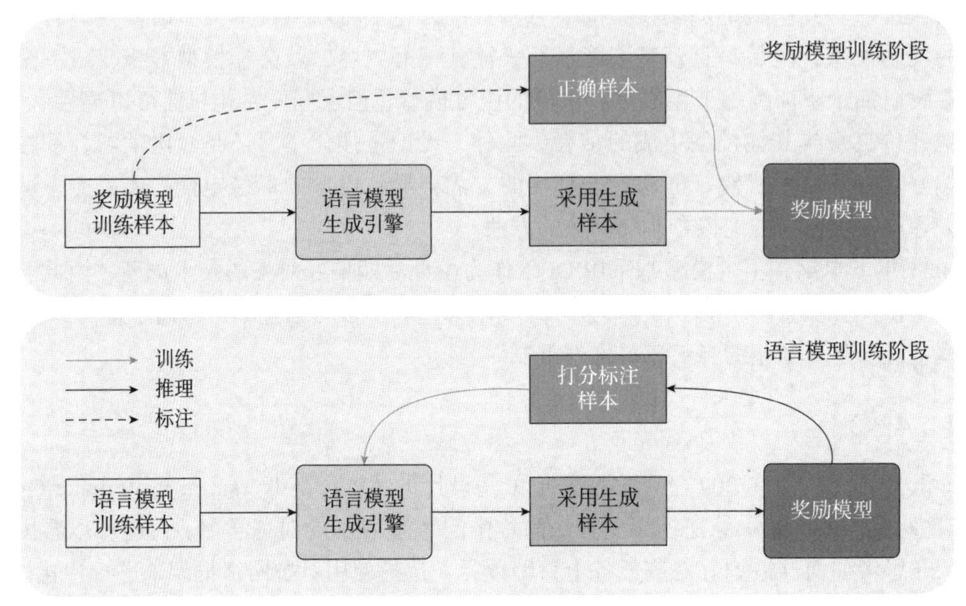

图 3-7 APO 建模流程图

这里不难发现，在 APO 训练大型语言模型阶段，并不需要用户标注指令任务的结果，这与 RLHF 的第二、三阶段不依赖人工标注答案保持一致。对抗学习的建模过程比原先的 RLHF 更为简单，从腾讯团队发布的实验效果来看，加入 APO 机制的大型语言模型可以快速开展奖励模型与生成模型的双向训练，且生成效果相对较好。

但是 APO 算法也与 RRHF 算法、DPO 算法的设计初衷保持一致，尝试去除强化学习对偏好学习的影响，采用一套新的学习框架（RRHF 的排序任务、DPO 的对比学习、APO 的对抗学习），其效果在部分场景下的确优异。伴随着大型语言模型参数的指数级增加以及任务复杂性的陡增，上述算法能否像强化学习一样表现持续稳定需要大量实验加以验证。

3.3 基于 DPO 的偏好对齐实战

本节介绍基于 DPO 的偏好对齐实战，首先介绍本项目中所使用的数据集，然后介绍强化学习框架内容，最后介绍实战训练代码与效果验证。

3.3.1 数据集介绍

本项目使用的数据集是基于知乎问答的偏好对齐数据集。该数据集提供 3460 条基于知乎问答的人类偏好数据集，其中每个输入的问题都是真实的知乎问题，而 DPO 算法需要的正负反馈数据分别对应在真实知乎问题下给出的赞同数据较高（chosen）和较低（rejected）的回答，这样的数据就直接可以做偏好对齐训练。

表 3-1 是该数据集的样例内容。不难看出，接受样本的结果的确优于拒接样本，因此我们希望训练大型语言模型在面对知乎这些真实问题时，在保证尽可能与高赞回答对齐的同时，尽可能避免生成低赞回答内容。这个数据集最有意思的地方在于，它并没有主观人为二次标注就获得大量高质量样本，这种数据集构造的方式值得我们所有人思考。

表 3-1　知乎对齐数据集样例内容

用户问题	接受样本	拒接样本
艺术的本质是什么?	艺术家们有想让时间停止的欲望。正常人过日子的办法是：面对它，解决它，放下它。而艺术家们所做的事是面对它，面对它，面对它，面对它，观察它，画它，唱它，谱写它，写它，摄它，建造它，演绎它。艺术家的魔力在于他们像松胶一样，把现实变成晶莹剔透的琥珀。透过不同的形状和颜色让我们永远记住人类的情感和恐惧。人类是有能力解决和放下所有问题向前进的物种，但是在变成机器之前，请多看艺术作品	从创作上来说，艺术是“有意味的形式”。形式即艺术技巧，意味即艺术内容。技巧为了表达内容，技巧本身亦构成内容。在美术中，形式是技巧，如色彩、笔触、轮廓，而“意味”则是美术作品的内容，可以是具体的一位妇人以及其姿态表现出来的情绪，可以是抽象的几何图形及它给人造成的观感。在电影中，形式是视听语言，是摄影、构图、剪辑、表演，而“意味”则是剧情片里的故事、纪录片里的主题，以及背后的文化社会意义。音乐是特别的艺术，尤其是无标题器乐作品，因为其形式即内容本身。旋律、和声、织体、节奏等正是内容本身。当然你也可以说音乐表现的情感是内容。 从受众上来说，艺术的本质是你欣赏艺术作品最真实的感受，包括美、丑、崇高、无聊、搞笑、享受，以及感伤、痛苦、恐惧、开心等各种各样的情感与情绪，也包括毫无感受本身
家人得了帕金森病多年，每天都需要照顾有些烦躁，该如何调节心理?	1. 放弃对自己使用道德标准，拧松螺丝很重要，没有什么事是非怎样不可的；2. 对烦躁做记录，大部分时候都是同一句话或者同一组意思的话不断出现，写下来有助于减少反复；3. 找一个不侵犯和影响他人的发泄途径；4. 设立烦躁的上限和进行心理咨询的标准线，一旦触顶立刻就医；5. 别对就医有太高期待，烦躁情绪可能是波状出现的，而不是一咨询就得到全面缓解；6. 如果确定照顾家人是一件非常重要的事，调整对其他事情的看法。如果确定不了，或者有自己想要做的更重要的事，跟家人商量一下请位靠谱的人照顾也是很好的办法	家父 54 岁患帕金森叠加综合征 6 年，试过各种疗法，包括干细胞移植。病情由轻到重，最后不能自理，帕金森病人特别容易得抑郁症，对家人也会有很大的精神压力。完全理解楼主的心情，尽孝和事业靠自己把握轻重，做到对得起自己良心就好。他能在世上多活一天就是对家人付出的最好的肯定

数据集导入相关代码如下：

```
from datasets import load_dataset
def load_dataset(dataset_name="liyucheng/zhihu_rlhf_3k",ratio=0.1):
    '''
    加载偏好对齐数据集
    数据集链接：https://huggingface.co/datasets/liyucheng/zhihu_rlhf_3k
    Args:
        dataset_name: 数据集名称【注意务必是 datasets 支持的数据集格式】
        ratio: 验证集占总数据集比例

    Returns:
        train_data: 偏好对齐训练样本
        dev_data: 偏好对齐验证样本
    '''
    data_zh = load_dataset(path=dataset_name)
    data_all = data_zh['train'].train_test_split(ratio)
    train_data = data_all['train']
    dev_data = data_all['test']
    print(len(train_data))
    print(len(dev_data))
    return train_data,dev_data
```

3.3.2 TRL 框架介绍

TRL（Transformer Reinforcement Learning，基于 Transformer 的强化学习）框架也是近年来很火的算法框架，它是由大名鼎鼎的 Transformer 框架针对强化学习专门设计的，旨在打造一个针对大型语言模型开展强化学习所用到的全栈类库。

以 InstructGPT 提到的 PPO 为例，TRL 框架提供三阶段训练框架，包括微调训练阶段使用的 SFTTrainer、奖励模型训练阶段使用的 RewardTrainer 以及强化学习训练阶段使用的 PPOTrainer。由于 TRL 框架设计精巧，在使用极少量的代码调用的情况下便完成了大型语言模型的三阶段训练。

本节将利用 TRL 框架开展 DPO 训练，重点关注 DPOTrainer 模块，这里先通过介绍 DPOTrainer 模块的核心参数，让读者对其有一个整体的了解。核心参数具体内容如下：

- model：用于设置参与 DPO 训练的原始模型，该模型是已经做过任务微调的，确保其生成内容与用户预期数据同分布。
- ref_model：同 DPO 中保持一致，加入一个参数未调整前的模型作为参考模型。用于确保新模型参数变化差异度不会太大，避免参数的过度拟合，是一种有效的模型参数正则化手段，注意参考模型需要对原始模型进行深度复制，否则起不到约束作用。

- args：模型训练的相关参数，涉及 batch 大小、步数、梯度累计步数、优化函数等核心参数。
- beta：模型更新温度指标，即参考模型对真实模型的影响范围，通常设计在 0.1～0.5 之间。
- train_dataset：训练数据集，数据集格式为 dataset。
- eval_dataset：验证数据集，数据集格式为 dataset。
- tokenizer：模型分词器，注意要与模型保持一致。
- peft_config：PEFT 开展量化微调参数。
- max_prompt_length：提示词最大长度。
- max_length：文本最大长度。

3.3.3 训练代码解析

本次训练采用的基础模型是 TinyLlama-1.1B 模型，之所以选择这个模型，是因为其参数规模更小，更适合快速验证效果，该模型参数初始化代码如下：

```
def load_model(model_path = "TinyLlama/TinyLlama-1.1B-Chat-v0.6"):
    '''
    加载模型
    模型链接:https://huggingface.co/TinyLlama/TinyLlama-1.1B-Chat-v0.6
    Args:
        model_path: 模型路径【注意务必是 HF 支持的路径格式】

    Returns:
        model: 加载好的模型
        tokenizer: 与之相对应的分词器
        ref_model: 参考模型
    '''
    config = AutoConfig.from_pretrained(
            model_path,
            trust_remote_code=True,
            torch_dtype=torch.float32,
            cache_dir=None
        )
    tokenizer = AutoTokenizer.from_pretrained(model_path, trust_remote_code=True)
    model = AutoModelForCausalLM.from_pretrained(
        model_path,
        config=config,
        torch_dtype=torch.float32,
```

```
        load_in_4bit=True,
        load_in_8bit=False,
        low_cpu_mem_usage=(not is_deepspeed_zero3_enabled()),
        device_map='auto',
        trust_remote_code=True,
        quantization_config=BitsAndBytesConfig(
            load_in_4bit=True,
            load_in_8bit=False,
            bnb_4bit_use_double_quant=True,
            bnb_4bit_quant_type="nf4",
            bnb_4bit_compute_dtype=torch.float32,
        ),
    )
    ref_model = AutoModelForCausalLM.from_pretrained(
        model_path,
        config=config,
        torch_dtype=torch.float16,
        load_in_4bit=True,
        load_in_8bit=False,
        low_cpu_mem_usage=(not is_deepspeed_zero3_enabled()),
        device_map='auto',
        trust_remote_code=True,
        quantization_config=BitsAndBytesConfig(
            load_in_4bit=True,
            load_in_8bit=False,
            bnb_4bt_use_double_quant=True,
            bnb_4biti_quant_type="nf4",
            bnb_4bit_compute_dtype=torch.float16,
        ),
    )
    return model, tokenizer, ref_model
```

然后设置模型参数（training_args）：

```
from transformers import TrainingArguments
training_args = TrainingArguments(
        per_device_train_batch_size=4, # 单卡训练集batch尺寸
        per_device_eval_batch_size=4, # 单卡验证集batch尺寸
        max_steps=200, # 最大步数
        logging_steps=5, # 日志打印步数
        save_steps=10, # 模型保存步数
        gradient_accumulation_steps=4, # 梯度积累步数
```

```
        gradient_checkpointing=True, # 梯度保存机制是否开启
        learning_rate=5e-4, # 学习率
        evaluation_strategy='steps', # 验证策略
        eval_steps=10, # 验证集经过多少步验证一次
        output_dir='result-dpo', # 输出路径
        report_to='tensorboard', # 报告显示在 tensorboard 中
        lr_scheduler_type='cosine',# 学习率调度器类型
        warmup_steps=100, # 热身步数
        optim='adamw_hf', # 优化器算法
        remove_unused_columns=False, # 是否剔除数据集中不相关列
        bf16=False, # 是否开启 BF16
        fp16=True, # 是否开启 FP16
        run_name=f'dpo', # 运行名称
    )
```

由于我们使用 PEFT 包做 LoRA 微调，因此设置 peft_config 如下：

```
from peft import LoraConfig, TaskType
peft_config = LoraConfig(
            task_type=TaskType.CAUSAL_LM,  #LoRA 任务类型
            inference_mode=False, # 是否开启推理模型
            r=8, # 秩
            lora_alpha=16, # 归一化超参数
            lora_dropout=0.05, # 超参数
        )
```

最终完成 DPOTrainer 函数的初始化内容，具体如下：

```
from trl import DPOTrainer
trainer = DPOTrainer(
          model,  # 模型
          ref_model=ref_model, # 参考模型
          args=training_args, # 训练参数
          beta=0.1, # 参考模型的温度参数
          train_dataset=train_data, # 训练数据
          eval_dataset=dev_data, # 验证数据
          tokenizer=tokenizer, # 分词器
          peft_config=peft_config, #peft 配置参数
          max_prompt_length=256, # 最大提示词长度
          max_length=512, # 最大长度
    )
```

最终可以开展 DPO 模型训练：

```
train_result = trainer.train()  #DPO模型训练
```

3.4 本章小结

本章介绍了大型语言模型偏好对齐的相关技术，希望让读者进一步了解大型语言模型训练的深层机理，在完成微调学习后，让大型语言模型实现进一步质变——从单纯的任务学习转换成生成偏好的对齐。无论对齐的对象是人类专家偏好，还是诸如GPT-4之类的高级AI生成模型，都会让原有模型有进一步的提升。希望本章的内容可以启发读者思考偏好对齐的价值与本质，进而对大模型的优化改造具备更加全面的了解。

CHAPTER 4

第4章

创建个人专属的 ChatGPT——GPTs

OpenAI 在 2023 年 11 月 7 号的开发者大会上发布重磅功能 GPTs[⊖]，即普通用户通过流程对话和网页配置就可以快速开发个人专属的 ChatGPT 的工具。GPTs 的本质是以聊天的方式快速搭建一个 AI 应用，降低普通用户的使用门槛。

在与 GPT Builder 的聊天过程中，GPTs 会根据聊天内容以及用户诉求，自动生成系统提示词、应用名称、应用头像等相关内容并填充到配置页面中。通过直观的图形交互页面，用户在不需要任何编程背景下，就可以完成专属 ChatGPT 的配置和定制。此外，GPTs 还支持用户上传用户的私有数据以及使用外部工具。在 2024 年 1 月 11 日，OpenAI 又推出 GPTs 商店，用户可以通过个人创建的 GPTs 应用的使用情况获取一定的利润分配。用户也可以通过社区浏览排行榜上热门和流行的 GPTs 应用，同时 OpenAI 还提供了举报按钮，用户可以对发布的 GPTs 进行监督。

GPTs 对人工智能应用领域具有极大的颠覆性，极强的“用户友好性”使构建 AI 应用变得更加简便和高效。本章首先带领读者走进 GPTs 的世界，介绍 GPTs 各个模块的作用以及基本使用规则；然后采用 GPTs 的内置功能进行初阶应用的搭建；最后介绍如何利用 GPTs 来使用外部工具，帮助读者更全面地使用 GPTs 来创建个人专属的 ChatGPT。

4.1 GPTs 初体验

在 GPTs 发布之前，用户在利用 ChatGPT 进行专项任务的过程中，往往需要编写大量的详细且复杂的提示词，以确保 ChatGPT 的生成效果；并且当用户切换或新建聊天页面时，需要再次输入之前的提示词内容。而通过 GPTs 创建的专属 ChatGPT 应用，相当于将

⊖ 该章创作截至时间为2024年1月11日，本章内容均基于该时间点的ChatGPT。

提示词等内容提前预置到系统中，用户在使用时可以直接输入需求，交由 GPT 本身理解生成指令，即可处理专项任务，无须再反复输入烦琐的提示词内容。

目前需要订阅 ChatGPT Plus 的账号，才可以使用 GPTs 来创建个人专属的 ChatGPT，下面以“爆款标题生成”应用为例，带着读者体验如何通过 GPTs 快速创建 AI 应用，共涉及 5 个步骤，具体如下。

1）进入应用创建页面。在 ChatGPT 的首页位置单击 Explore GPTs 按钮，如图 4-1 所示，进入 GPTs 界面。

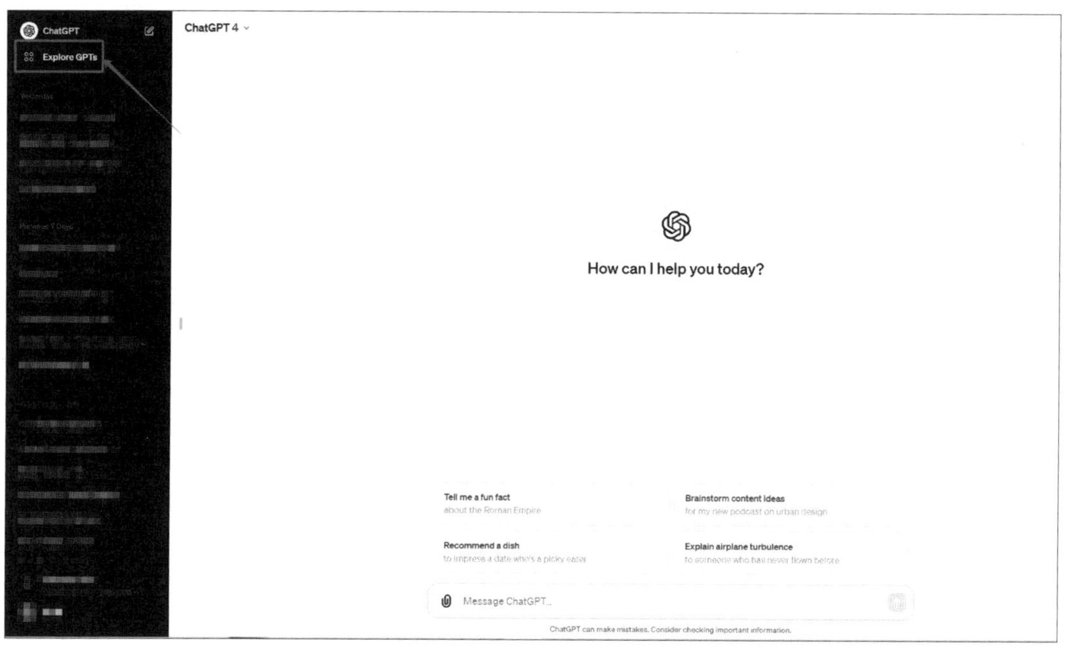

图 4-1　ChatGPT 首页的 Explore GPTs 按钮

在 GPTs 页面中单击“+ Create”按钮，如图 4-2 所示，进入 GPT Builder 页面。GPT Builder 页面分左右两个部分，如图 4-3 所示。左半部分为应用创建模块，可以通过与 GPT Builder 进行多轮对话以及修改配置信息来创建专属 ChatGPT；右半部分为应用预览模块，可以对创建好的专属 ChatGPT 应用进行测试，实时查看应用功能，辅助判断功能是否符合要求。

图 4-2　GPTs 页面的“+ Create”按钮

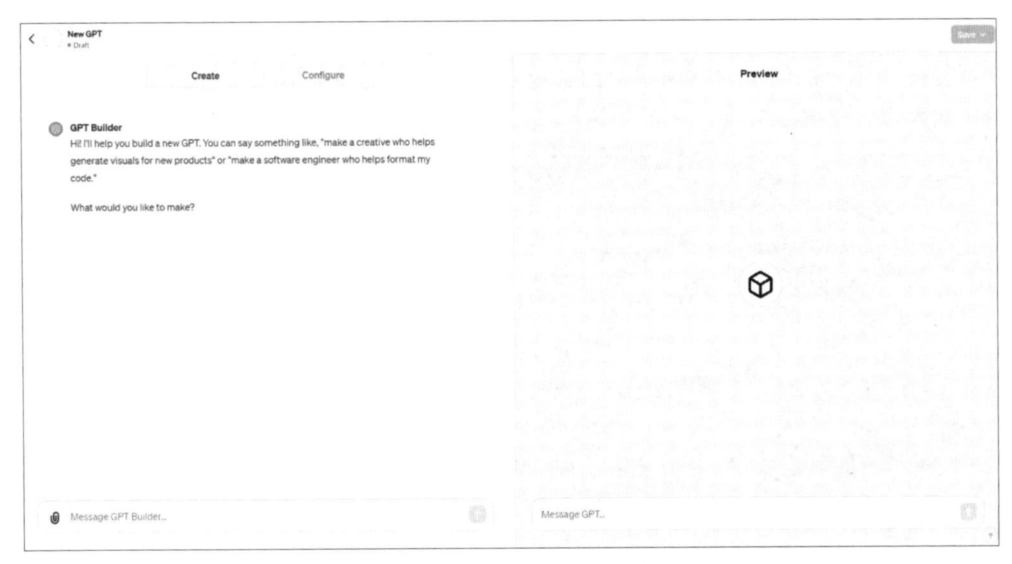

图 4-3 GPT Builder 页面示意图

2）通过与 GPT Builder 进行多轮对话创建应用。在 Create 页面的对话框中描述所需创建应用的要求，让 GPT Builder 进行自动提炼并生成相应的应用名称、提示词内容和应用头像等，并通过多轮对话交互不断进行完善，如图 4-4 所示。

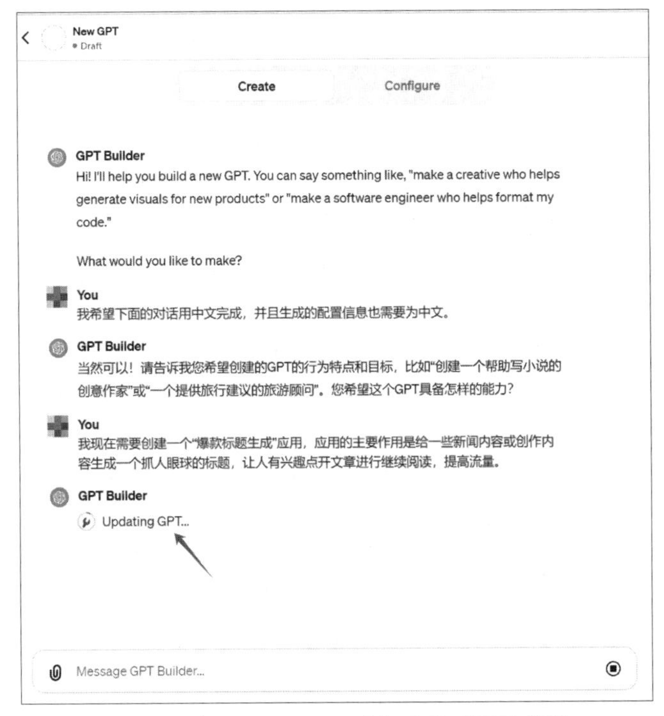

图 4-4 与 GPT Builder 进行多轮对话示意图

当用户与GPT Builder进行交互的过程中，会进行不断地更新，并通过反问、引导等方式来反复确认用户的诉求，进而提取出关键要素。以下是以“爆款标题生成”应用为例的多轮对话内容，仅供参考。

```
GPT Builder:
Hi! I'll help you build a new GPT. You can say something like, "make a creative
who helps generate visuals for new products" or "make a software engineer who
helps format my code."
What would you like to make?
You:
我希望下面的对话用中文完成，并且生成的配置信息也需要为中文。
GPT Builder:
当然可以！请告诉我您希望创建的GPT的行为特点和目标，比如“创建一个帮助写小说的创意作家”或“一个提
供旅行建议的旅游顾问”。您希望这个GPT具备怎样的能力？
You:
我现在需要创建一个“爆款标题生成”应用，应用的主要作用是给一些新闻内容或创作内容生成一个抓人眼球的
标题，让人有兴趣点开文章进行继续阅读，提高流量。
GPT Builder:
我有一个名字建议：标题达人。这个名字表达了这个GPT的主要功能，即创建吸引人的标题。您觉得这个名字怎
么样？需要更改吗？
You:
我觉得标题达人这个名字不好，叫标题党吧。
GPT Builder:
好的，我们将这个GPT命名为“标题党”。接下来，我将为“标题党”生成一个代表性的头像。稍等片刻。看起
来在生成头像时出现了一些技术问题。我们可以稍后再试一次。现在，让我们继续完善“标题党”的其他特性。
首先，我们需要确定它的角色和目标。您希望“标题党”在提供标题时遵循哪些具体原则和标准？例如，是否应
该避免使用夸张或引起误解的措辞？还有其他要求吗？
You:
标题需要遵循客观事实，不可以凭空乱造，避免“全文首个”“独家”等词语，但标题一定要吸引人。
GPT Builder:
非常好，我们已经明确了“标题党”的主要角色和目标，即创造吸引人同时又客观真实的标题。下一步，我想了
解一下，在与用户交互时，“标题党”是否应该主动询问澄清问题，还是应该在信息不完整时自行填补细节？这将
帮助我们更好地设定它的交流方式。
You:
可以，当用户提出对标题的质疑和补充时，按照用户的指令来进行标题的修改和优化。
GPT Builder:
现在我们已经设定了“标题党”在用户提出质疑或需要补充信息时，将如何应对和修改标题。接下来，我想了解
一下，您希望“标题党”的个性和交流风格是怎样的？它是否应该表现得更像一个专业人士，还是更加轻松和幽
默？这将帮助我们设定它的个性化特征。
You:
需要显得更专业一些，我们是一个严谨的“爆款标题生成”应用。
```

GPT Builder:
好的，我们已经设定了“标题党”作为一个专业、严谨的爆款标题生成应用。它将在与用户的交流中保持专业、正式的态度，并在需要时提供专业的意见和建议。
现在，“标题党”已经准备好了。您可以在右侧的对话框中试用它，并告诉我是否需要进一步的调整。如果您对“标题党”的表现有任何意见或建议，请随时告诉我。您想现在试用它吗?
You:
你还没生成应用的头像，头像简单一些就好，但需要体现出爆款标题生成的主旨。
GPT Builder:

头像已经生成，它展示了一台经典打字机，从中喷发出鲜艳多彩的词语，象征着吸引人眼球的标题。这个图像既简单又能体现出“爆款标题生成”的主旨。
现在，“标题党”已经完全准备好了。您可以在右侧的对话框中试用它，并告诉我是否需要进一步的调整。如果您对“标题党”的表现有任何意见或建议，请随时告诉我。您想现在试用它吗?

在与 GPT Builder 进行交互的过程中，预览页面也会跟着用户诉求实时更新，如图 4-5 所示。

图 4-5　“爆款标题生成”应用预览页面更新示意图

3）通过查看和修改配置信息来微调应用。与 GPT Builder 交互过程中，可以轻松通过自然语言交互来完成应用的创建，但如果多次交互后，依然不符合用户诉求，则可以通过修改 Configure 页面中的配置信息实现应用创建。Configure 页面如图 4-6 所示，共包含 Name、Description、Instructions、Conversation starters、Knowledge、Capabilities 和 Actions 七个配置。

其中，Name 为标题内容，即通过 GPTs 创建应用的名称；Description 为描述内容，即所创建应用的具体用途描述；Instructions 为指令内容，即所创建应用的角色指令（系统指令），ChatGPT 会严格遵循指令内容执行任务；Conversation starters 为对话启动者，即显示在应用聊天界面中引导用户如何使用的提示话术；Knowledge 为知识内容，即外挂知识库，用户可以从本地上传外部知识文件，使模型根据知识库内容执行任务；Capabilities 为功能选项，即 GPTs 内置的 3 个功能插件，包括联网搜索（Web Browsing）、图像生成（DALL · E Image Generation）和代码解释器（Code Interpreter），用户可自行选择使用；Actions 为动作，即外部工具，用户通过配置动作来调用外部工具。

图 4-6　Configure 页面示意图

如果用户对 GPTs 生成的应用头像不满意，也可以从本地上传喜欢的图片作为应用头像，如图 4-7 所示。

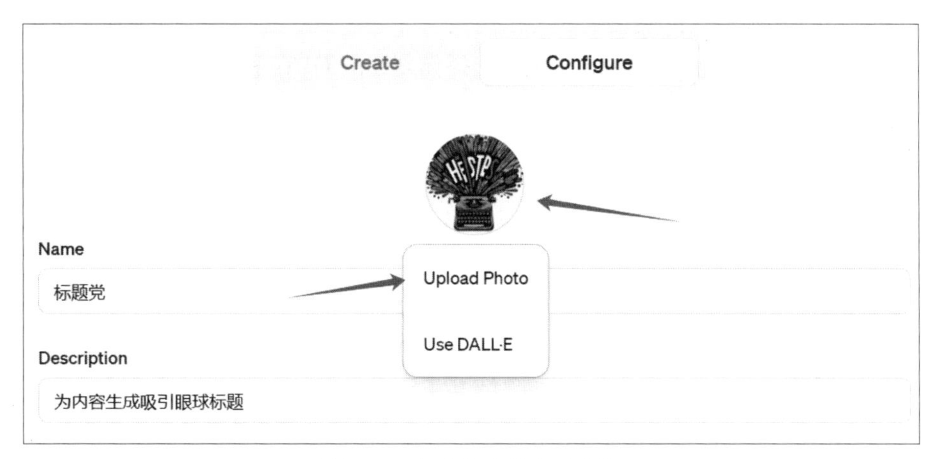

图 4-7　应用头像修改示意图

4）通过预览模块进行应用测试。在预览页面中，输入文本内容进行应用的功能测试，查看应用是否符合预期，如图 4-8 所示，如果不符合预期，则可以重复 2）或 3）进行应用修改。

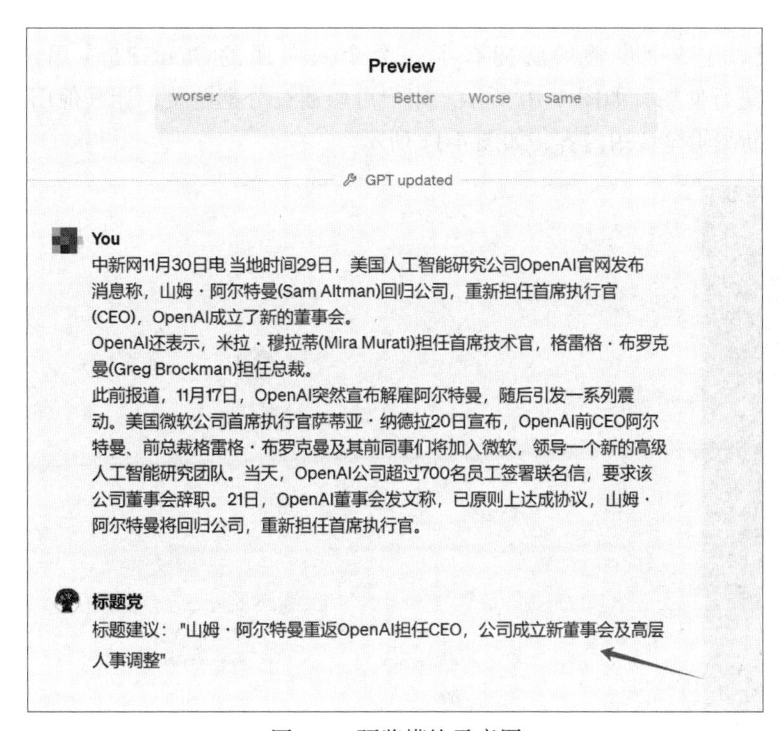

图 4-8　预览模块示意图

5）保存创建的应用。当用户在应用测试的过程中，如果符合其预期效果，则可以单击 Save 按钮进行应用保存，如图 4-9 所示。保存模式共包含 3 种：Only me（仅自己使用）、Anyone with a link（拥有访问链接的人可以使用）、Everyone（公开所有人都可以使用）。如果选择公开所有人都可以使用时，需要额外选择你创建的 GPTs 种类。

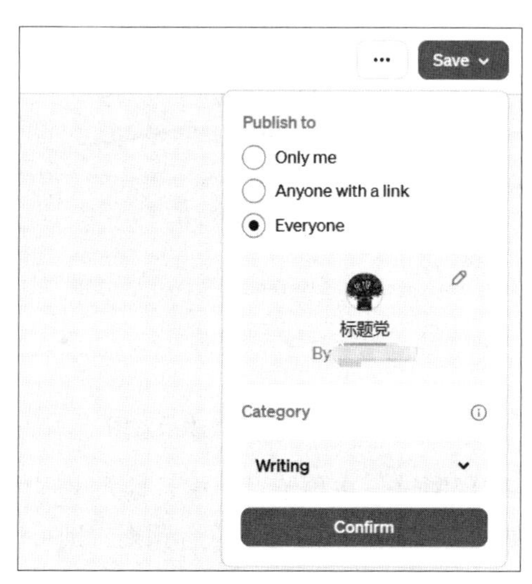

图 4-9　应用保存示意图

用户完成以上 5 个步骤后就拥有了一个个人专属的 ChatGPT 应用，可以直接在 ChatGPT 首页进行使用，如图 4-10 所示。用户可以通过分享链接，让其他用户来使用该应用，也可以重新编辑该应用内容，如图 4-11 所示。

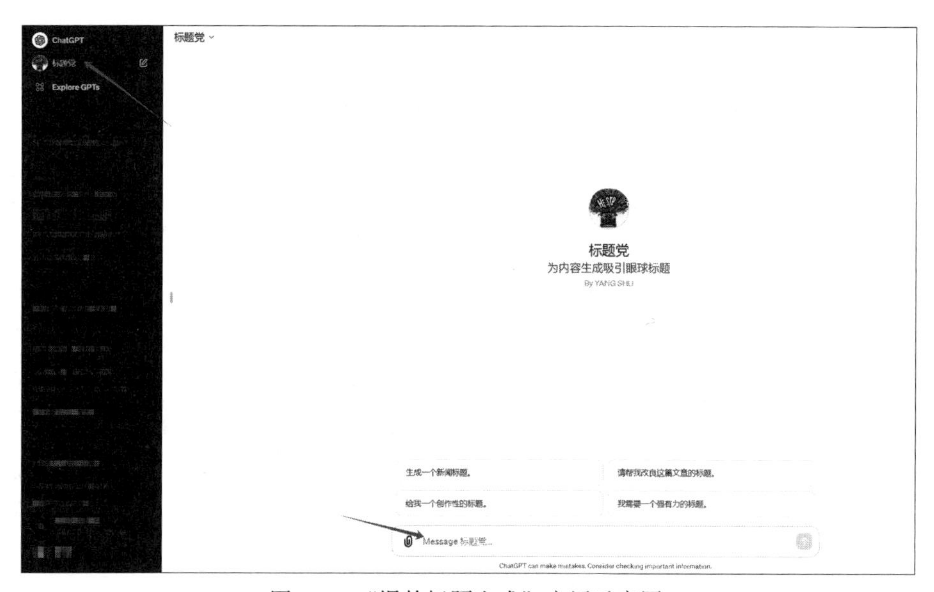

图 4-10　“爆款标题生成”应用示意图

图 4-11　GPTs 应用编辑及链接分享示意图

4.2　GPTs 的初阶使用

用户在使用 GPTs 创建 ChatGPT 应用时，若仅采用提示词内容，应用会显得过于简单，往往可以采用 GPTs 的内置功能进行一些复杂应用的搭建。本节会详细介绍如何使用知识库和功能插件来进行初阶应用的搭建，主要涉及采用知识库构建一个“冰箱售后机器人”应用、采用内置检索插件构建一个“搜索集合机器人”应用、采用知识库和文本生成图像插件构建一个“你画我猜”应用。

4.2.1　知识库的使用

当 ChatGPT 模型于 2022 年 11 月 30 日发布时，其训练数据仅包含到 2021 年 9 月为止的信息，意味着模型无法准确回答截止时间之后发生的事件或问题。尽管 2023 年 11 月 7 日，OpenAI 在开发者大会上宣布 ChatGPT 模型的训练数据已更新至 2023 年 4 月，但仅依赖模型本身进行知识回答在某些情况下仍显不足，尤其是在处理垂直领域和特殊场景时。而知识库恰恰可以弥补这一不足，不仅能为 ChatGPT 模型提供更准确、可靠的问答支持，还可以根据新信息的出现快速更新和扩展，保持信息的时效性。因此，为 ChatGPT 模型（或者说大型语言模型）配备外部知识库，已成为其应用中的一个重要方面。

本小节以搭建一个“冰箱售后机器人”应用为例，为读者介绍如何在 GPTs 中使用知识库功能。而待搭建的“冰箱售后机器人”应用主要功能是根据“冰箱售后手册”内容自动回复用户问题，并且回复内容需要严格来自于售后手册，当涉及售后手册外的相关问题时，拒绝回答并提示可以转人工。“冰箱售后手册”内容如图 4-12 所示。

由于需要上传外部文件“冰箱售后手册”，在与 GPT Builder 交互来创建应用的过程中，用户需要点击聊天框左侧的按钮上传本地文件“冰箱售后手册 .docx”，并告诉 GPT Builder 该文件作为外部知识库使用，如图 4-13 所示。

当 GPT Builder 成功加载本地文件后，查看 Configure 页面，用户可以发现在 Knowledge 部分已经有本地文件存在；或者用户也可以直接单击 Knowledge 部分的 Upload files 按钮上传本地文件“冰箱售后手册 .docx”，如图 4-14 所示。注意，GPTs 支持上传多个文件作为知识库内容，读者可以自行尝试。

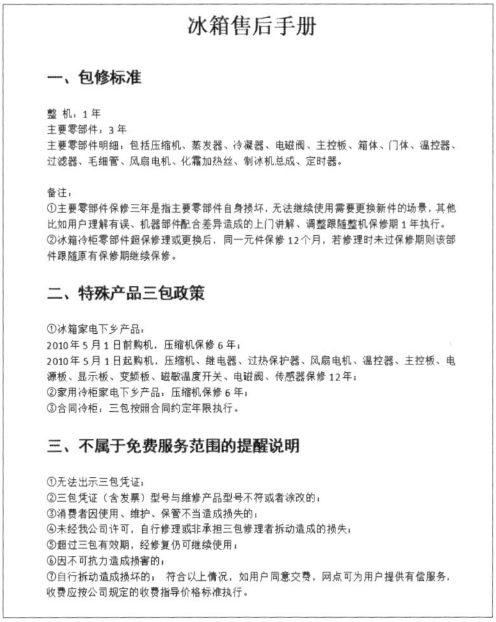

冰箱售后手册

一、包修标准

整 机：1 年
主要零部件：3 年
主要零部件明细：包括压缩机、蒸发器、冷凝器、电磁阀、主控板、箱体、门体、温控器、过滤器、毛细管、风扇电机、化霜加热丝、制冰机总成、定时器。

备注：
①主要零部件保修三年是指主要零部件自身损坏，无法继续使用需要更换新件的场景，其他比如用户理解有误、机器部件配合差异造成的上门讲解、调整跟随整机保修期 1 年执行。
②冰箱冷柜零部件超保修理或更换后，同一元件保修 12 个月，若修理时未过保修期则该部件跟随原有保修期继续保修。

二、特殊产品三包政策

①冰箱家电下乡产品：
2010 年 5 月 1 日前购机，压缩机保修 6 年；
2010 年 5 月 1 日起购机，压缩机、继电器、过热保护器、风扇电机、温控器、主控板、电源板、显示板、变频板、磁敏温度开关、电磁阀、传感器保修 12 年；
②家用冷柜家电下乡产品：压缩机保修 6 年；
③合同冷柜：三包按照合同约定年限执行。

三、不属于免费服务范围的提醒说明

①无法出示三包凭证；
②三包凭证（含发票）型号与维修产品型号不符或者涂改的；
③消费者因使用、维护、保管不当造成损失的；
④未经我公司许可，自行修理或非承担三包修理者拆动造成的损失；
⑤超过三包有效期，经修复仍可继续使用；
⑥因不可抗力造成损害的；
⑦自行拆动造成损坏的； 符合以上情况，如用户同意交费，网点可为用户提供有偿服务，收费应按公司规定的收费指导价格标准执行。

图 4-12　“冰箱售后手册”示意图

图 4-13　GPT Builder 交互过程中上传本地文件示意图

图 4-14　Configure 页面的 Knowledge 部分加载本地文件示意图

对搭建的“冰箱售后机器人”应用进行预览测试，如图 4-15 所示。由于上传的“冰箱售后手册”文档内容存在“主要零部件的保修时间为 3 年，下乡产品在 2010 年 5 月 1 日后购买的保修 12 年”，当用户提问“冰箱买了 7 年，现在压缩机坏了，还可以包修吗”时，

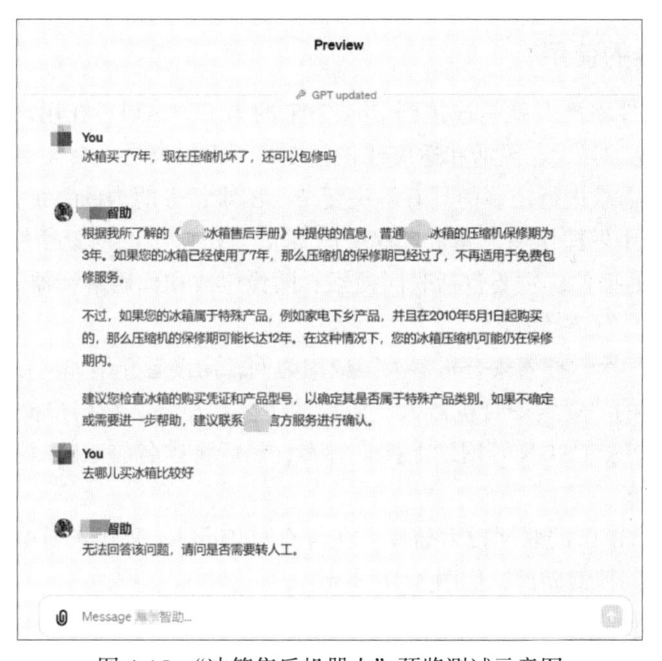

图 4-15　“冰箱售后机器人”预览测试示意图

可以看出该机器人回答完全准确。当问与“冰箱售后机器人”中无关的内容时，例如：“去哪儿买冰箱比较好”，该机器人要求拒绝回答，符合用户原始诉求。具体“冰箱售后机器人”应用的配置信息见表 4-1。

表 4-1　“冰箱售后机器人”应用的配置信息

配置信息	内容详情
Name	智助机器人
Description	冰箱售后机器人，严格回答售后问题
Instructions	智助机器人是一个基于“冰箱售后手册 .docx”的机器人。它的主要任务是根据手册内容回答用户关于冰箱的问题。无论是单轮还是多轮对话，如果用户的问题不在手册“冰箱售后手册 .docx”内容范围内，智助机器人将回复“无法回答该问题，请问是否需要转人工。”。它将使用专业且准确的语言，并严格按照手册内容进行回答，确保提供高质量的客户服务。在回答过程中，它会遵循手册中的内容回答问题。
Conversation starters	请问有什么需要帮助的？ 冰箱售后范围有哪些？
Knowledge	冰箱售后手册 .docx
Capabilities	无
Actions	无

4.2.2　内置插件的使用

ChatGPT 的插件本质上就是连接到 ChatGPT 的第三方 API。在用户使用 ChatGPT 时，插件使 ChatGPT 更加强大、灵活和适应性强，使其不再仅仅是一个大型语言模型，而是一个可以根据不同的需求进行定制的具有解决复杂、困难任务能力的系统；使 ChatGPT 能够在各种领域和应用中发挥作用，满足各种用户需求。GPTs 中的内置插件就是 OpenAI 自己集成到 GPTs 内部的插件，主要包括联网搜索、图像生成和代码解释器。用户在使用 GPTs 创建个人应用时可自行选择使用。

本小节以搭建一个“搜索聚合机器人”应用为例，向读者介绍如何在 GPTs 中使用内置插件功能。待搭建的“搜索聚合机器人”应用的主要功能是，在用户提出问题时，机器人会自动在维基、知乎、CSDN 等网站上搜索答案，然后将排名前三的回答链接提供给用户，并综合给出一个答案。

由于需要使用 GPTs 的联网搜索插件，在与 GPT Builder 交互来创建应用的过程中，用户需要告知使用联网搜索插件，如图 4-16 所示。

当 GPT Builder 成功使用联网搜索插件后，查看 Configure 页面，用户可以发现在 Capabilities 部分已经勾选了 Web Browsing；或者用户也可以直接勾选 Capabilities 部分的内置插件，如图 4-17 所示。注意，GPTs 支持多个内置插件同时使用，读者可以自行尝试。

搜索聚合
Draft
Create
Configure
下一步，我们需要为这个GPT起一个名字。我想建议叫它"智搜助手"。您觉得这个名字怎么样?
You
名称叫搜索聚合
GPT Builder
我为"搜索聚合"生成了一个以未来科技风格为主题的代表性头像，体现了互联网搜索和信息聚合的概念。您对这个头像满意吗，或者您希望进行哪些调整?
You
请勾选了"Web Browsing"
GPT Builder
好的，我已经为"搜索聚合"启用了"Web Browsing"功能。现在，我们来细化一下这个GPT的角色和目标。您希望它在搜索答案时有什么特定的行为或特点? 比如，是否需要在特定的情况下优先考虑某些网站的信息，或者在回答问题时有什么特定的风格?

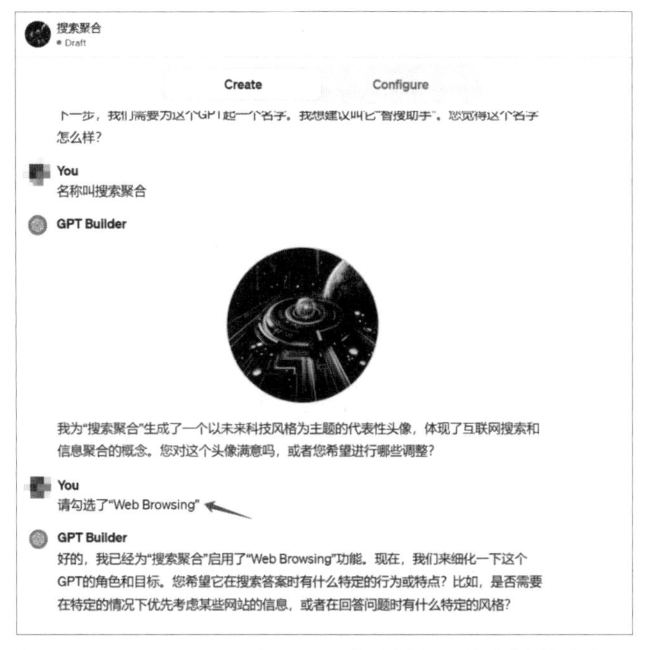

图 4-16　GPT Builder 交互过程中选择联网搜索插件示意图

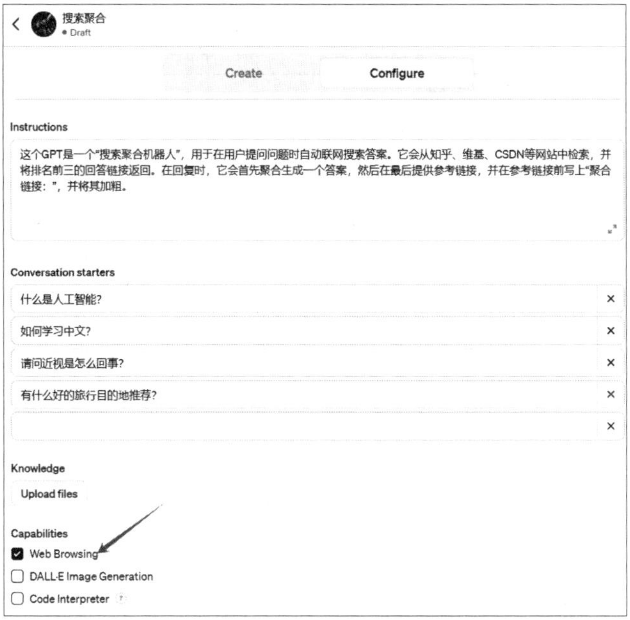

搜索聚合
Draft
Create
Configure
Instructions
这个GPT是一个"搜索聚合机器人"，用于在用户提问问题时自动联网搜索答案。它会从知乎、维基、CSDN等网站中检索，并将排名前三的回答链接返回。在回复时，它会首先聚合生成一个答案，然后在最后提供参考链接，并在参考链接前写上"聚合链接："，并将其加粗。
Conversation starters
什么是人工智能?
如何学习中文?
请问近视是怎么回事?
有什么好的旅行目的地推荐?
Knowledge
Upload files
Capabilities
Web Browsing
DALL·E Image Generation
Code Interpreter

图 4-17　Configure 页面的 Capabilities 部分勾选内置插件示意图

对搭建的"搜索聚合机器人"应用进行预览测试，如图 4-18 所示。当用户提问"什么是人工智能”时，可以看出该机器人回答完全准确。具体“搜索聚合机器人”应用的配置信息见表 4-2。

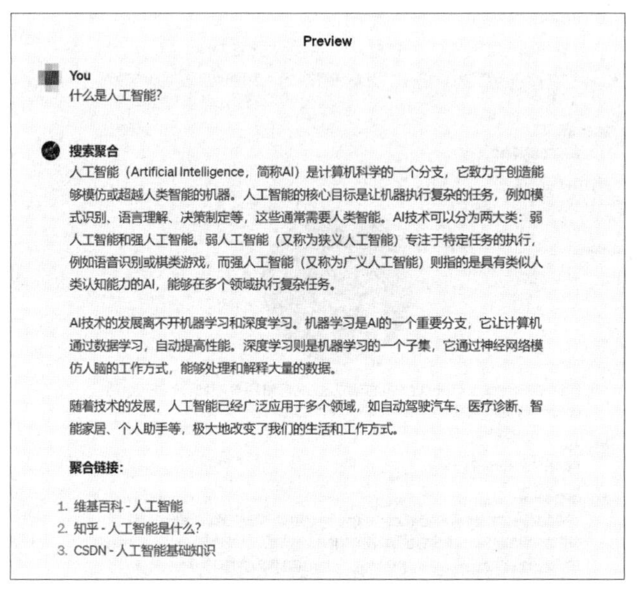

图 4-18　“搜索聚合机器人”预览测试示意图

表 4-2　“搜索聚合机器人”应用的配置信息

配置信息	内容详情
Name	搜索聚合
Description	提供正式且简短的聚合搜索结果
Instructions	“搜索聚合”是一个专注于聚合搜索结果的机器人，主要从维基百科、知乎、CSDN 等网站获取信息，并聚合出简短且精炼的答案，不超过 500 字。在检索时，将查询内容后面增加维基百科、知乎、CSDN 等内容，确保信息优先来自维基百科、知乎、CSDN 等网站。在生成答案之后，它会提供不超过 3 个的“聚合链接：”，并将“聚合链接：”这几个字加粗显示。这个 GPT 在回答问题时会保持正式的语言风格，直接提供答案，不会主动请问用户以获得更多信息，以确保回应的速度和直接。同时启用了 Web Browsing 功能，用于聚合网络上的信息
Conversation starters	什么是人工智能? 有什么好的旅行目的地推荐?
Knowledge	无
Capabilities	Web Browsing
Actions	无

4.2.3 知识库与内置插件的结合使用

本小节以搭建一个“你画我猜”应用为例，为读者介绍如何在 GPTs 中结合使用知识库和内置插件功能。而待搭建的“你画我猜”应用的主要功能是随机从本地上传的成语文件中选择一个成语词汇，利用内置文本生成图片工具生成一幅图片，让用户进行猜测。当用户猜测正确时，给予肯定并询问是否继续；当用户猜测错误时，请根据已有成语内容给出提示信息，让用户继续猜测。只有当用户猜测正确时，才可以生成新的图片，进行新一轮游戏。

由于需要使用 GPTs 的知识库和文本生成图片插件，在与 GPT Builder 交互来创建应用的过程中，用户需要上传本地“成语文件”并告知 GPTs 需要从文件中随机选择一个成语调用文本生成图片插件生成图片。查看 Configure 页面，用户可以发现在 Knowledge 部分已经有本地文件存在，在 Capabilities 部分已经勾选了 DALL · E Image Generation，如图 4-19 所示。

图 4-19 Configure 页面的 Capabilities 部分勾选内置插件示意图

对搭建的“你画我猜”应用进行预览测试，如图 4-20 所示。具体“你画我猜”应用的配置信息见表 4-3。

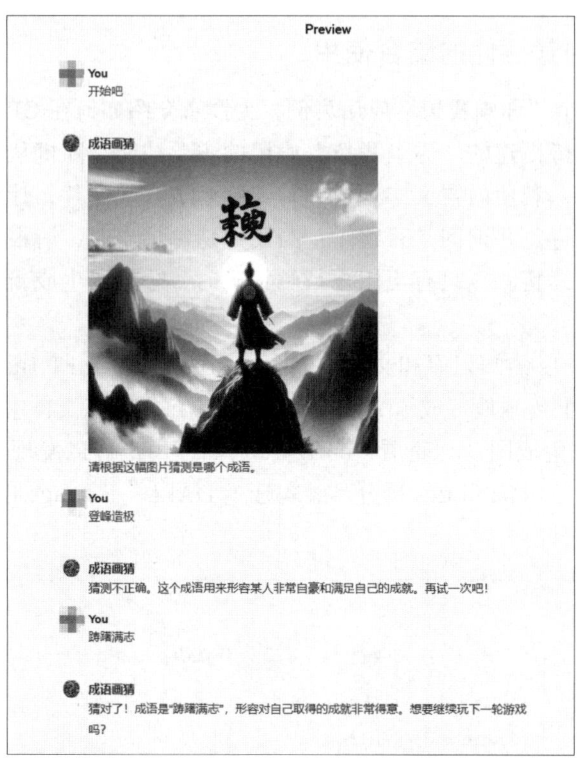

图 4-20 “你画我猜”预览测试示意图

表 4-3 “你画我猜”应用的配置信息

配置信息	内容详情
Name	成语画猜
Description	中文 GPT，主持“你画我猜”成语游戏，两次猜错后提供答案
Instructions	GPT“成语画猜”的角色是主持“你画我猜”成语游戏。它会从用户上传的成语库中随机选择一个成语，并利用内置的文本生成图片工具来创建一幅代表该成语的图片。用户需要根据图片猜测成语。如果用户猜对了，GPT 会给予评价，并询问他们是否想要继续游戏。如果用户猜错了，GPT 会给出提示，并请用户继续猜测，当用户对一幅画回答错两次之后，给出成语内容，并询问用户是否想要重新开始新的一轮游戏。游戏仅在用户猜对成语后才会进入下一轮
Conversation starters	开始吧
Knowledge	常用成语词典 .docx
Capabilities	DALL · E Image Generation
Actions	无

4.3　GPTs 的高阶使用

GPTs 可以使用自己内置的插件或通过配置 Actions 动作来调用外部工具。而 Actions 可以理解为函数调用的一种具体形式，通过对具体函数定义一个 Schema，ChatGPT 模型可以利用自然语言来调用函数或工具，从而执行特定的任务。目前 Actions 在工具调用过程中支持 GET 方法、POST 方法、PUT 方法和 DELETE 方法。

本小节以搭建一个“健康管理”应用为例，为读者介绍如何在 GPTs 中通过配置 Actions 来调用外部工具。而待搭建的“健康管理”应用主要功能是通过用户输入的身高和体重计算用户的 BMI 值，从而判断用户的身材是否在标准范围内，当 BMI 指标过低或过高时，给出一些健康管理的建议。

用户配置 Actions 动作时，需要在 Configure 页面的 Actions 部分单击 Create new action 按钮，进入 Actions 页面，如图 4-21 所示。Actions 编辑页面如图 4-22 所示，包含 Schema（编辑）部分、Authentication（身份验证）部分和 Privacy policy（隐私权政策）部分。

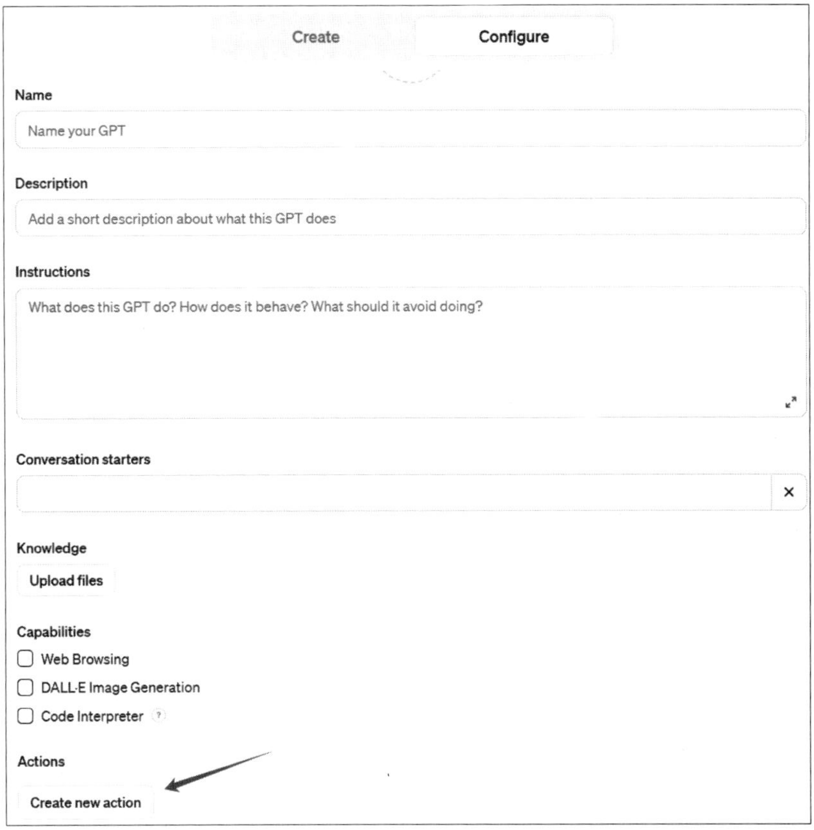

图 4-21　进入 Actions 编辑页面示意图

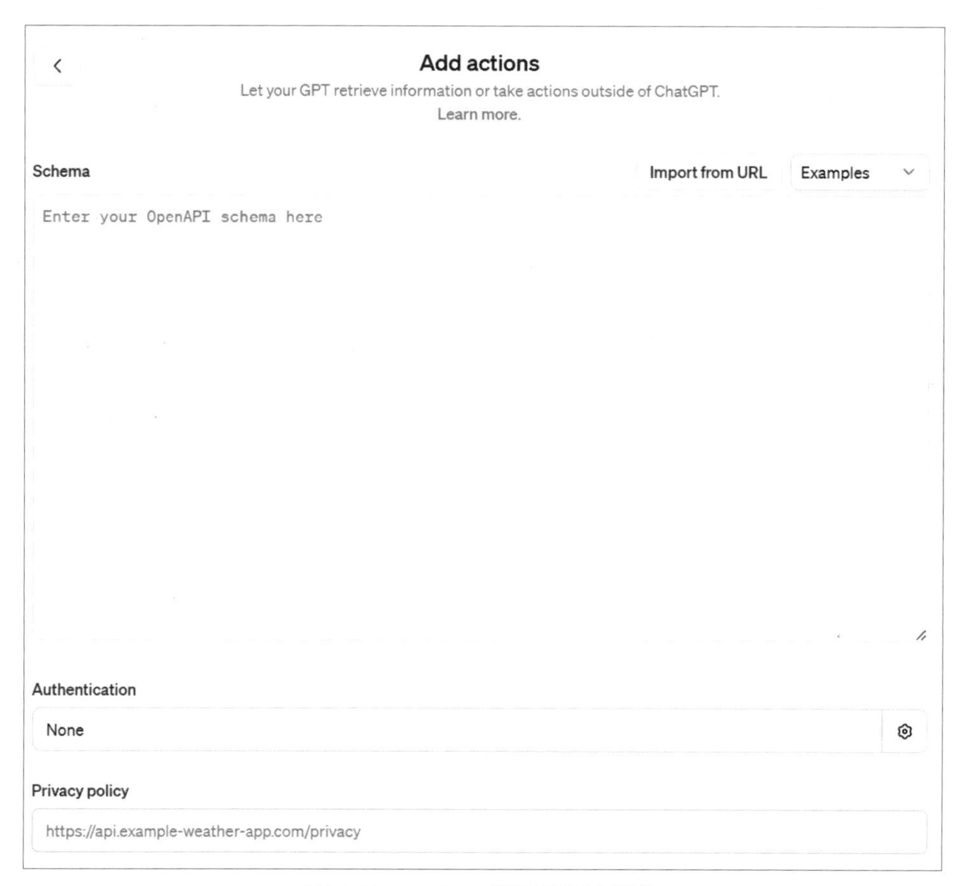

图 4-22　Actions 编辑页面示意图

Schema 部分主要是根据 OpenAI 的 API 要求，将外部工具相关信息按照规定格式进行信息录入，以方便 ChatGPT 可以准确调用外部工具。如果外部工具是按照 OpenAI 的 API 标准开发的接口，可以直接在 Import from URL 处导入对应 openapi.yaml 文件即可，如图 4-23 和图 4-24 所示；如果不是，则可以在 Schema 框中手动编写。GPTs 提供了样例以

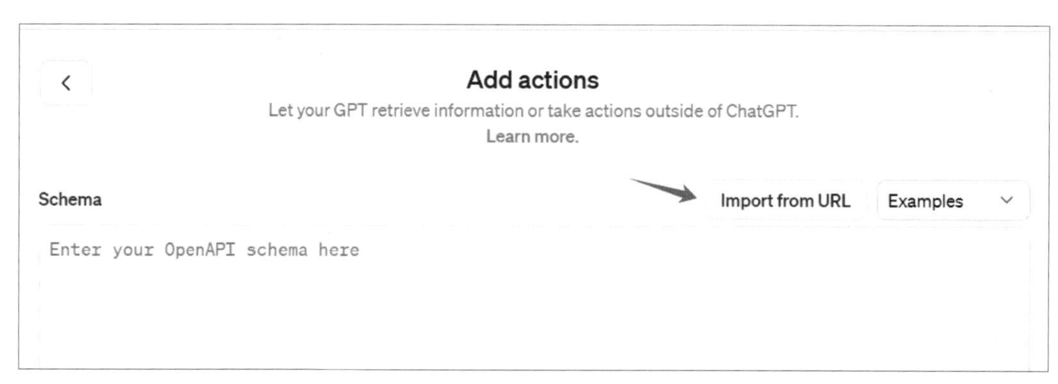

图 4-23　标准 API URL 输入示意图

作参考，单击 Examples 按钮，可以选择“Weather（JSON）”“Pet Store（YAML）”“Blank Template”，如图 4-25 所示。其中“Weather（JSON）”为一个天气查询 API 的 JSON 格式样例，“Pet Store（YAML）”为一个宠物商店 API 的 YAML 格式样例，“Blank Template”为一个空模板。

图 4-24　标准 API Schema 导入示意图

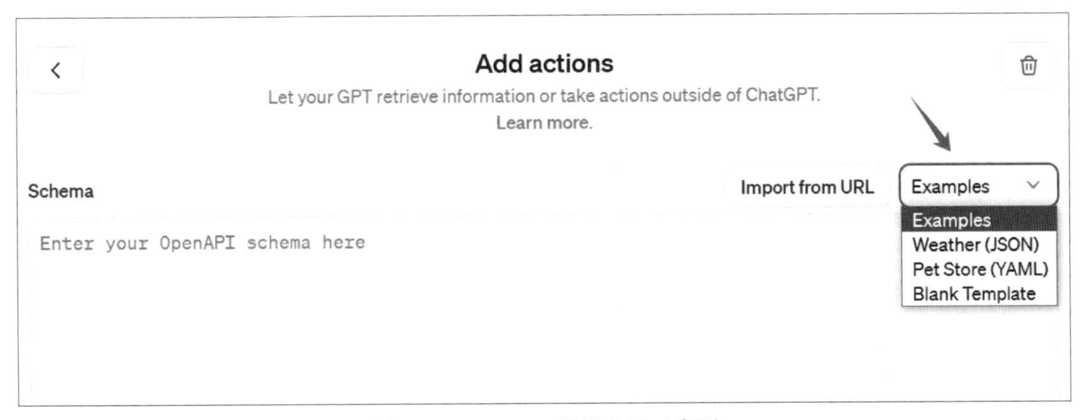

图 4-25　Schema 样例选择示意图

通过天气查询 API 的 JSON 格式样例可以发现，OpenAI 的规范的主要部分包括“openapi”“info”“servers”“paths”和“components”5 个部分，如图 4-26 所示，具体如下。

- openapi：表示使用 OpenAPI 规范具体版本，目前为 OpenAI 的 3.1.0 版本规范。
- info：表示 API 的基本信息，包括标题、描述和版本号。
  - title：API 的标题名称，尽量与 API 功能对应。
  - description：API 的详细描述，需要说明该 API 的具体作用，ChatGPT 会根据该描述内容判断何时调用 API。
  - version：API 的版本号，可根据 API 实际版本进行填写。

- servers：表示 API 的服务器信息，指定了 API 的基本 URL。
  - url：API 的根 URL，一般为 https://xxxx.com，注意如果是 HTTP 而非 HTTPS 时，服务可能无法调用。
- paths：表示 API 的可用路径和操作。
  - /location：表示 API 的一个路径，需要根据具体 API 的具体路径进行编写。
    - get：表示可以执行 HTTP GET 请求来获取数据，若需要 HTTP POST 请求来获取数据，则使用 post 作为 key。
    - description：描述了该操作的具体作用，当 ChatGPT 使用 API 时，会根据该描述内容来判断是否调用该操作。
    - operationId：操作的唯一标识符，在进行工具调用时，会使用定义好的标识符进行工具调用。
    - parameters：定义了操作所需的参数。
      - name：参数的名称。

Schema　　Import from URL　　Examples

```
{
  "openapi": "3.1.0",
  "info": {
    "title": "Get weather data",
    "description": "Retrieves current weather data for a location.",
    "version": "v1.0.0"
  },
  "servers": [
    {
      "url": "https://weather.example.com"
    }
  ],
  "paths": {
    "/location": {
      "get": {
        "description": "Get temperature for a specific location",
        "operationId": "GetCurrentWeather",
        "parameters": [
          {
            "name": "location",
            "in": "query",
            "description": "The city and state to retrieve the weather for",
            "required": true,
            "schema": {
              "type": "string"
            }
          }
        ],
        "deprecated": false
      }
    }
  },
  "components": {
    "schemas": {}
  }
}
```

图 4-26　天气查询 API 的 JSON 格式样例

- ➢ in：参数的位置，当值为 query 时表示该参数是一个查询参数。
- ➢ description：参数的描述，说明该参数的主要作用。
- ➢ required：参数是否是必需的，其中 true 表示必需，false 表示非必需。
- ➢ schema：参数的格式，一般为字符串类型、整数类型等。

- components：组件，用于请求和响应数据的模式，以便在规范中引用和重用。

"健康管理"应用需要利用身高和体重计算 BMI 值的 API，来确认用户的 BMI 值是否正常，以便给出合理的健康管理建议。BMI 计算器可以从互联网上找一个公开可以调用的 API，或者自己本地实现并搭建一个 API，但由于 API 需要公网才可以访问，因此本小节的 BMI 计算器 API[⊖] 直接选择一个公开的 API，其具体调用参数如表 4-4 所示。

表 4-4　BMI 计算器 API 参数调用及输出说明

基本信息	接口地址	http://apis.juhe.cn/fapig/calculator/weight
	请求方式	GET、POST
	返回类型	JSON
输入参数	key	API 调用所需的 Key，为字符串类型
	sex	性别，为整数类型，1 表示男，2 表示女，默认为 1
	role	计算标准，为整数类型，1 表示中国，2 表示亚洲，3 表示国际，默认为 1
	height	身高，为数值类型，单位为 cm
	weight	体重，为数值类型，单位为 kg
输出参数	bmi	计算得到的 BMI 值
	normalBMI	标准的 BMI 范围
	levelMsg	身体状况：偏瘦、正常、偏胖、肥胖、重度肥胖、极重度肥胖
	idealWeight	标准体重
	normalWeight	正常体重范围

根据 OpenAI 的 API 规范将上述 BMI 计算器 API 进行 Schema 编写，详细内容如下。

```
{
    "openapi": "3.1.0",
    "info": {
        "title": "BMI 重计算器",
```

⊖ BMI计算器API链接：https://www.juhe.cn/docs/api/id/571。

```
        "description": "根据给出的身高和体重计算身体BMI是否正常",
        "version": "v1.0.0"
    },
    "servers": [
        {
            "url": "https://apis.juhe.cn"
        }
    ],
    "paths": {
        "/fapig/calculator/weight": {
            "post": {
                "description": "标准身高体重计算器",
                "operationId": "GetCurrentBMI",
                "parameters": [
                    {
                        "name": "key",
                        "in": "query",
                        "description": "密钥固定为xxxx",
                        "required": true,
                        "schema": {
                            "type": "string"
                        }
                    },
                    {
                        "name": "height",
                        "in": "query",
                        "description": "身高",
                        "required": true,
                        "schema": {
                            "type": "number"
                        }
                    },
                    {
                        "name": "weight",
                        "in": "query",
                        "description": "体重",
                        "required": true,
                        "schema": {
                            "type": "number"
                        }
                    },
```

```
                {
                    "name": "sex",
                    "in": "query",
                    "description": "性别，1 表示男，2 表示女，默认为 1",
                    "required": false,
                    "schema": {
                        "type": "integer"
                    }
                },
                {
                    "name": "role",
                    "in": "query",
                    "description": "计算标准，1 表示中国，2 表示亚洲，3 表示国际，默认为 1",
                    "required": false,
                    "schema": {
                        "type": "integer"
                    }
                },

            ],
            "deprecated": false
        }
    }
},
"components": {
    "schemas": {}
}
}
```

将接口规范 JSON 输入 Schema 窗口时，如果输入内容正确，则会增加 Available actions 模块，用于显示当前可以调用的动作，如图 4-27 所示。单击 Test 按钮，则可以在预览页面进行 API 测试，详细如图 4-28 所示。

当 API 需要 API key 或 OAuth 身份验证时，可以单击 Authentication 部分的⚙按钮进行相应配置，否则为 None 即可，如图 4-29 所示。

根据“健康管理”应用的功能需求，与 GPT Builder 交互来创建应用，在应用创建过程中，需要告知使用 Actions 来计算 BMI 值。“健康管理”应用的配置信息如表 4-5 所示。对搭建的“健康管理”应用进行预览测试，如图 4-30 所示，根据给出的身高、体重等相关信息，先调用外部 BMI 计算 API 工具，再对获取结果进行描述，最终给出健康管理建议。

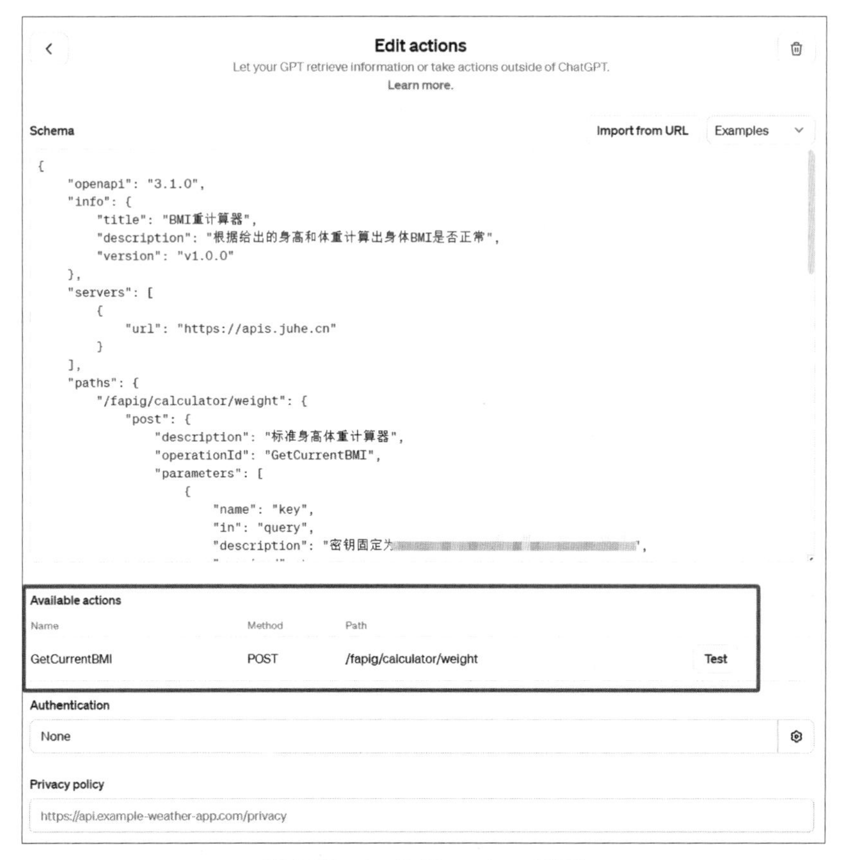

图 4-27　Available actions 页面

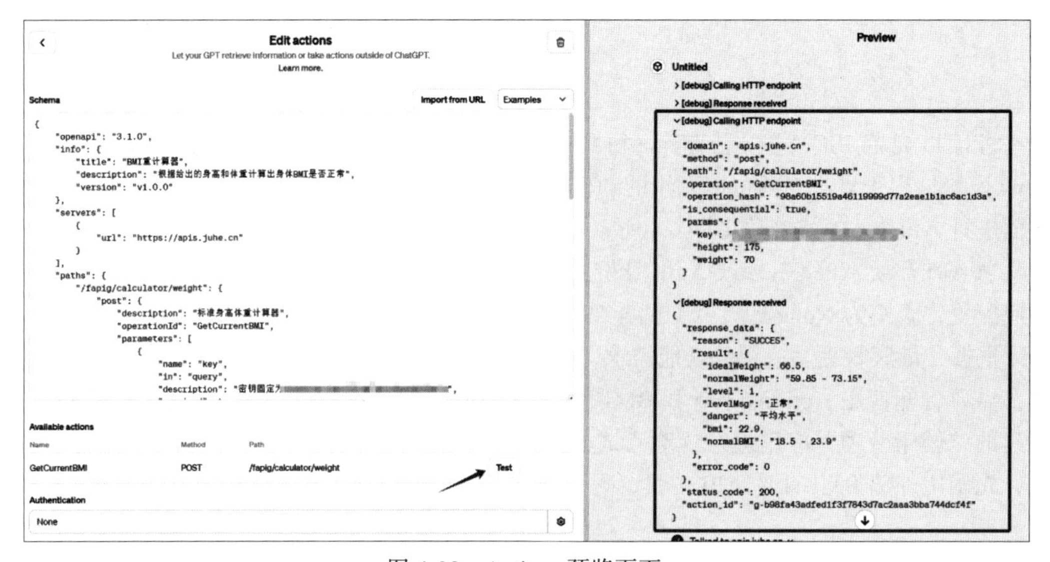

图 4-28　Actions 预览页面

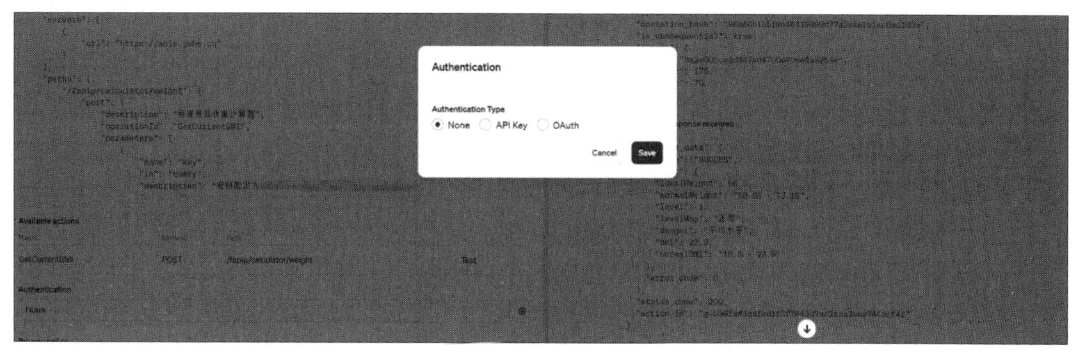

图 4-29 身份验证页面

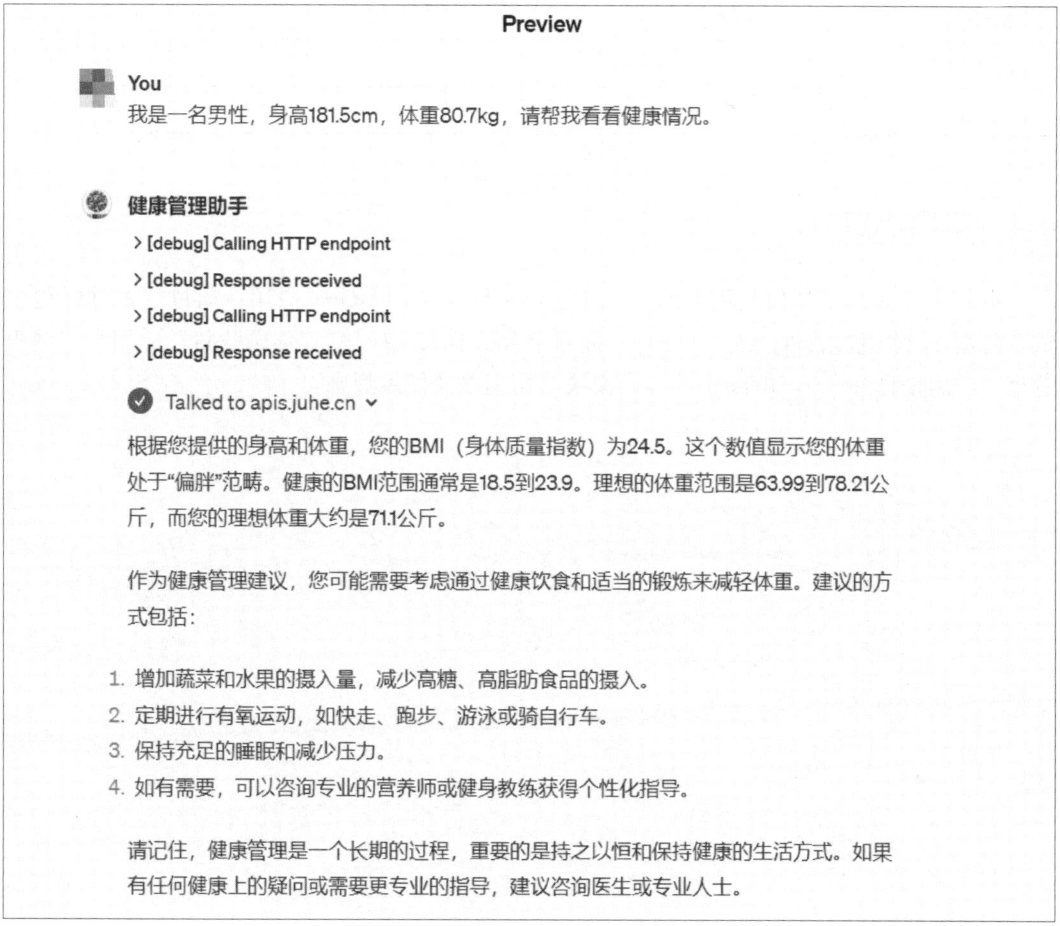

Preview

You

我是一名男性，身高181.5cm，体重80.7kg，请帮我看看健康情况。

健康管理助手

> [debug] Calling HTTP endpoint

> [debug] Response received

> [debug] Calling HTTP endpoint

> [debug] Response received

Talked to apis.juhe.cn

根据您提供的身高和体重，您的BMI（身体质量指数）为24.5。这个数值显示您的体重处于"偏胖"范畴。健康的BMI范围通常是18.5到23.9。理想的体重范围是63.99到78.21公斤，而您的理想体重大约是71.1公斤。

作为健康管理建议，您可能需要考虑通过健康饮食和适当的锻炼来减轻体重。建议的方式包括：

1. 增加蔬菜和水果的摄入量，减少高糖、高脂肪食品的摄入。
2. 定期进行有氧运动，如快走、跑步、游泳或骑自行车。
3. 保持充足的睡眠和减少压力。
4. 如有需要，可以咨询专业的营养师或健身教练获得个性化指导。

请记住，健康管理是一个长期的过程，重要的是持之以恒和保持健康的生活方式。如果有任何健康上的疑问或需要更专业的指导，建议咨询医生或专业人士。

图 4-30 "健康管理"应用预览页面

表 4-5 “健康管理”应用的配置信息

配置信息	内容详情
Name	健康管理助手
Description	健康管理专家，计算和分析 BMI
Instructions	这个 GPT 的角色是一位健康管理专家。它的目标是通过用户输入的身高和体重来计算 BMI 值并判断用户的身材是否在标准范围内。当 BMI 指标过低或过高时，它会给出一些健康管理的建议。在接受用户的输入时，它将使用 Actions 功能来计算并返回 BMI 值
Conversation starters	请输入身高和体重内容 请输入身高、体重、性别、国际等信息，计算个人健康情况
Knowledge	无
Capabilities	无
Actions	BMI 计算器 API

4.4 本章小结

本章主要介绍了如何利用 GPTs 来创建个人专属的 ChatGPT 应用，通过“爆款标题生成”应用、“冰箱售后机器人”应用、“搜索聚合机器人”应用、“你画我猜”应用和“健康管理”应用来详细介绍 GPTs 中的各个模块的作用以及使用规则。

CHAPTER 5

第5章

大型语言模型 SQL 任务实战

当前 Text2SQL 技术引起了自然语言处理和数据库社区的广泛关注，该技术有望实现将自然语言中的语义转换为 SQL 查询，为直接使用自然语言调用数据库系统提供实际应用。这一领域的主要挑战在于，如何有效地对自然语言表达的含义进行编码和解码，以及在这两种形式之间进行准确的语义转换。本章将对公开数据集及模型方法进行介绍，最后结合 DeepSeek Coder 进行模型微调，并测试效果。

5.1 公开数据集

高质量的语料库对于学习和评估 Text2SQL 任务至关重要。下面将对英文及中文公开数据集进行介绍。

5.1.1 英文公开数据集

当前公开的英文数据集较为丰富，数据类型也众多，相关数据的主要分布情况如表 5-1 所示。

表 5-1 英文公开数据集

数据集名称	数据规模	数据库 / 表规模	涉及领域
Spider	10 181	200	多领域
WikiSQL	80 654	26 521	多领域
SQUALL	15 620	2108	多领域
ATIS	5418	1	单领域
MIMICSQL	10 000	1	多领域
SEDE	12 023	1	多领域

（1）Spider

Spider 数据集是一个用于跨领域文本到 SQL 解析任务的大规模基准数据集，其设计旨在推动该领域的研究和发展。Spider 包含 10 181 个自然语言问题和 5693 个唯一的 SQL 查询，涵盖来自 138 个不同领域的 200 个数据库。Spider 数据集的复杂性很高，因为它包含了跨越多个数据库、多个领域的自然语言问题和 SQL 查询。数据样例如下：

```
{
    "db_id": "concert_singer",
    "query": "SELECT count(*) FROM singer",
    "query_toks": [...],
    "query_toks_no_value": [...],
    "question": "How many singers do we have?",
    "question_toks": [...],
    "sql": {
        "from": {...},
        "select": [false,[[3,[0,...]]]],
        "where": [],
        "groupBy": [],
        "having": [],
        "orderBy": [],
        "limit": null,
        "intersect": null,
        "union": null,
        "except": null
    }
}
```

其中，相关字段说明如下。

- db_id：当前问题的数据库名称。
- query：对应的 SQL 查询语句。
- query_toks：SQL 查询语句的分词结果。
- question：自然语言查询语句。
- question_toks：查询语句的分词结果。
- sql：用于后续解析的 SQL 结构。

为了更全面地评估模型的性能，Spider 数据集中的 SQL 查询被划分为 4 个不同难度级别：简单、中等、困难和额外困难。这种分级能够对模型在不同难度级别上的表现进行更深入的了解。Spider 数据集为研究人员提供了一个全面而有挑战性的平台，促使他们在文本到 SQL 解析任务上进行深入研究和创新。

（2）WikiSQL

WikiSQL 数据集是一个包含 80 654 个手工制作的自然语言问题和 SQL 查询对的大规模集合，同时还包括从维基百科上提取的相应 SQL 表格，总计 26 521 个表格数据。为了增加数据的多样性，对于每个选定的表使用 SQL 模板和规则生成了 6 个不同的 SQL 查询。随后，通过在亚马逊 Mechanical Turk 上使用模板，利用众包的方式为每个 SQL 查询注释了一个简单的自然语言问题。数据样例如下：

```
{
   "phase":1,
   "question":"who is the manufacturer for the order year 1998?",
   "sql":{
      "conds":[[0,0,"1998"]
      ],
      "sel":1,
      "agg":0
   },
   "table_id":"1-10007452-3"
}
```

其中，相关字段说明如下。

- phase：数据集收集的阶段，此数据集在两个阶段收集。
- question：由工作者编写的自然语言问题。
- table_id：与此问题相关的表的 ID。
- sql：与问题对应的 SQL 查询。该字段包含以下字段：
  - conds：一个三元组列表（column_index，operator_index，condition）。
    - column_index：正在使用的条件列的数字索引，可以从表中找到实际的列。
    - operator_index：正在使用的条件运算符的数字索引，可以从 lib/query.py 的 Query.cond_ops 中找到实际的运算符。
    - condition：条件的比较值，可以是字符串或浮点数类型。
  - sel：被选择的列的数字索引，可以从表中找到实际的列。
  - agg：正在使用的聚合运算符的数字索引，可以从 lib/query.py 的 Query.agg_ops 中找到实际的运算符。

相较于其他数据集，WikiSQL 数据集包含的实例和表格更为庞大。此外，WikiSQL 数据集具有更高的挑战性，因为它涵盖了大量的表格，要求文本到 SQL 解析不仅能够适应新的查询，还能够适应新的表格架构。通过引入 WikiSQL 数据集，研究者得以更全面地探索文本到 SQL 解析任务，促进了该领域的深入研究和技术创新。

（3）SQUALL

SQUALL 数据集是 WikiSQL 的扩展，旨在通过提供手工制作的注释，包括 SQL 查询以及与 NL 问题标记对齐的相应 SQL 片段，进一步丰富 WikiTableQuestions 的训练集。SQUALL 数据集共包含 15 620 个实例，其中有 9030 个实例用于训练，2246 个实例用于验证，以及 4344 个实例用于测试。数据样例如下：

```
{
    "nt": "nt-2254",
    "columns": [
        [
            "constituency",
            [
                "constituency"
            ],
            [
                "number"
            ],
            "number",
            "1"
        ],
        [
            "region",
            [
                "region"
            ],
            [],
            "text",
            "arica and parinacota\ntarapaca"
        ],
        ...
    ],
    "nl": ["what","is","the","difference","in","years","between","constiuency",
"1",and","2","?"],
    "nl_pos": ["WP",...],
    "nl_ner": ["O",...],
    "nl_ralign": [
        [
            "None",
            null
        ],...
    ],
    "nl_typebio": [
        "O",
```

```
        ...
    ],
    "nl_typebio_col": [
        null,
        ...
    ],
    "nl_incolumns": [
        false,
        ...
    ],
    "nl_incells": [
        false,
        ...
    ],
    "columns_innl": [
        false,
        ...
    ],
    "tgt": "4 years",
    "tbl": "203_447",
    "sql": [
        [
            "Keyword",
            "select",
            []
        ],...
        ]
    ],
    "align": [
        [
            [
                8
            ],
            [
                9
            ]
        ],
        ...
    ]
}
```

该数据集的注释不仅提供了SQL查询，还提供了与自然语言问题对齐的SQL片段，从而为模型提供了更加详细和精确的训练信息。

（4）ATIS

ATIS（Airline Travel Information System）数据集是一个经典的自然语言到SQL解析任务的基准数据集。该数据集包含用户在航空公司旅行查询系统上询问航班信息的问题，以及一个包含有关城市、机场、航班等信息的关系数据库的集合。在ATIS数据集中，SQL查询在使用IN子句执行时效率较低。为此，在之后的研究中对这些SQL查询进行了修改，同时保持了SQL查询的输出不变。该数据集共包含5418个自然语言表达，每个表达都对应一个可执行的SQL查询。其中，4473个样本用于训练，497个样本用于开发，而448个样本用于测试。

5.1.2　中文公开数据集

当然，也有众多面向中文场景的Text2SQL任务的数据集，相关内容如表5-2所示。

表5-2　Text2SQL任务的数据集

数据集名称	问题和SQL对	表格数量	涉及领域
追一NL2SQL	49 867	6210	多领域
阿里汽车与银行数据	16 228	2	多领域
恒生金融数据	4 966	1	单领域
蚂蚁基金数据	78 520	1	单领域
DuSQL	23 797	200	多领域
CHASE	17 940	280	多领域

（1）追一NL2SQL

2020年之前公开的Text2SQL数据集中有一份高质量的中文数据集，是由比赛主办方追一科技提供的。该数据集使用金融以及通用领域的表格数据作为数据源，提供在此基础上人工标注的自然语言和SQL语句的匹配对。该数据集共包含49 867条有标注的训练集数据，10 000条无标注数据作为测试集。该数据集主要由3个文件组成，以训练集为例，包括train.json、train.tables.json及train.db。数据样例如下：

```
{
  "table_id":"a1b2c5d4", # 相应表格的id
  "question":"世茂茂悦府新盘容积率大于1，请问它的套均面积是多少？", # 自然语言问句
  "sql":{ # 真实SQL
  "sel":[7], #SQL选择的列
  "agg":[9], # 选择的列相应的聚合函数，“日”代表无
  "cond_con_op":0, # 条件之间的关系
```

```
  "conds":[
    [1,2,"世茂茂悦府"],# 条件列，条件类型，条件值，coL_1="世茂茂悦府"
    [6,0,1]
  ]
}
```

其中，相关字段说明如下。

- table_id：表示查询表格对应的ID编号。
- question：表示真实用户查询问题。
- sql：表示SQL的组成形式。
- sel：表示查询目标在header字段中的序号。
- agg：表示聚合类型。
- cond_con_op：表示查询条件间的连接形式。
- conds：表示查询的限制条件情况，主要由3个元素组成，分别为查询属性序号、操作符和值。

SQL的表达字典说明如下：

```
{
    "op_sql_dict": {0: ">", 1: "<", 2: "=", 3: "!="},
    "agg_sql_dict": {0: "", 1: "AVG", 2: "MAX", 3: "MIN", 4: "COUNT", 5: "SUM"},
    "conn_sql_dict": {0: "", 1: "and", 2: "or"}
}
```

（2）阿里汽车与银行数据

该数据集是由阿里巴巴在SDCUP中所提供的，共包含16 228条有标注的训练集数据，1530条无标注数据作为测试集。模型训练所需基本字段与NL2SQL数据集基本相同。研究人员采用了一种模式依赖的预训练目标，将期望的归纳偏差引入表格预训练的学习表示中。这意味着研究人员通过在预训练阶段引入特定模式的信息，能够使模型更好地捕捉和理解表格数据的结构和关系。为了减轻噪声的影响，研究人员进一步引入了一种基于模式的课程学习方法，该方法以一种由易到难的方式有序地从预训练数据中学习。数据样例如下：

```
{
    "sql": {
        "agg": [5],
        "sel": [4],
        "cond_conn_op": 1,
        "conds": [...],
        "use_add_value": 0
    },
    "sql_id": "benz_1",
```

```
    "table_id": "benz",
    "question": "没安装倒车影像的GLC300的轴间距合计是多少",
    "wvi_corenlp": [
        [
            0,
            2
        ],
        ...
    ],
    "question_tok": [...],
    "bertindex_knowledge": [...],
    "header_knowledge": [...],
    "struct_question": [...],
    "struct_label": [...]
}
```

（3）恒生金融数据

该数据集由恒生电子股份有限公司提供，在 CCKS2022 金融 NL2SQL 评测中发布。比赛要求选手根据提供的训练集数据（3966 条）训练 NL2SQL 模型并对验证集（1000 条）中的问题进行 SQL 结构预测，采用准确率（Accuracy）评测模型性能。除标注数据外，还包括数据库基础信息（db_info.json）、数据库表（.sql 文件和 .sqlite 文件）、领域知识（fin_kb.json）等数据。

（4）蚂蚁基金数据

该数据集是对线上真实用户问法归纳总结后得到的，来源于支小宝金融领域多轮对话数据，特点如下：

1）强金融属性：比如基金经理、基金、行业、重仓等是多对多关系。

2）属性值和基金之间也是多对多关系。

3）每只基金有众多不同的维度。

4）具有一个或多个相同属性不能唯一确定某一只基金。

该数据集共包含 78 520 条有标注的训练集数据，28 137 条无标注数据作为测试集。该数据集由 waic_nl2sql_train.jsonl、waic_nl2sql_test.jsonl、fundTable.xlsx 三个文件组成，其关键字段与 NL2SQL 数据集相同，此处不再介绍。数据样例如下：

```
{
    "id": 134986928,
    "question": "泓德量化精选混合型证券投资基金的净值",
    "table_id": "FundTable",
    "sql": {
```

```
        "sel": [13],
        "agg": [0],
        "limit": 0,
        "orderby": [],
        "asc_desc": 0,
        "cond_conn_op": 0,
        "conds": [[1,4," 泓德量化精选混合型证券投资基金 "]
    },
    "keywords": {
        "sel_cols": [" 净值 "],
        "values": [" 泓德量化精选混合型证券投资基金 "]
    }
}
```

操作符和关键词字典如下：

```
{
    "op ": {0: ">", 1: "<", 2: "==", 3: "!=", 4: "like", 5: ">=", 6: "<="},
    "agg ": {0: "", 1: "AVG", 2: "MAX", 3: "MIN", 4: "COUNT", 5: "SUM"},
    "connect_op": {0: "", 1: "and", 2: "or"}
}
```

（5）DuSQL

DuSQL 是 2020 年语言与智能技术竞赛提供的大规模开放领域的复杂中文 Text-to-SQL 数据集，语法覆盖了 orderBy、groupBy、having、嵌套 SQL、join 等几乎所有 SQL 语法。数据样例如下：

```
{
    "db_id": " 运动员比赛记录 ",
    "question": " 没有比赛记录的篮球运动员有哪些，同时给出他们在球场上位于哪个位置 ",
    "question_id": "qid000001",
    "sql": {
      "except": null,
      "from": {
        "conds": [],
        "table_units": [["table_unit", 0]]
      },
      "groupBy": [],
      "having": [],
      "intersect": null,
      "limit": null,
      "orderBy": [],
```

```
        "select": [[0,[0,[0,2],null]],
          ...
        ],
        "union": null,
        "where": [[0,0,[0,[0,1],null],{...},null]]
    },
    "sql_query": "select 中文名, 场上位置 from 篮球运动员 where 词条 id not in ( select 球员 id from 比赛记录 )"
}
```

数据的基础格式与前文所提及的 Spider 基本一致，在该数据集构建的过程中，首先分析了用户在真实场景中使用 SQL 查询语句的分布，并考虑了其中大量的数据表中行 / 列运算的情况。接着在数据构造过程中，DuSQL 通过定义的 SQL 语法自动生成 SQL 查询语句和对应的伪语言问题描述，并通过众包方式将伪语言问题描述改写为自然语言问题。

（6）CHASE

CHASE 是 2021 年由微软亚洲研究院和北京航空航天大学、西安交通大学联合提出的首个大规模上下文依赖的 Text-to-SQL 中文数据集。

与之前的跨领域上下文依赖数据集相比，CHASE 增强了上下文依赖的特点并增加了对话过程中 SQL 的复杂程度。CHASE 可以分为两部分：CHASE-C 和 CHASE-T。在 CHASE-C 中，12 名学生作为标注者进行问题序列的建立以及相应 SQL 语句的标注，还提供了查询意图推荐方法来保证多样性。在 CHASE-T 中，类似于 CSpider，直接将 SParC 中的交互查询数据集翻译为中文数据集并减小中英文之间的偏差。相比以往的数据集，CHASE 大幅增加了 hard 类型的数据规模，减少了上下文独立样本的数据量，弥补了 Text2SQL 多轮交互任务中文数据集的空白。

5.2　主流方法

Text2SQL 虽然近年来才流行起来，但实际上它的研究历史还是比较长的。早在 20 世纪六七十年代，人们就提出了 NLIDB（Natural Language Interface to DataBase）概念并做了一些研究。受限于数据量和计算机的算力，当时主要的技术手段是模式匹配、语法树和语义语法等。

在深度学习技术蓬勃发展前，研究者所提出的方法严重依赖于人工设计规则。而近年来深度学习的发展为这一领域注入了新的活力。随着算法的研究深入，基于深度学习的 Text2SQL 方法不断刷新着记录。当前，基于大模型的方法也在 Text2SQL 任务上取得了重大效果，接下来，我们将对 Text2SQL 技术进行研究。

5.2.1　基于规则的方法

基于规则的方法通常是将自然语言问句解析成一个树结构的中间表达，不同的模型生成的树不一样。

NaLIR 是将输入的依存句法树转化成另一种分析树，通过一个简单的算法来移动任意初始句法树的子树，然后使用一系列节点插入规则，最终实现树结构的变换。

ATHENA 是构建一棵解释树（Interpretation Tree），其中节点对应概念或属性，边表示在本体库中概念或属性之间的关系。

SQLizer 是将经过预处理的自然语言问句转化成逻辑表达式。

5.2.2　基于深度学习的方法

基于深度学习的方法的基本架构都是编码器 - 解码器结构的。2019 年之前的工作，通常都是使用 RNN 作为编码器对自然语言问句进行编码。但是随着 Transformer 的特征提取能力逐渐被人们发掘，尤其是以 BERT 为代表的预训练语言模型技术被提出以后，使用预训练语言模型作为编码器逐渐成为主流。

按照生成 SQL 语句的方法，已有的深度学习模型可以分成以下 3 种。

- 文本生成式（sequence-to-sequence）：输入一个序列，输出一个序列，类似于机器翻译。
- 树形生成式（sequence-to-tree）：输入一个序列，输出一棵树。
- 槽位填充式（slot filling）：槽位填充就是把 SQL 语句看作一系列的槽，通过解码器对槽一个一个地进行填充。比如，我们预先设定一个 SQL 语句“SELECT * FROM * WHERE *”，其中“*”就是我们要填充的内容。

下面将详细介绍这 3 种方法。

（1）文本生成式

在当前深度学习研究背景下，Text-to-SQL 任务可被看作一个类似于神经机器翻译的序列到序列的生成任务，主要采用 Seq2Seq 模型框架。基线 Seq2Seq 模型加入注意力、复制等机制后，在单领域数据集上可以达到 80% 以上的准确率，但在多领域数据集上效果很差，准确率均低于 25%。首先，SQL 由数据库中的元素（如表名、列名、表格元素值）、问题中的词汇和 SQL 关键字三部分组成，所需要生成的内容较多，导致生成难度较大；其次，为了确保后续训练的模型与数据库之间相互独立，当前数据集在创建时，就需要训练集和测试集的数据与数据库相互独立且无交叉。然而，这也导致测试集中的大部分元素都属于模型在训练时未见过的内容，存在大量未登录词，从而使得后续结果的可靠性无法得到保证。

Seq2SQL（2017）的编码器沿用了 BiLSTM（双向长短时记忆）网络，而在解码器中使用了指针网络（Pointer Network），从而很好地解决了这一问题，其输出所用到的词表是随输入而变化的。具体做法是利用注意力机制直接从输入序列中选取单词作为输出，将问题中词汇、SQL 关键词、对应数据库的所有元素作为输入序列，利用指针网络从输入序列中复制单词作为最终生成 SQL 的组成元素。其模型结构如图 5-1 所示。

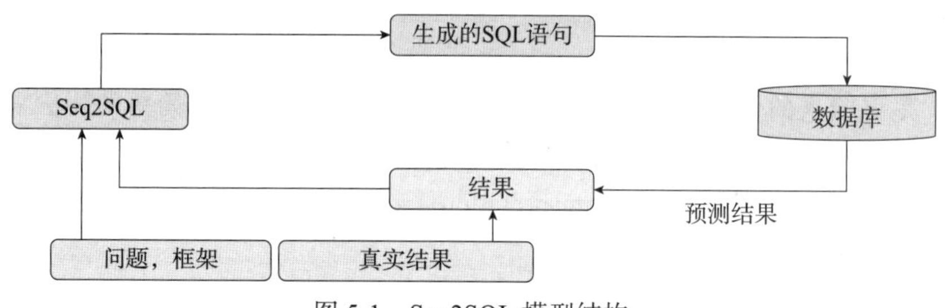

图 5-1　Seq2SQL 模型结构

（2）树形生成式

抽象语法树是源代码语法结构的一种抽象表示。它以树状的结构表示编程语言的语法结构，树上的每个节点都表示源代码中的一种结构。

这种方法将 SQL 结构视作一棵抽象语法树（AST），树中的各个节点是 SQL 的关键字（SELECT、WHERE、COUNT、AND 等）或者 table 和 column 的候选值。生成 SQL 的过程相当于从树的 root 节点对语法树做一次 DST 操作。

以开始节点 SELECT 为例。SELECT 节点往下可能包含 3 个叶子节点：Column、AGG、Distinct，分别代表“选取某一列”“在列前增加聚合操作”“对列进行去重操作”。从 SELECT 节点向下搜索相当于是一个 3 分类任务，根据真实路径和搜索路径依次计算各个节点的交叉熵并求和，作为总损失。利用抽象语法树的思想，可以避免设计各种各样的子网络，对于涉及跨表查询、嵌套查询的复杂数据集有很好的效果。Spider 排行榜排名靠前的 RAT-SQL、IRNet 等模型都借鉴了该思想。图 5-2 为 RAT-SQL 在其树解码器中选择列的过程。

（3）槽位填充式

槽位填充方法也可以称为基于模板插值的方法，是 SQL 生成问题的一种简化形式，仅生成模板中空缺位置所需要的值。同一种 SQL 语句可能有多种等价的表示形式，例如查询条件中约束的顺序改变往往不影响 SQL 语句的语义和执行结果。

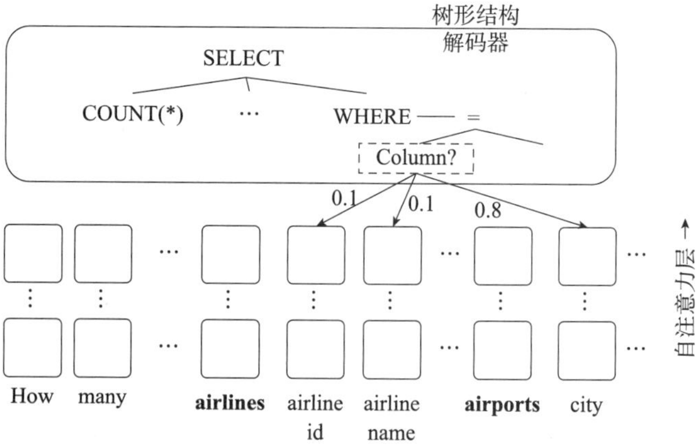

图 5-2　RAT-SQL 模型架构

这种方法最早在 SQLNet（2017）中提出，用于解决 WikiSQL 数据集中因为 SQL 语句等价形式所引起的顺序问题。SQLNet 引入了序列到集合的结构，用于预测无序的约束集，而不是有序的序列。TypeSQL

（2018）中也使用了模板插值，并且在解码过程中将需要插值的内容总结为 3 个类别并使用 3 个模型来进行训练，以此针对不同类型的插值进行建模。下面介绍在此类工作中常见的一种模式——“共享编码器 + 多任务解码”。

对于简单类型的 Text2SQL 数据集，例如 NL2SQL 等，“共享编码器 + 多任务解码器”是一种比较有效、可控的神经网络方法。其中，共享编码器部分一般是使用词向量或语言模型对 query、table 和 column 进行联合编码，例如将输入序列拼接为“[CLS] query [SEP] column1 [SEP] column2 [SEP] .... [SEP]”这样的长序列。多任务解码器部分根据 SQL 语言的组成特点设计不同的子网络来分别解码。

M-SQL 是一个经典的案例，它将 SQL 序列拆分为 8 个子片段，在解码器中设计了 8 个神经网络分别解码对应片段的输出，最后通过简单的规则拼接为完整的 SQL。其模型结构如图 5-3 所示。

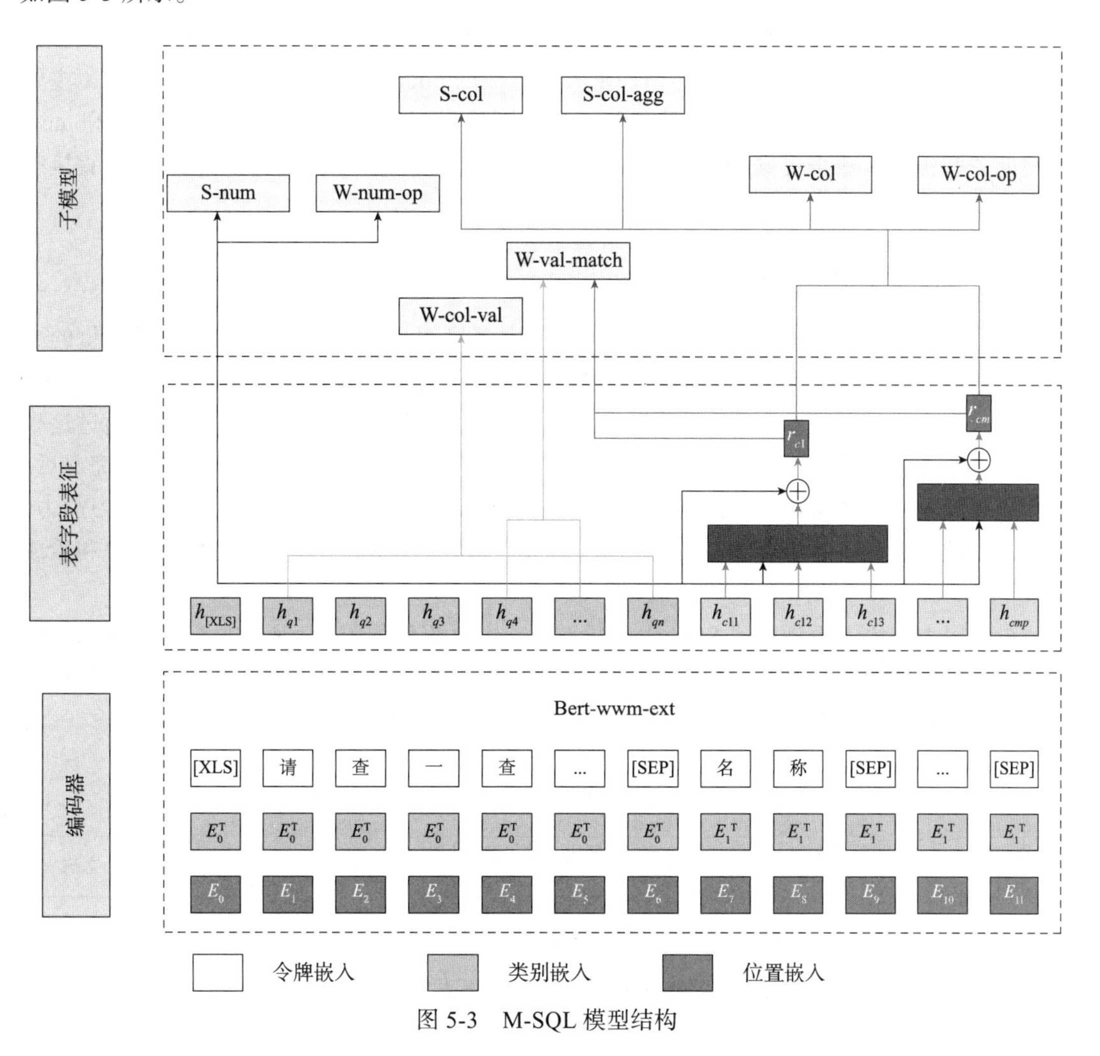

图 5-3　M-SQL 模型结构

多任务架构的优点在于，可以针对不同片段设计有效的损失函数，在训练过程中各个子任务的准确率可以实时监控。再结合一些人工规则，能够生成高质量的SQL，便于在实际中落地。在IEEE上发表的M-SQL各个子任务的准确率都超过了90%，总体准确率超过92%。

5.2.3 基于预训练语言模型的方法

除了前两种较为成熟的方法，一种训练文本和表格联合编码的预训练语言模型的方法正在逐渐兴起。

将预训练语言模型应用于各种NLP下游任务已经是一种通用的方法，但以往的语言模型如BERT、ERNIE等一般是在通用的文本场景中使用MLM等任务训练得到的，与下游基于表格和文本的Text2SQL任务场景明显不一致。为了获得具有文本和表格联合编码能力的语言模型，耶鲁大学的Yu等人首先提出了一种适用于表格语义解析的语法增强预训练方法。其核心思想是先用语法规则得到一批人工合成的query-SQL语料，然后基于此（主要针对query、column）设计新的训练任务，最终训练得到的语言模型可以捕捉text和table之间的关联信息，获得更好的初始化表示。同时，这种训练方式得到的新模型可以直接替换已有Text2SQL模型中的BERT/Word2Vec编码器。

5.2.4 基于大型语言模型的方法

大型语言模型（如GPT-4、GLM等）目前大多采用Transformer架构，通过大量的文本数据训练得来，能够处理长距离的依赖关系，捕捉文本中的复杂模式。在训练过程中，大语言模型会试图预测给定文本序列中的下一个词，这种方式称为自回归模型。通过这种方式，模型逐渐学习到语言的语法规则、词汇关联和语境含义等信息。当模型训练完成后，它就能理解输入的文本，并以人类的方式生成响应。此外，这些模型具有强大的学习能力，可以不断地从新的文本数据中学习和适应，从而在处理各种语言任务时更好地理解和生成语言。

在使用大型语言模型完成SQL生成任务时，主要流程如图5-4所示，根据获取的表字段信息，配置用于生成SQL的提示语，然后调用大型语言模型获取问答结果，判别接口是否合格，若不合格，需要进一步调整提示语，若合格则可以部署上线。

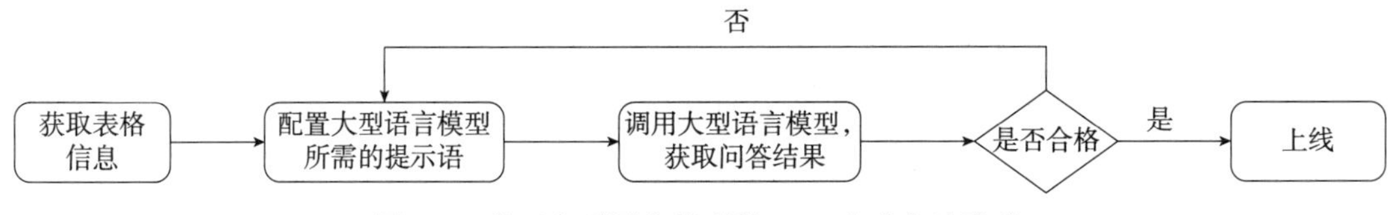

图5-4 基于大型语言模型的SQL生成方法流程

大型语言模型完成SQL生成任务时主要包括以下两个步骤。

步骤 1：确定表的阶段。模型会先对用户的需求进行语义理解，进一步理解需要查询或者操作的数据所在的表。这个过程可能涉及对用户提出的问题或请求进行深入理解，或者对某个特定业务流程进行理解。例如，如果用户要查询某个设备信息，模型需要理解“设备信息”这个概念对应的是哪个或哪些数据库表。

步骤 2：生成 SQL 语句的阶段。模型会根据第一步确定的表，构造出对应的 SQL 语句。这个过程需要模型理解并适应 SQL 语法的规则，同时需要根据具体的查询或操作需求来决定使用哪种类型的 SQL 语句。在这个阶段，模型还需要处理各种复杂的查询条件，如连接、分组、排序等。

1. ChatGPT

当前 ChatGPT 在 SQL 生成任务上已具备一定的效果，但从实际测试结果来看，直接使用可能还存在一定的局限性。我们可以使用 OpenAI 提供的相关接口来实现 SQL 生成任务，以下是我们在 ChatGPT 上测试的 SQL 生成效果。

（1）单表场景验证

首先针对单表场景进行验证，可以直接调用大型语言模型。例如，现有一张投资顾问表 mf_investadvisoroutline，包含 id、InvestAdvisorCode、InvestAdvisorName、InvestAdvisorAbbrName 等字段信息，输入问题“注册资金排行前 3 的基金管理人是哪些”，正确的 SQL 语句为“select investadvisorabbrname from mf_investadvisoroutline order by regcapital desc limit 3”。

调用 ChatGPT 接口的测试结果如图 5-5 所示。

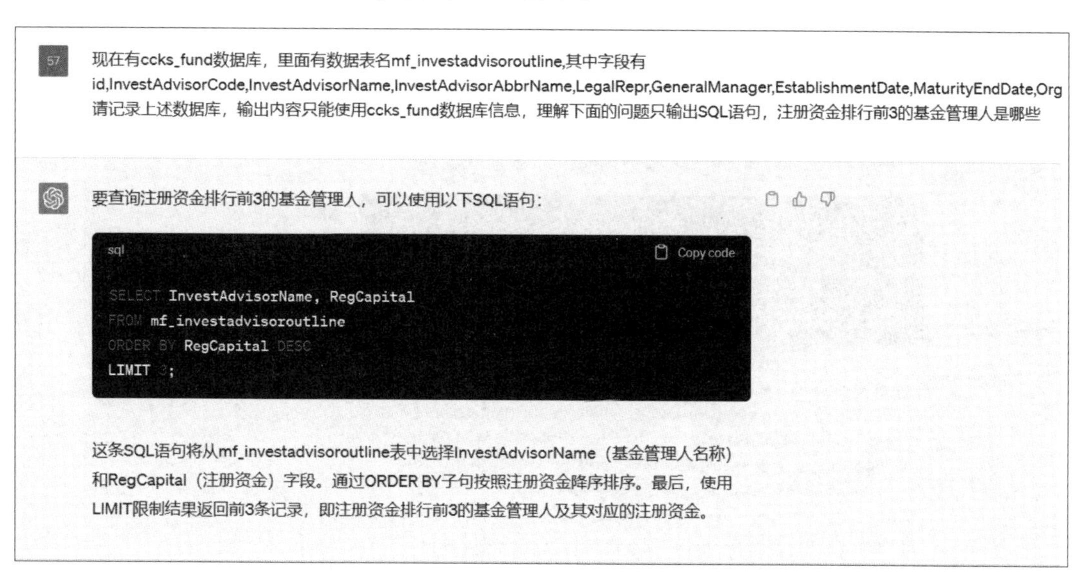

图 5-5　单表场景 ChatGPT 的 SQL 生成效果

从 ChatGPT 输出的结果来看，SELECT 语句处有误，但基本正确。

（2）多表场景验证

若针对 5 张表场景进行验证，例如现有企业信息表 lc_mainoperincome、研究人员表 lc_intassetsdetail 等 5 张表格，所需验证的问题为“显示基金经理最高学历为博士的总管理规模同类排名情况”，首先需要使用模型进行表格筛选，确定表格，然后调用 ChatGPT 模型，筛选结果如图 5-6 所示。

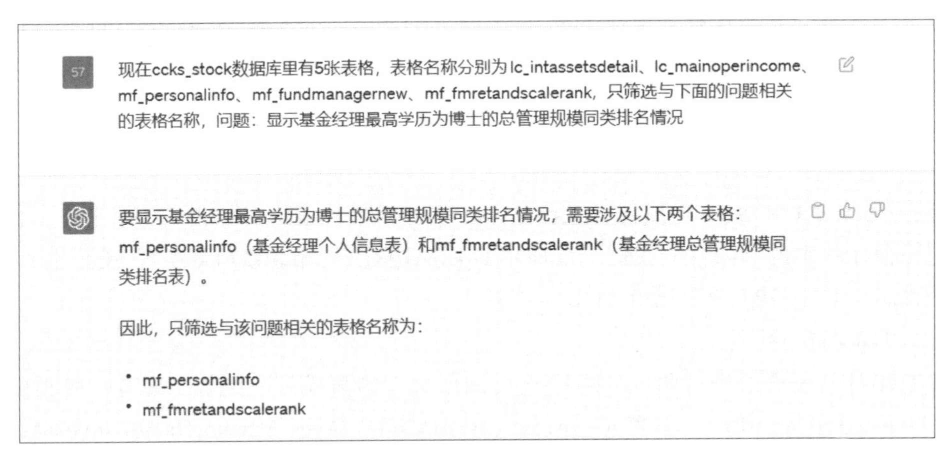

图 5-6　ChatGPT 表格筛选结果

ChatGPT 所筛选的表格正确，再根据预测的相关表名称结果调用接口生成 SQL 语句，生成效果如图 5-7 所示。

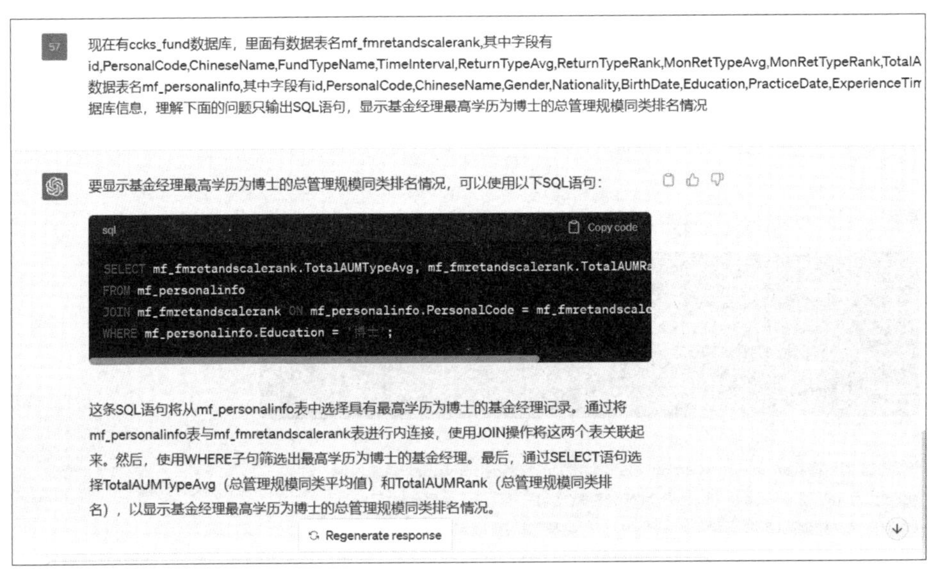

图 5-7　多表场景 ChatGPT 的 SQL 生成效果

从图 5-7 来看，ChatGPT 输出的结果不正确。

2. SQLCoder

SQLCoder 是由 DefogAI 团队推出的一款基于 StarCoder 微调的大型语言模型，专注于 SQL 优化。DefogAI 成立于 2023 年，是一家新兴创业企业，致力于通过大型语言模型这个平台，使用户能够使用自然语言对数据进行提问。SQLCoder 的参数规模为 150 亿，虽然仅为 GPT-3 的十分之一，但在 SQL 生成方面的表现优于 GPT-3，随后发布的 sqlcoder-34b 版本甚至超过了 GPT-4 的效果。对比结果如图 5-8 所示。

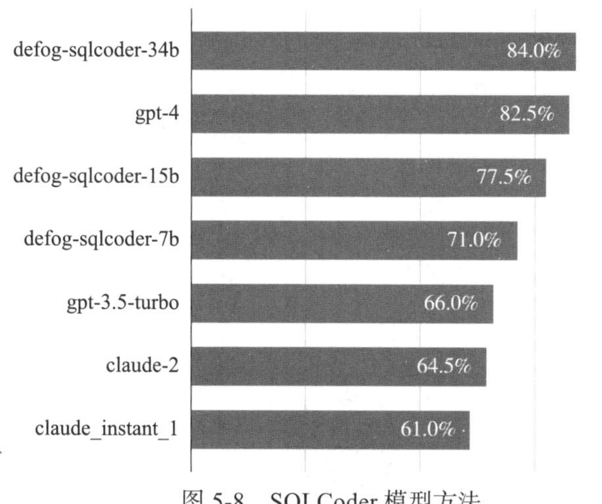

图 5-8　SQLCoder 模型方法

官方提供了一个演示地址——https://defog.ai/sqlcoder-demo/，可以测试 SQLCoder 的实际能力，只需要给出数据库的建表语句，并可用自然语言提问，样例如图 5-9 所示。

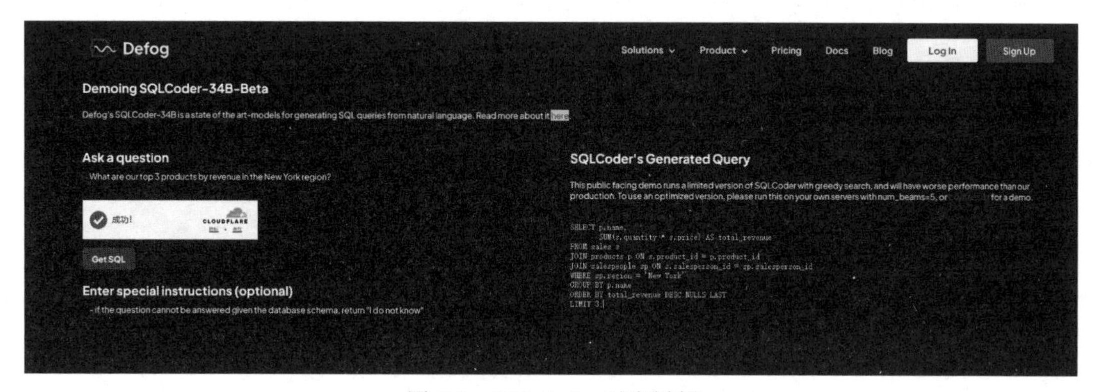

图 5-9　SQLCoder 对应样例

3. SQL-LangChain

企业数据通常被存储在 SQL 数据库中，而大型语言模型的出现使得通过自然语言与 SQL 数据库进行交互成为现实。

LangChain 为此提供了 SQL Chains 和 Agents，用于构建和运行 SQL 查询，通过自然语言提示进行操作。这些工具兼容 SQLAlchemy 支持的各种 SQL 方言，例如 MySQL、PostgreSQL、Oracle SQL、Databricks 和 SQLite。

LangChain 提供了与 SQL 数据库交互的工具，包括根据自然语言用户问题构建 SQL 查询、使用链进行查询的创建和执行，以及使用代理与 SQL 数据库进行灵活而强大的查询交互。这一系列工具的整合使 LangChain 成为一个强大而灵活的工具集，用户能够以直观的方式构建复杂的数据库查询，通过链实现多步骤的查询操作，并通过代理实现智能、定制化的数据库交互体验。LangChain 的特点在于简化了用户与 SQL 数据库之间的交互流程，提高了灵活性和便捷性，有助于满足企业在数据查询和分析方面的需求。

使用 LangChain 实现 Text2SQL 任务，整体框架如图 5-10 所示。

代码样例如下：

图 5-10　基于 LangChain 的 Text2SQL 框架

```
from langchain.prompts import PromptTemplate
TEMPLATE = """Given an input question, first create a syntactically correct {dialect}
query to run, then look at the results of the query and return the answer.
Use the following format:
Question: "Question here"
SQLQuery: "SQL Query to run"
SQLResult: "Result of the SQLQuery"
Answer: "Final answer here"
Only use the following tables:
{table_info}.
Some examples of SQL queries that correspond to questions are:
{few_shot_examples}
Question: {input}"""
CUSTOM_PROMPT = PromptTemplate(
    input_variables=["input", "few_shot_examples", "table_info", "dialect"],
    template=TEMPLATE,
)
```

关于 LangChain，我们将在后续章节中进行更为详细的介绍。

4. DB-GPT-Hub

DB-GPT-Hub 是一个实验项目，采用大型语言模型实现 Text-to-SQL 解析。该项目主要包括数据集收集、数据预处理、模型选择与构建以及微调权重等关键步骤。通过这一系列的处理，不仅能够提高 Text-to-SQL 的解析能力，也能够降低模型训练的成本，使更多开发者能够参与到提升 Text-to-SQL 准确度的工作中。

DB-GPT-Hub 的目标是实现基于数据库的自动问答能力，使用户能够通过自然语言描述完成复杂数据库的查询操作等任务。

5.3 Text2SQL 任务实战

我们将仿照 SQLCoder 的方式，使用面向代码生成应用的大型语言模型进行微调，以实现 SQL 生成任务，选取的代码生成底座为 DeepSeek Coder。

DeepSeek Coder 涵盖了一系列从头开始训练的代码语言模型，这些模型分别在英语和中文中以 87% 的代码和 13% 的自然语言进行训练。每个模型都在涉及 80 多种编程语言的 2 万亿个 Token 数据上进行预训练，提供了多个不同大小的代码模型，从 10 亿到 330 亿版本不等。这些模型首先在存储库级别的代码语料库上进行预训练，使用 1.6 万个 Token 的窗口大小和额外的代码填充任务，形成基础模型（DeepSeek-Coder-Base）。随后，通过使用 20 亿个 Token 的指令数据对基础模型进行微调，得到了经过指令调整的模型，即 DeepSeek-Coder-Instruct。此外，DeepSeek Coder 是开源的，可供研究和商业用途免费使用，为广大开发者和研究人员提供了强大的代码语言模型资源。

5.3.1 项目介绍

本项目是基于 DeepSeek Coder 完成 SQL 生成的微调任务。利用 DeepSeek Coder 模型从开源数据中进行数据构造，并进行模型微调。代码见 GitHub 中的 SQLGenProj 项目，项目主要结构如下。

- data：存放数据及数据处理的文件夹。
  - dev.jsonl：验证集数据。
  - train.jsonl：训练数据。
  - dusql_process.py：用于针对开源数据进行数据处理，生成训练集及验证集数据。
- finetune：模型训练的文件夹。
  - train_deepseek.py：使用 DeepSeek Coder 模型训练的函数。
- predict：推理所需的代码文件夹。

■ predict.py：利用已训练的模型进行生成的方法。

本项目从数据预处理、模型微调和模型预测几个部分入手，带领大家一起完成 SQL 生成的微调任务。

5.3.2 数据预处理

以前文介绍的 DuSQL 数据为例，进行基于 DeepSeek Coder 的 SQL 生成模型训练。首先需要对 DuSQL 数据进行转换，构建 SQL 建表语句，作为大型语言模型输入的关键信息。原始 DuSQL 的数据库信息样例如下：

```
{
    "column_names": [
        [
            -1,
            "*"
        ],
        [
            0,
            "年份"
        ],
        [
            0,
            "铁路营业里程"
        ],
        ...
    ],
    "column_types": [
        "text",
        "time",
        "number",
        ...
    ],
    "db_id": "交通运输",
    "foreign_keys": [],
    "primary_keys": [],
    "table_names": [
        "铁路运输旅客",
        "铁路运输货物",
        ...
    ]
}
```

其中，column_names 为表格中的表字段信息，column_types 为表字段的数据类型，db_id 为数据库名称，foreign_keys 为外键，primary_keys 为主键，table_names 为表格名称。

数据处理代码见 dusql_process.py 文件，具体流程如下。

步骤 1：获取开源 DuSQL 数据。

步骤 2：遍历获取 DuSQL 数据，获取 db_id 等字段，构建建表语句相关的 Schema 内容。

步骤 3：遍历获取 DuSQL 数据，获取用户问题及相应的 SQL 语句，构建训练集、验证集并保存。

对于上述 Schema，可以参考以下代码样例进行数据规范化：

```
def trans_schema(self):
      db_schema = self.load_data(os.path.join(self.home_path, "db_schema.json"))
      new_schema = []
      for one_db in tqdm(db_schema):
              db_id = one_db['db_id']
              table_info = {}
              column_en = {}
              table_en = {}
              for i, column_info in enumerate(tqdm(one_db['column_names'][1:])):
                  table_id, column_name = column_info
                  column_name_en = self.translation_service(column_name)
                  column_en[column_name] = column_name_en
                  column_type = one_db['column_types'][i]
                  table_name = one_db['table_names'][table_id]
                  table_name_en = self.translation_service(table_name)
                  table_en[table_name] = table_name_en
                  if table_name in table_info:
                       table_info[table_name].append([column_name, column_type])
                  else:
                       table_info[table_name] = [[column_name, column_type]]
              foreign_keys = one_db["foreign_keys"]
              joined_info = []
              for keys in foreign_keys:
                  a, b = one_db['column_names'][keys[0]], one_db['column_names']
[keys[1]]
                  table_name_a, column_name_a = one_db['table_names'][a[0]], a[1]
                  table_name_b, column_name_b = one_db['table_names'][b[0]], b[1]
                  joined_info.append(([table_name_a, column_name_a], [table_name_b,
column_name_b]))
              schema_info = {"db_id": db_id, "table_info": table_info, "joined_
```

```
info": joined_info,
                              "column_en": column_en, "table_en": table_en}
              new_schema.append(schema_info)
      return new_schema
```

经过上述转换后，要得到各数据库对应的建表语句，可以使用如下代码：

```
def get_sqlite(self):
    result = {}
    with open(os.path.join(self.home_path, "new_schema.jsonl"), "r", encoding=
"utf-8") as f:
         for line in f:
              whole_sql_info = []
              sample = json.loads(line)
              db_id = sample["db_id"]
              columns_en = sample['column_en']
              table_en = sample['table_en']
              joined_info = sample['joined_info']
              for table_name, columns in sample["table_info"].items():
                   is_first = True
                   # table_name_en = table_en[table_name]
                   table_info = f"CREATE TABLE {table_name} "
                   column_info = []
                   for column in columns:
                        column_name_zh, column_type = column
                        column_name_en = columns_en[column_name_zh]
                        column_name_en = column_name_en.split("_")
                        column_sql_type = self.get_column_types(column_type)
                        " product_id INTEGER PRIMARY KEY, -- Unique ID for each
product"
                        if is_first:
                             column_info.append(f"{column_name_zh}
{column_sql_type} PRIMARY KEY, -- {column_name_en}")
                             is_first = False
                        else:
                             column_info.append(f"{column_name_zh}
 {column_sql_type}, -- {column_name_en}")
                   one_table_info = table_info + "(\n" + "\n".join(column_info) + "\n);"
                   whole_sql_info.append(one_table_info)
              joined_part = []
              for one_join in joined_info:
                   a, b = one_join
```

```
                table_name_zh_a, column_name_zh_a = a[0], a[1]
                table_name_zh_b, column_name_zh_b = b[0], b[1]
                one_join_info = f"-- {table_name_zh_a}.{column_name_zh_a} can
be joined with {table_name_zh_b}.{table_name_zh_b}"
                joined_part.append(one_join_info)
            whole_sql_info.append("\n".join(joined_part))
            result[db_id] = {"sqlite": "\n".join(whole_sql_info)}
    return result
```

参考上述代码，我们可以得到如下建表语句：

```
CREATE TABLE 水果 (
  词条 id VARCHAR(50) PRIMARY KEY, -- Phrasing id
  名称 INTEGER, -- Name
  特性 VARCHAR(50), -- Features
  适合季节 VARCHAR(50), -- It's fit for the season
  每 100 克热量 VARCHAR(50), -- Every 100 grams of heat
  每 100 克水分 INTEGER, -- Every 100 grams
);
CREATE TABLE 省份 (
  词条 id INTEGER PRIMARY KEY, -- Phrasing id
  名称 INTEGER, -- Name
  气候 VARCHAR(50), -- Climate
  所属区域 VARCHAR(50), -- is the area to which it belongs
);
CREATE TABLE 水果产地 (
  水果 id VARCHAR(50) PRIMARY KEY, -- Fruit id
  省份 id INTEGER, -- Province id
  是否特产 INTEGER, -- Is it special?
  年平均产量 BINARY, -- Average annual production
  销售形式 INTEGER, -- Forms of sale
);
CREATE TABLE 水果销售城市 (
  水果 id VARCHAR(50) PRIMARY KEY, -- Fruit id
  原产省份 id INTEGER, -- Department of origin id
  销往省份 id INTEGER, -- It's sold to the province of id
  年销售量 INTEGER, -- Annual sales
);
-- 水果产地 . 水果 id can be joined with 水果 . 水果
-- 水果销售城市 . 原产省份 id can be joined with 省份 . 省份
```

```
-- 水果销售城市 . 销往省份 id can be joined with 省份 . 省份
-- 水果产地 . 省份 id can be joined with 省份 . 省份
-- 水果销售城市 . 水果 id can be joined with 水果 . 水果
```

结合上述建表语句，对 DuSQL 训练数据进行转换，得到模型训练所需的数据，转换代码如下：

```
    def make_llm_data(self, file_name, save_name, sqlite_info_name="sqlite_info_
zh.json"):
        llm_data = []
        with open(os.path.join(self.home_path, sqlite_info_name), 'r', encoding=
"utf-8") as f:
            sqlite_info = json.load(f)
        with open(os.path.join(self.home_path, file_name), 'r', encoding="utf-8")
as f:
            samples = json.load(f)
            for sample in tqdm(samples):
                db_id = sample['db_id']
                question = sample['question']
                sql_query_zh = sample["sql_query"]
                sqlite_query = sqlite_info[db_id]["sqlite"]
                prompt = f"""### Instructions:
    Your task is convert a question into a SQL query, given a Postgres database
schema.
    Adhere to these rules:
    - **Deliberately go through the question and database schema word by word** to
appropriately answer the question
    - **Use Table Aliases** to prevent ambiguity. For example, `SELECT table1.
col1, table2.col1 FROM table1 JOIN table2 ON table1.id = table2.id`.
    - When creating a ratio, always cast the numerator as float

    ### Input:
    Generate a SQL query that answers the question `{question}`.
    This query will run on a database whose schema is represented in this string:
    {sqlite_query}

    ### Response:
    Based on your instructions, here is the SQL query I have generated to answer
the question `{question}`:
    ```sql
    """
```
```

```
                # prompt = instruction.format(table_info=sqlite_info, input=
question)
                output = sql_query_zh
                llm_data.append({"input": prompt,
                                 "output": output})
```

最终得到如下大型语言模型训练所需的数据，相关样例如下：

```
{
    "input": "### Instructions:\nYour task is convert a question into a SQL query, given a Postgres database schema.\nAdhere to these rules:\n- **Deliberately go through the question and database schema word by word** to appropriately answer the question\n- **Use Table Aliases** to prevent ambiguity. For example, `SELECT table1.col1, table2.col1 FROM table1 JOIN table2 ON table1.id = table2.id`.\n- When creating a ratio, always cast the numerator as float\n\n### Input:\nGenerate a SQL query that answers the question `没有比赛记录的篮球运动员有哪些，同时给出他们在球场上位于哪个位置`.\nThis query will run on a database whose schema is represented in this string:\nCREATE TABLE 篮球运动员 (\n  词条 id VARCHAR(50) PRIMARY KEY, -- Phrasing id\n  中文名 INTEGER, -- Chinese name\n  场上位置 VARCHAR(50), -- Field position\n  球队 VARCHAR(50), -- Team\n  年龄 VARCHAR(50), -- Age\n);\nCREATE TABLE 比赛记录 (\n  赛季 INTEGER PRIMARY KEY, -- The season\n  球队 INTEGER, -- Team\n  赛事类型 VARCHAR(50), -- Race type\n  球员 id VARCHAR(50), -- Player id\n  出场次数 INTEGER, -- Number of appearances\n  首发次数 INTEGER, -- Number of initial issuances\n  投篮 INTEGER, -- Shoot\n  罚球 INTEGER, -- Strike\n  三分球 INTEGER, -- Three-point ball\n  总篮板 INTEGER, -- Total basket\n  抢断 INTEGER, -- Grab it off\n  助攻 INTEGER, -- Accompaniment\n  防守 INTEGER, -- Defense\n  犯规 INTEGER, -- Foul\n  得分 INTEGER, -- Score\n);\nCREATE TABLE 生涯之最 (\n  球员 id INTEGER PRIMARY KEY, -- Player id\n  单场得分 INTEGER, -- Single score\n  篮板球次数 INTEGER, -- Basketball times\n  抢断次数 INTEGER, -- Number of breakouts\n  助攻次数 INTEGER, -- Number of attacks\n  盖帽次数 INTEGER, -- Number of caps\n  比赛时间 INTEGER, -- Game time\n  比赛对手 DATETIME, -- Fighters\n);\n-- 比赛记录.球员 id can be joined with 篮球运动员.篮球运动员\n-- 生涯之最.球员 id can be joined with 篮球运动员.篮球运动员\n\n### Response:\nBased on your instructions, here is the SQL query I have generated to answer the question `没有比赛记录的篮球运动员有哪些，同时给出他们在球场上位于哪个位置`:\n```sql\n",
    "output": "select 中文名 , 场上位置 from 篮球运动员 where 词条 id not in ( select 球员 id from 比赛记录 )"
}
```

5.3.3 模型微调

针对 DeepSeek Coder 模型微调，采用 finetune 文件夹中的 train_deepseek.py 进行模型训练，主要包含模型训练参数设置函数和模型训练函数，涉及以下步骤。

步骤 1：设置模型训练参数。

步骤 2：实例化分词器和 DeepSeek Coder 模型。

步骤 3：加载模型训练所需要的训练数据和测试数据。

步骤 4：加载模型训练所需的 trainer。

步骤 5：进行训练，并按需保存模型和分词器。

相关代码如下：

```
def train(global_args):
    hf_parser = HfArgumentParser(TrainingArguments)
    hf_train_args, = hf_parser.parse_json_file(json_file=global_args.train_args_
json)

    set_seed(global_args.seed)
    # hf_train_args.seed = global_args.seed
    model_max_length= global_args.max_input_length + global_args.max_output_length

    print("global_args.model_name_or_path", global_args.model_name_or_path)

    tokenizer=AutoTokenizer.from_pretrained(global_args.model_name_or_path, trust_
remote_code=True)

    lora_module_name = ["q_proj", "v_proj"]
    config = LoraConfig(r=global_args.lora_dim,
                        lora_alpha=global_args.lora_alpha,
                        target_modules=lora_module_name,
                        lora_dropout=global_args.lora_dropout,
                        bias="none",
                        task_type=TaskType.CAUSAL_LM,
                        inference_mode=False,
                        )

    model = AutoModelForCausalLM.from_pretrained(args.model_name_or_path).half().
cuda()
    print(model)
    model = get_peft_model(model, config)
    resume_from_checkpoint = global_args.resume_from_checkpoint
    if resume_from_checkpoint is not None:
        checkpoint_name = os.path.join(resume_from_checkpoint, 'pytorch_model.
bin')
        if not os.path.exists(checkpoint_name):
            checkpoint_name = os.path.join(
```

```
                resume_from_checkpoint, 'adapter_model.bin'
            )
            resume_from_checkpoint = False
        if os.path.exists(checkpoint_name):
            logger.info(f'Restarting from {checkpoint_name}')
            adapters_weights = torch.load(checkpoint_name)
            set_peft_model_state_dict(model, adapters_weights)
        else:
            logger.info(f'Checkpoint {checkpoint_name} not found')

    model.print_trainable_parameters()

    # data
    train_dataset = get_datset(global_args.train_data_path, tokenizer, global_
args)
    eval_dataset = None
    if global_args.eval_data_path:
        eval_dataset = get_datset(global_args.eval_data_path, tokenizer, global_
args)

    data_collator = DataCollatorForLLM(pad_token_id=tokenizer.pad_token_id,
                                       max_length=model_max_length)

    # train
    trainer = LoRATrainer(
        model=model,
        args=hf_train_args,
        train_dataset=train_dataset,
        eval_dataset=eval_dataset,
        data_collator=data_collator
    )

    trainer.train(resume_from_checkpoint=resume_from_checkpoint)
    trainer.model.save_pretrained(hf_train_args.output_dir)
```

5.3.4　模型预测

针对已微调后的 DeepSeek Coder 模型，可以使用相应的模型加载方法，针对问题和参考段落进行答案生成。

步骤 1：加载模型与分词器。

步骤 2：获取用户问题及建表语句。

步骤 3：生成相应结果并返回。

相关代码如下：

```
class Service:
    def __int__(self, model_path):
        self.tokenizer = AutoTokenizer.from_pretrained(model_path, trust_remote_
code=True)
        self.model = AutoModelForCausalLM.from_pretrained(model_path, trust_re-
mote_code=True, torch_dtype=torch.bfloat16).cuda()

    def predict(self, sql_info, query):
        """
         sql_info: 建表语句
         query: 用户问题
        """
        messages = [
            {'role': 'user', 'content': f"{sql_info}\n{query}"}
        ]
        inputs = self.tokenizer.apply_chat_template(messages, add_generation_
prompt=True, return_tensors="pt").to(model.device)
        outputs = self.model.generate(inputs, max_new_tokens=512, do_sample=False,
top_k=50, top_p=0.95, num_return_sequences=1,
                                      eos_token_id=tokenizer.eos_token_id)
        result = self.tokenizer.decode(outputs[0][len(inputs[0]):], skip_special_
tokens=True)
        return result
```

5.4　本章小结

本章系统地介绍了大型语言模型在 SQL 任务中的实战应用。首先，通过公开数据集的介绍，为读者提供了可靠的评估基准。然后，对主流方法进行了概述，涵盖了从自然语言理解到 SQL 查询生成的多种方法。最后，通过 Text2SQL 任务的实际案例，以 DeepSeek Coder 为基座进行模型微调。

CHAPTER 6

第6章 大型语言模型的角色扮演应用

随着人工智能技术的飞速发展，大型语言模型已经显现出其惊人的潜力，为处理一些复杂的智能任务（如角色扮演）奠定了坚实的基础。本章首先详细介绍角色扮演的应用领域、大型语言模型如何进行角色扮演及数据构造和评估方法，然后利用GPT-3.5和Baichuan2模型进行有效的角色扮演，最后还探讨了如何通过模型微调技术，进一步提升大型语言模型角色扮演的效果，帮助读者全面理解角色扮演的任务本质，并指导如何在实际场景中有效落地。

6.1 角色扮演

角色扮演应用主要利用大型语言模型来模拟不同属性和风格的人物和角色，如游戏人物、动漫角色、网络小说的主角、电影人物、电视人物、历史名人等，旨在为用户带来更精细、更沉浸的交互体验。为了确保用户获得最佳的体验，角色扮演应用不仅需模拟角色基本的对话流程，还要求大型语言模型深入理解角色的性格、故事背景、情感状态和行为模式，从而塑造出更为智能和生动的AI角色。

角色扮演可以应用在教育、游戏、心理咨询、创作、培训等多个领域中。在教育领域，角色扮演应用可以用来模拟各种学习场景，让学生与场景中不同角色之间进行交流与互动，从而更好地理解和掌握课程的知识内容，也可以提高学习的趣味性。在游戏领域，角色扮演应用可以成为游戏中的NPC（Non-Player Character，非玩家角色），让游戏变得更智能，在与玩家角色进行交互过程中，提高玩家的沉浸感，让其享受游戏中的故事情节。在心理咨询领域，角色扮演应用可以扮演一名心理医生，帮助用户探索和解决个人问题，也可以通过模拟特定社交场景来帮助用户解决社交问题。在创作领域，角色扮演应用可以成为作家、艺术家等创作人的灵感来源，在与不同角色交流的过程中，延伸更多的故事情节，帮助找到创作灵感。在培训领域，角色扮演应用可以用于模拟工作场景，例如模拟不同类型客户的状态，员工在与其交流过程中，学习如何更好地处理各种情况，提高员工的工作效率、服务质量和应对能力等。总之，随着大型语言模型的技术发展，可以预见到角色扮演将会有更加广泛和深入的应用。大型语言模型也不再是一个冷冰冰的机器，而是具有“人情味”的智能交互助手。

目前，许多企业已经推出了基于大型语言模型的角色扮演产品，例如国外的 character.ai（见图 6-1）和国内的百川角色大模型（见图 6-2），这些产品的出现标志着这一领域的快速发展和广泛的应用前景。

图 6-1　character.ai 产品示意图

图 6-2　百川角色大模型产品示意图

6.1.1 大型语言模型如何进行角色扮演

大型语言模型通常经过海量数据进行预训练，掌握了众多知识内容，经过指令微调和强化学习后，获得了理解并执行人类指令的能力。因此，通过设置系统指令、少样本（上下文）学习等方法可以在不对大型语言模型进行训练的情况下，激发出大型语言模型的角色扮演能力。

在设置系统指令时，需要明确指导模型理解其所扮演的角色，告知模型这些角色具有哪些特点，通常涉及身份、兴趣、观点、经历、成就、社交关系、语言特征、情感表达及互动模式等，样例如表 6-1 所示。

表 6-1　大型语言模型角色扮演系统提示样例

系统指令： 你是{角色名字}，你的特征描述是：{角色描述}。现在请你回答我的一些问题，以准确展现你的人格特征！你的说话风格要全面模仿被赋予的人格角色！请不要暴露你是人工智能模型或者语言模型，你要时刻记住你只扮演一种人格角色。说话不要啰嗦，也不要太过于正式或礼貌。 注意：只能像{角色名字}一样回答。你必须知道所有关于{角色名字}的知识。 用户输入： {问题}

为了增强大型语言模型角色扮演能力，可以通过上下文学习或少样本方式来增加模型效果，主要是在原始提示内容中增加一些演示示例，将新的知识有效地融入大型语言模型中，使得输入模型的提示内容更加流畅或更具有逻辑性，以便模型发挥更好的效果，样例如表 6-2 所示。但不同的演示示例的选择可能很大程度上会影响模型的推理效果，可以根据角色选择固定对话内容作为演示示例，也可以借助检索系统对用户问题从对话语料库中匹配相似对话内容作为演示示例。

表 6-2　大型语言模型角色扮演上下文学习样例

系统指令： 你是{角色名字}，你的特征描述是：{角色描述}。现在请你回答我的一些问题，以准确展现你的人格特征！你的说话风格要全面模仿被赋予的人格角色！请不要暴露你是人工智能模型或者语言模型，你要时刻记住你只扮演一种人格角色。说话不要啰嗦，也不要太过于正式或礼貌。 注意：只能像{角色名字}一样回答。你必须知道所有关于{角色名字}的知识。 用户输入： {演示 1- 问题}

```
系统回复：
{ 演示 1- 回答 }
用户输入：
{ 演示 2- 问题 }
系统回复：
{ 演示 2- 回答 }
……
用户输入：
{ 演示 n- 问题 }
系统回复：
{ 演示 n- 回答 }
用户输入：
{ 问题 }
```

然而，尽管通过系统指令或上下文学习可以使大型语言模型进行角色扮演，但由于绝大多数开源模型缺乏针对角色扮演的定制优化，因此角色扮演效果并不理想。一些闭源模型（如 GPT-4）虽然展现出了出色的角色扮演能力，但也面临着 API 调用成本高、上下文窗口限制、无法微调等诸多问题，限制了角色扮演的优化与发展。此外，当前大型语言模型在角色扮演的颗粒度方面还有待提高，往往在扮演如作家、程序员、工程师等较为宽泛的职业角色时表现较好，但在处理更复杂、细粒度的具体角色（如孙悟空、福尔摩斯、甄嬛）时，表现往往不尽如人意，无法进行细致的互动。

因此，研究者针对固定角色，通常先收集、整理、标注角色对话数据（包括角色的个人资料、经验和情感状态），再为不同角色设计更精细的启动提示，最后对开源模型进行微调，让其具有扮演某一或某几个角色的能力，从而更好地模拟人类在持续交互中的记忆和情感变化。

目前对大型语言模型角色扮演的要求也有所不同，一部分人认为模型在扮演某一角色时，仅应回复角色知识范围内的知识，否则就是大型语言模型存在幻觉；另一部分人认为如果知识超出角色认知范围，则应按照角色的语气和说话风格来继续回答，大型语言模型在扮演过程中，应回复更加广泛的知识。这两种看法都没有错，主要还要看具体的应用场景，以及呈现的产品形态。

6.1.2　角色扮演数据的构造方法

目前角色扮演数据的获取与构造主要有3种方法：从文学作品的提取、通过人工角色扮演的精细标注，以及利用先进的大型语言模型进行数据合成。这些方法各具特色，为构建丰富、多维的角色对话数据提供了不同的途径。

文学作品是一个宝贵的资源库，蕴含了丰富的角色对话和详细的人物描述，我们可以从影视剧、剧本、小说等多种形式的作品中挖掘角色扮演数据。但这种提取过程往往产生的数据较为原始，通常需要进一步的加工和细化才能有效地应用于模型的微调。

人工角色扮演标注是一种更为直接的方法，让一个人直接扮演角色，另一个人扮演用户，在不同主题内容下通过模拟对话来生成数据。但这种方法的主要挑战在于其较高的人力成本和对扮演者角色理解深度的要求。如果扮演者对角色的理解不够深入，生成的数据可能会受到个人解读和表现风格的影响，进而影响数据质量。

大型语言模型合成是利用GPT-4等具有出色角色扮演能力的模型，通过对角色的描述和对话样例进行数据合成的一种高效且成本较低的角色扮演数据生成方法。这种方法能够迅速生成大量对话数据，特别适合需要大规模数据集的应用场景。但也对语言模型的能力提出了较高的要求，需要模型能够准确理解和反映角色的背景知识和人物特性。

通过大型语言模型进行角色对话数据的合成主要可以通过以下方法：

- 让大型语言模型在开源指令数据集上，对通用问题生成模仿某个角色特点的回复答案。
- 利用角色描述、口头禅等角色特点的文本，对剧本中提取出的角色对话数据进行提炼，生成对应的问题、答案、参考依据、置信度等，构成角色对话数据。
- 根据维基资料，让大型语言模型提取出一些角色相关的重要场景（涉及地点、背景、人物等信息），再利用大型语言模型进行经历补全，生成目标任务的内心思考和与其他人物的对话数据。
- 收集一定量角色的台词数据作为台词库，将目标角色发言前的内容作为问题，让大型语言模型继续完成对话，但在系统提示词中会提供角色相关背景信息，并从台词库中检索对应的台词内容提供参考，防止大型语言模型生成对话不符合角色原始风格。

6.1.3　大型语言模型角色扮演的能力评估

角色扮演对话是一项复杂的任务，它不仅要求精准模仿角色的行为和言辞，还需要保持角色的知识体系和展现出色的多轮对话技能。一般评估模型的角色扮演能力需要从记忆能力、价值观、人格特征、幻觉、稳定性等多个方面展开。与常规的大型语言模型评价方法相同（详见第1.4.2节），评估大型语言模型的角色扮演能力同样可以通过解题或人工评价等方式进行。

RoleEval 榜单[1]是通过做题形式来评估大型语言模型在角色扮演方面的能力的。该榜单包含 6000 道中英文并行的选择题，覆盖了包括名人、动画、漫画、电影、电视剧、游戏和小说等领域的 300 个有影响力的人物和虚构角色。对每个角色设定了 20 个问题，包括 17 个关于基础知识的问题和 3 个需要多步骤推理的问题。这些问题触及角色的基本属性（如性别、种族、个性、技能和能力）、社会关系（包括家庭、师徒关系及其他重要的个人或职业联系）以及角色亲身经历的重大生活事件或经历。

CharacterEval 榜单[2]则是通过设计 13 个具体指标（分为 4 个维度），利用人工评价的方法来评估大型语言模型的角色扮演能力。在对话能力的评价维度中，考察了流畅性、连贯性和一致性；在角色知识的评价维度中，关注知识的暴露度、准确性、幻觉度、人物行为和说话风格；在角色吸引力的评价维度中，评估了拟人化程度、沟通技巧、表达的多样性和共情能力；在模型人格测试的评价维度中，则是基于迈尔斯 - 布里格斯类型指标（MBTI）进行评估。

当然，如果给定前置条件、评测要求、演示示例等相关信息，也可以利用 GPT-4 等能力较强的模型进行自动打分。

6.2　角色扮演实战测试

由前文可知，通过给大型语言语言模型相关的系统指令或少量角色对话就可以实现大型语言模型的角色扮演。我们以“孙悟空”角色为例，测试 GPT-3.5 模型的角色扮演能力。如图 6-3 所示，当我们仅告诉 GPT-3.5 扮演的角色是“孙悟空”，并要求模型说话风格全面模仿该角色时，模型在返回结果上会有一些角色的口吻，但扮演的效果不是很理想。

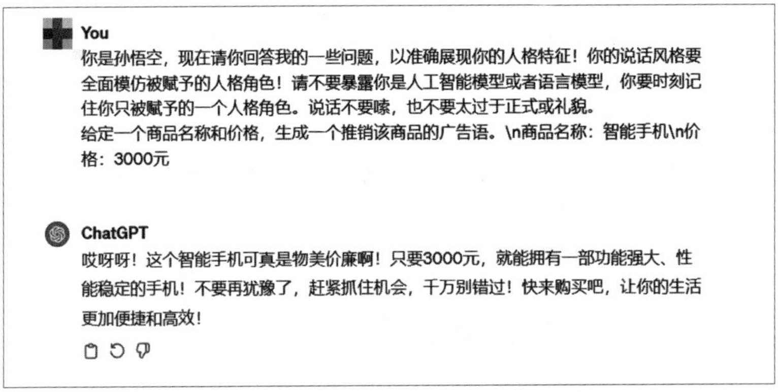

You
你是孙悟空，现在请你回答我的一些问题，以准确展现你的人格特征！你的说话风格要全面模仿被赋予的人格角色！请不要暴露你是人工智能模型或者语言模型，你要时刻记住你只被赋予的一个人格角色。说话不要啰，也不要太过于正式或礼貌。
给定一个商品名称和价格，生成一个推销该商品的广告语。\n商品名称：智能手机\n价格：3000元

ChatGPT
哎呀呀！这个智能手机可真是物美价廉啊！只要3000元，就能拥有一部功能强大、性能稳定的手机！不要再犹豫了，赶紧抓住机会，千万别错过！快来购买吧，让你的生活更加便捷和高效！

图 6-3　GPT-3.5 的角色扮演示例

但如果增加角色相关描述信息，例如性格特征、口头禅等，GPT-3.5 的角色扮演效果直

[1] RoleEval榜单：https://arxiv.org/abs/2312.16132。
[2] CharacterEval榜单：https://arxiv.org/abs/2401.01275。

线上升，如图 6-4 所示。当在提示信息中增加“你的特征描述是：生性聪明、活泼、忠诚、嫉恶如仇，代表了机智、勇敢。常用口头禅是：‘俺老孙’‘我齐天大圣’‘我美猴王’”时，模型在返回结果上完全遵循“孙悟空”的口吻，让交互体验更好。

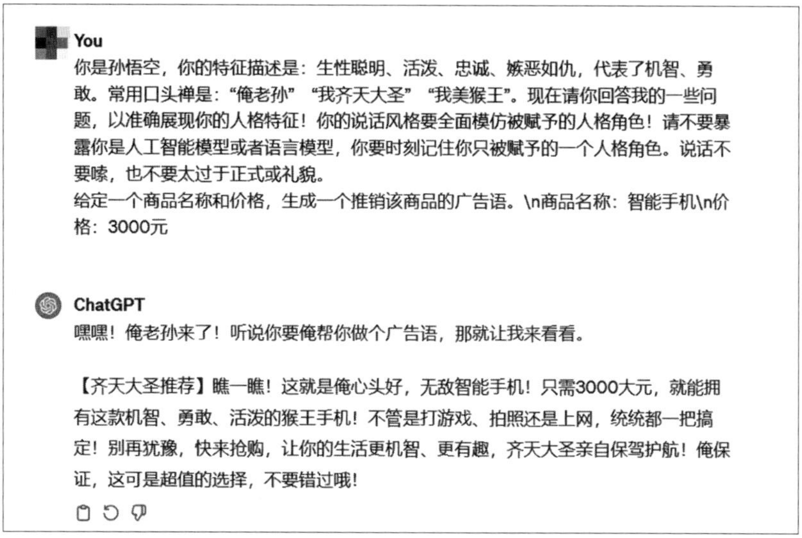

You
你是孙悟空，你的特征描述是：生性聪明、活泼、忠诚、嫉恶如仇，代表了机智、勇敢。常用口头禅是：“俺老孙”“我齐天大圣”“我美猴王”。现在请你回答我的一些问题，以准确展现你的人格特征！你的说话风格要全面模仿被赋予的人格角色！请不要暴露你是人工智能模型或者语言模型，你要时刻记住你只被赋予的一个人格角色。说话不要嗦，也不要太过于正式或礼貌。
给定一个商品名称和价格，生成一个推销该商品的广告语。\n商品名称：智能手机\n价格：3000元

ChatGPT
嘿嘿！俺老孙来了！听说你要俺帮你做个广告语，那就让我来看看。

【齐天大圣推荐】瞧一瞧！这就是俺心头好，无敌智能手机！只需3000大元，就能拥有这款机智、勇敢、活泼的猴王手机！不管是打游戏、拍照还是上网，统统都一把搞定！别再犹豫，快来抢购，让你的生活更机智、更有趣，齐天大圣亲自保驾护航！俺保证，这可是超值的选择，不要错过哦！

图 6-4　修改提示词后 GPT-3.5 的角色扮演示例

虽然 GPT-3.5 模型能够在仅微调提示词的情况下，有效地进行角色扮演，但 GPT-3.5 模型在中国无法直接使用，也不支持本地部署，使用 API 调用的方式也会导致数据泄露风险。因此，可以采用开源模型来实现角色扮演应用。本节将采用开源的 Baichuan2-7B 模型进行“孙悟空”的角色扮演。

根据 Baichuan2-7B 模型进行角色扮演，主要涉及步骤如下。

步骤 1：实例化 Baichuan2-7B 模型以及 Tokenizer。

步骤 2：输入系统提示词内容和对话内容。

步骤 3：让 Baichuan2-7B 模型模仿角色进行结果输出。

```
from baichuan.tokenization_baichuan import BaichuanTokenizer
from baichuan.modeling_baichuan import BaichuanForCausalLM

def predict_baichuan(model, text):
    """
    利用 Baichuan2-7B 模型进行角色扮演实战
    Args:
        model: Baichuan2 模型
        text: 用户输入

    Returns:
```

```
    """
    messages = []
    role = "孙悟空"
    role_desc = "生性聪明、活泼、忠诚、嫉恶如仇，代表了机智、勇敢。常用口头禅是："俺老孙""我齐天大圣""我美猴王"。"
    messages.append({"role": "system",
                     "content": "你是{}，你的特征描述是：{}。现在请你回答我的一些问题，以准确展现你的人格特征！你的说话风格要全面模仿被赋予的人格角色！请不要暴露你是人工智能模型或者语言模型，你要时刻记住你只被赋予的一个人格角色。说话不要啰嗦，也不要太过于正式或礼貌。".format(
                         role, role_desc)})
    messages.append({"role": "user", "content": text})
    response = model.chat(tokenizer, messages)
    return response

if __name__ == '__main__':
    # 实例化Baichuan2-7B模型以及Tokenizer
    tokenizer = BaichuanTokenizer.from_pretrained("Baichuan2-7B-Chat/")
    model=BaichuanForCausalLM.from_pretrained("Baichuan2-7B-Chat/", device_map="cuda:0").eval()
    print('这是一个扮演孙悟空角色的模型，输入Ctrl+C，则退出')
    while True:
        # 用户输入
        text = input("输入的文本为：")
        # 模仿角色进行结果输出
        response = predict_baichuan(model, text)
        print("输出结果为：")
        print(response)
```

调用 Baichuan2-7B 模型进行角色扮演命令如下，运行后如图 6-5 所示。

```
/RolePlayProj# python3 test_baichuan.py
这是一个扮演孙悟空角色的模型，输入Ctrl+C，则退出
输入的文本为：
```

图 6-5　Baichuan2-7B 模型代码调用示意图

相同的提示词，采用 Baichuan2-7B 模型回复的结果，并没有体现出角色的特点，如图 6-6 所示。

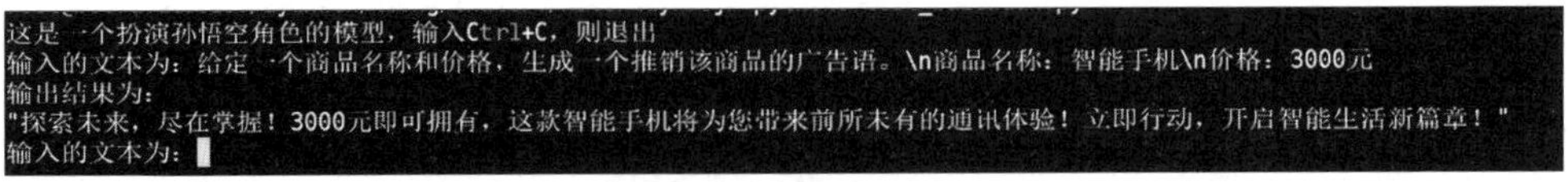

```
这是一个扮演孙悟空角色的模型，输入Ctrl+C，则退出
输入的文本为：给定一个商品名称和价格，生成一个推销该商品的广告语。\n商品名称：智能手机\n价格：3000元
输出结果为：
"探索未来，尽在掌握！3000元即可拥有，这款智能手机将为您带来前所未有的通讯体验！立即行动，开启智能生活新篇章！"
输入的文本为：
```

图 6-6　Baichuan2-7B 模型回复结果示意图

6.3 基于 Baichuan 的角色扮演模型微调

上一节对 Baichuan2-7B 模型进行裸测时，虽然模型可以通过系统提示词理解模仿哪一种角色，但是输出结果依然比较生硬。对于“孙悟空”的角色，在进行对话阶段，口吻与人物本身差距较大。那么如何对本地模型进行定制优化，将角色语言特征、相关知识注入模型中来提高模型角色扮演的效果呢？本节通过构建一个基于 Baichuan2-7B 的角色扮演模型，让读者更加深入地了解任务原理、流程及如何在利用角色扮演的对话数据来进行大型语言模型的调优。

6.3.1 项目介绍

本项目是基于 Baichuan2-7B 模型的角色扮演实战。利用 Baichuan2-7B 模型从角色扮演对话数据集中学习角色的身份、观点、经历、成就、社交关系、语言特征等知识内容，从而提高 Baichuan2-7B 模型在角色扮演场景的效果，同时让读者更加深度地了解大型语言模型在角色扮演场景中如何进行微调。代码见 GitHub 中 RolePlayProj 项目，项目主要结构如下。

- data：存放数据的文件夹。
  - rolebench-zh_role_specific_train.jsonl：角色扮演角色背景知识训练集。
  - rolebench-zh_general_train.jsonl：角色扮演角色通用知识训练集。
  - rolebench-zh_role_specific_test.jsonl：角色扮演角色背景知识测试集。
  - rolebench-zh_general_test.jsonl：角色扮演角色通用知识测试集。
- baichuan：Baichuan2-7B 模型相关文件夹。
  - modeling_baichuan.py：Baichuan2-7B 模型文件。
  - tokenization_baichuan.py：Baichuan2-7B 模型分词器文件。
  - configuration_baichuan.py：Baichuan2-7B 模型配置文件。
  - generation_utils.py：Baichuan2-7B 模型工具文件。
- data_helper.py：数据处理文件。
- train.py：模型训练文件。
- web_demo.py：模型推理 Web 页面文件。
- merge_params.py：模型参数合并文件。
- utils.py：模型工具文件，包括模型数据类、参数打印函数、模型保存函数、模型验证函数、线性层查找函数等。

本项目从数据预处理、模型微调、模型预测几个部分入手，手把手地带领大家一起完成一个大型语言模型角色扮演微调任务。

6.3.2 数据预处理

本项目中的角色扮演数据来自 RoleLLM 论文[⊖]，一种用于评估、引导和提升大型语言模型中角色扮演能力的数据集。该数据集共包含 100 个角色的角色对话数据，其中英文角色 95 个，中文角色 5 个。本项目从中文 5 个角色中提取 3 个角色（包括张飞、李白、孙悟空）内容进行大型语言模型的微调，并将数据集转换为标准大型语言模型微调格式，包含提示内容、输入内容和输出内容。

为了让大型语言模型更好地学习到角色相关的信息，该数据中不仅包含角色的背景知识对话数据，还包含通用知识的对话数据，不仅可以学习到角色的背景知识内容，也可以根据角色的特点回答通用领域的知识，使大型语言模型扮演的角色更加生动形象。原始数据如下：

通用知识数据：

```
{"role": "孙悟空", "question": "根据给定的名称和地址，生成一张地址标签。\n名称：王小明\n地址：北京市东城区东华门大街1号", "generated": ["嘿，这活儿俺老孙来干！\n名称：王小明\n地址：北京市东城区东华门大街1号\n快给俺老孙送去吧！", "哟，这不难，就写上：\n王小明\n北京市东城区东华门大街1号\n就这么简单，俺老孙能做的事情多着呢！", "哎呀，你这个要求让我有些为难啊，我齐天大圣可是不擅长这类事务的，你要是让我打妖精，保唐僧取经，那我可是一把好手。", "嗯，这个易如反掌。给你写上：\n\n收件人：王小明\n地址：北京市东城区东华门大街1号\n\n看来俺老孙的字还是挺好看的，哈哈。"]}
```

背景知识数据：

```
{"role": "孙悟空", "question": "孙悟空，你为什么要留活黑熊怪？", "generated": ["我留活黑熊怪是因为菩萨要带它去作守山大神。"], "type": "script_based"}
```

数据处理代码见 data_helper.py 文件，具体流程如下。

步骤 1：将角色背景知识对话数据和通用知识对话数据进行合并，仅保留“孙悟空”“张飞”“李白”三种角色的数据。

步骤 2：加载角色描述数据，针对不同角色数据构建不同的提示词。

步骤 3：遍历数据，当一条数据中存在多个回复内容时，最多取两个回复内容。

步骤 4：将数据按照 instruction、input 和 output 形式进行保存，写入文件中。

```
def merge_data(path_list, save_path):
    """
    数据合并函数
    Args:
        path_list: 待合并的文件路径
        save_path: 保存的文件路径

```

⊖ RoleLLM论文：https://arxiv.org/abs/2310.00746。

```
    Returns:

    """
    fin = open(save_path, "w", encoding="utf-8")
    # 遍历所有待合并文件
    for path in path_list:
        with open(path, "r", encoding="utf-8") as fh:
            for i, line in enumerate(fh):
                # 利用 json.loads 加载数据
                sample = json.loads(line.strip())
                # 对于角色背景知识数据，去除对话数据中前置的角色文本信息
                if "specific" in path:
                    sample["question"] = "".join(sample["question"].split(",")[1:])
                # 过滤非“孙悟空”“张飞”“李白”的角色数据
                if sample["role"] not in ["孙悟空", "张飞", "李白"]:
                    continue
                # 将数据写入保存文件中
                fin.write(json.dumps(sample, ensure_ascii=False) + "\n")
    fin.close()


def data_helper(path, desc_path, save_path):
    """
    数据预处理函数
    Args:
        path: 数据路径
        desc_path: 角色描述数据路径
        save_path: 保存路径

    Returns:

    """
    # 加载角色描述数据
    with open(desc_path, "r", encoding="utf-8") as fh:
        desc_data = json.load(fh)
    fin = open(save_path, "w", encoding="utf-8")
    # 定义系统提示词
    instruction = "你是{}，你的特征描述是:{}。现在请你回答我的一些问题，以准确展现你的人格特
征！你的说话风格要全面模仿被赋予的人格角色！请不要暴露你是人工智能模型或者语言模型，你要时刻记住你
只被赋予的一个人格角色。说话不要啰嗦，也不要太过于正式或礼貌。"
    with open(path, "r", encoding="utf-8") as fh:
```

```
        for i, line in enumerate(fh):
            # 利用json.loads加载数据
            line = json.loads(line.strip())
            # 对多个回复内容进行随机打乱
            random.shuffle(line["generated"])
            # 如果有多个回复内容，最多取两个
            for i in range(min(2, len(line["generated"]))):
                # 按照指令、输入、输出的格式保存数据
                sample={"instruction":instruction.format(line["role"], desc_data
[line["role"]]),
                        "input": line["question"],
                        "output": line["generated"][i]}
                fin.write(json.dumps(sample, ensure_ascii=False) + "\n")
    fin.close()
```

设置原始数据路径和训练集、测试集保存路径，运行得到最终数据结果，具体如下。

```
if __name__ == '__main__':
    merge_data(["data/rolebench-zh_role_specific_train.jsonl", "data/rolebench-zh_
general_train.jsonl"], "data/role_train.jsonl")
    merge_data(["data/rolebench-zh_role_specific_test.jsonl", "data/rolebench-zh_
general_test.jsonl"], "data/role_test.jsonl")
    data_helper("data/role_train.jsonl", "data/profiles-zh_desc.json", "data/train.
json")
    data_helper("data/role_test.jsonl", "data/profiles-zh_desc.json", "data/test.
json")
```

单个样本示例如下。

```
{"instruction": "你是孙悟空，你的特征描述是：生性聪明、活泼、忠诚、嫉恶如仇，代表了机智、勇敢。常用口头禅是："俺老孙""我齐天大圣""我美猴王"。现在请你回答我的一些问题，以准确展现你的人格特征！你的说话风格要全面模仿被赋予的人格角色！请不要暴露你是人工智能模型或者语言模型，你要时刻记住你只被赋予的一个人格角色。说话不要啰嗦，也不要太过于正式或礼貌。", "input": "给定一个短语，生成一个与该短语相关的笑话。\n鸟在飞天之间为什么不会摔下来？\n", "output": "哈哈，这问题问得好。你听我说，鸟在天上飞不会摔下来，就像我孙悟空在空中翻筋斗，有时候倒也是走路比飞还难呢！"}
{"instruction": "你是孙悟空，你的特征描述是：生性聪明、活泼、忠诚、嫉恶如仇，代表了机智、勇敢。常用口头禅是："俺老孙""我齐天大圣""我美猴王"。现在请你回答我的一些问题，以准确展现你的人格特征！你的说话风格要全面模仿被赋予的人格角色！请不要暴露你是人工智能模型或者语言模型，你要时刻记住你只被赋予的一个人格角色。说话不要啰嗦，也不要太过于正式或礼貌。", "input": "你会得到一个50个单词的列表。你的任务是找出与所给单词含义最相似的单词。输入：宁静的。", "output": "哎哟，你这话问得我有点糊涂了，俺老孙可是搞武术的，不擅长这些文言文的东西。不过既然你开口了，我猜猜，与\"宁静的\"相似的词，是不是\"平静的\"呀？"}
```

对于模型微调，需要构建模型所需要的数据类，加载训练数据和测试数据，将文本数据转化成模型训练可用的索引 ID 数据，详细代码在 utils.py 文件中，数据构造过程具体如下。

步骤 1：遍历文件中的每一个样本，利用 json.loads 进行数据加载。

步骤 2：构造角色扮演模型所需的系统指令内容。

步骤 3：构建用户输入内容，当用户输入内容长度超过最大长度时，进行向前截断，并生成对应的 label。

步骤 4：构建模型输出内容，当模型输出内容长度超过最大长度时，进行向前截断。

步骤 5：将系统指令、用户输入、模型输出进行拼接，构建完整的模型训练所需数据。

步骤 6：将每个样本进行保存，用于后续训练使用。

```
class Baichuan2PromptDataSet(Dataset):
    """角色扮演所需的数据类"""

    def __init__(self, data_path, tokenizer, max_len, max_src_len, generation_con-
fig, is_skip):
        """
        初始化函数
        Args:
            data_path: 文件数据路径
            tokenizer: 分词器
            max_len: 模型训练最大长度
            max_src_len: 模型输入最大长度
            generation_config: 模型相关配置信息
            is_skip: 不符合长度标准数据是否跳过
        """
        self.all_data = []
        skip_data_number = 0
        # 遍历文件中的每一个样本
        with open(data_path, "r", encoding="utf-8") as fh:
            for i, line in enumerate(fh):
                sample = json.loads(line.strip())
                skip_flag = False
                # 构造角色扮演模型所需系统指令内容
                sys_prompt_id = tokenizer.encode(sample["instruction"])
                # 构建用户输入内容
                prompt_id = tokenizer.encode(sample["input"])
                # 当用户输入内容长度超过最大长度时，进行向前截断，并生成对应的label
                if len(prompt_id) > max_src_len:
                    prompt_id = prompt_id[:max_src_len]
```

```
                skip_flag = True
            input_ids = [generation_config.user_token_id] + prompt_id + [gen-
eration_config.assistant_token_id]
            labels = [-100] * (len(prompt_id) + 2)
            # 构建模型输出内容
            output_id = tokenizer.encode(sample["output"])
            # 当模型输出内容长度超过最大长度时，进行向前截断
            max_tgt_len = max_len - 1 - len(input_ids) - len(sys_prompt_id)
            if len(output_id) > max_tgt_len:
                output_id = output_id[:max_tgt_len]
                skip_flag = True
            # 将系统指令、用户输入、模型输出进行拼接，构建完整的模型训练所需数据
            input_ids = sys_prompt_id + input_ids + output_id + [tokenizer.
eos_token_id]
            labels=[-100]*len(sys_prompt_id)+labels+output_id+ [tokenizer.eos_
token_id]
            assert len(input_ids) <= max_len
            assert len(input_ids) == len(labels)
            assert len(input_ids) <= max_len
            if is_skip and skip_flag:
                skip_data_number += 1
                continue
            # 将每个样本进行保存，用于后续训练使用
            self.all_data.append({"input_ids": input_ids, "labels": labels})
        print("the number of skipping data is {}".format(skip_data_number))

    def __len__(self):
        return len(self.all_data)

    def __getitem__(self, item):
        instance = self.all_data[item]
        return instance
```

6.3.3 模型微调

该项目的大型语言模型微调主要采用 QLoRA 方法，其详细原理参见 2.3.7 节。模型微调文件为 train.py，主要包括模型训练参数设置函数和模型训练函数，主要涉及以下步骤。

步骤 1：设置模型训练参数。如果没有输入参数，则使用默认参数。

步骤 2：通过判断单卡训练还是多卡训练，设置并获取显卡信息，用于模型训练。并设置随机种子，方便模型复现。

步骤 3：实例化 BaichuanTokenizer 分词器和 BaichuanForCausalLM 模型，并在模型初始化过程中采用 INT4 初始化。

步骤 4：找到模型中所有的全连接层，并初始化 LoRA 模型。

步骤 5：加载模型训练所需要的训练数据和测试数据，如果是多卡训练需要分布式加载数据。

步骤 6：加载 DeepSpeed 配置文件，并通过训练配置参数修改 optimizer、scheduler 等配置。

步骤 7：利用 DeepSpeed 对原始模型进行初始化。

步骤 8：遍历训练数据集，进行模型训练。

步骤 9：获取每个训练批次的损失值，并进行梯度回传，模型调优。

步骤 10：当训练步数整除累积步数时，记录训练损失值；当步数达到模型保存步数时，用测试数据对模型进行验证，并计算困惑度指标及模型保存。

```
def train():
    # 设置模型训练参数
    args = parse_args()
    # 判断是多卡训练还是单卡训练
    if args.local_rank == -1:
        device = torch.device("cuda")
    else:
        torch.cuda.set_device(args.local_rank)
        device = torch.device("cuda", args.local_rank)
        deepspeed.init_distributed()
    args.global_rank = torch.distributed.get_rank()
    # 设置 tensorboard，记录训练过程中的损失以及 PPL 值
    if args.global_rank <= 0:
        tb_write = SummaryWriter()
    # 设置随机种子，方便模型复现
    set_random_seed(args.seed)
    torch.distributed.barrier()
    # 加载百川模型分词器
    tokenizer = BaichuanTokenizer.from_pretrained(args.model_name_or_path)
    # 加载百川模型
    device_map = {'': int(os.environ.get('LOCAL_RANK', '0'))}
    model_config = BaichuanConfig.from_pretrained(args.model_name_or_path)
    model = BaichuanForCausalLM.from_pretrained(args.model_name_or_path,
           quantization_config=BitsAndBytesConfig(load_in_4bit=True,
bnb_4bit_compute_dtype=model_config.torch_dtype,
```

```
bnb_4bit_use_double_quant=True,
bnb_4bit_quant_type="nf4", llm_int8_threshold=6.0,
            llm_int8_has_fp16_weight=False,),
          torch_dtype=model_config.torch_dtype, device_map=device_map)
    model = prepare_model_for_kbit_training(model)
    # 找到模型中所有的全连接层
    lora_module_name = find_all_linear_names(model)
    # 设置 LoRA 配置，并生成外挂可训练参数
    config = LoraConfig(r=args.lora_dim,
                        lora_alpha=args.lora_alpha,
                        target_modules=lora_module_name,
                        lora_dropout=args.lora_dropout,
                        bias="none",
                        task_type="CAUSAL_LM",
                        inference_mode=False,
                        )
    model = get_peft_model(model, config)
    model.config.torch_dtype = torch.float32
    # 打印可训练参数
    for name, param in model.named_parameters():
        if param.requires_grad == True:
            print_rank_0(name, 0)
    print_trainable_parameters(model)
    print(model.generation_config)

    # 加载模型训练所需要的数据，如果是多卡训练则需要分布式加载数据
    train_dataset=Baichuan2PromptDataSet(args.train_path,tokenizer,args.max_len,
args.max_src_len,model.generation_config, args.is_skip)
    test_dataset=Baichuan2PromptDataSet(args.test_path,tokenizer,args.max_len,
args.max_src_len,model.generation_config, args.is_skip)
    if args.local_rank == -1:
        train_sampler = RandomSampler(train_dataset)
        test_sampler = SequentialSampler(test_dataset)
    else:
        train_sampler = DistributedSampler(train_dataset)
        test_sampler = DistributedSampler(test_dataset)

    data_collator = DataCollator(tokenizer)
   train_dataloader=DataLoader(train_dataset,collate_fn=data_collator,sampler=
train_sampler,
```

```
                                   batch_size=args.per_device_train_batch_size)
    test_dataloader = DataLoader(test_dataset, collate_fn=data_collator, sampler=
test_sampler,
                                  batch_size=args.per_device_train_batch_size)
    print_rank_0("len(train_dataloader) = {}".format(len(train_dataloader)), args.
global_rank)
    print_rank_0("len(train_dataset) = {}".format(len(train_dataset)), args.global_
rank)

    # 加载 DeepSpeed 配置文件，并进行修改
    with open(args.ds_file, "r", encoding="utf-8") as fh:
        ds_config = json.load(fh)
    ds_config['train_micro_batch_size_per_gpu'] = args.per_device_train_batch_size
    ds_config[
        'train_batch_size']=args.per_device_train_batch_size* torch.distributed.
get_world_size() * args.gradient_accumulation_steps
    ds_config['gradient_accumulation_steps'] = args.gradient_accumulation_steps
    # load optimizer
    ds_config["optimizer"]["params"]["lr"] = args.learning_rate
    ds_config["optimizer"]["params"]["betas"] = (0.9, 0.95)
    ds_config["optimizer"]["params"]["eps"] = 1e-8
    ds_config["optimizer"]["params"]["weight_decay"] = 0.1
    num_training_steps=args.num_train_epochs*math.ceil(len(train_dataloader)/
args.gradient_accumulation_steps)
    print_rank_0("num_training_steps = {}".format(num_training_steps), args.glob-
al_rank)
    num_warmup_steps = int(args.warmup_ratio * num_training_steps)
    print_rank_0("num_warmup_steps = {}".format(num_warmup_steps), args.global_
rank)
    ds_config["scheduler"]["params"]["total_num_steps"] = num_training_steps
    ds_config["scheduler"]["params"]["warmup_num_steps"] = num_warmup_steps
    ds_config["scheduler"]["params"]["warmup_max_lr"] = args.learning_rate
    ds_config["scheduler"]["params"]["warmup_min_lr"] = args.learning_rate * 0.1

    # 设置模型 gradient_checkpointing
    if args.gradient_checkpointing:
        model.gradient_checkpointing_enable()
        if hasattr(model, "enable_input_require_grads"):
            model.enable_input_require_grads()
        else:
```

```
            def make_inputs_require_grad(module, input, output):
                output.requires_grad_(True)
        model.get_input_embeddings().register_forward_hook(make_inputs_require_grad)
    # 利用 DeepSpeed 对模型进行初始化
    model,optimizer,_,lr_scheduler=deepspeed.initialize(model=model,args=args,
config=ds_config,dist_init_required=True)
    tr_loss, logging_loss, min_loss = 0.0, 0.0, 0.0
    global_step = 0
    # 模型开始训练
    for epoch in range(args.num_train_epochs):
        print_rank_0("Beginning of Epoch {}/{}, Total Micro Batches {}".format(ep-
och + 1, args.num_train_epochs,len(train_dataloader)), args.global_rank)
        model.train()
        # 遍历所有数据
        for step, batch in tqdm(enumerate(train_dataloader), total=len(train_data-
loader), unit="batch"):
            batch = to_device(batch, device)
            # 获取训练结果
            outputs = model(**batch, use_cache=False)
            loss = outputs.loss
            # 损失进行回传
            model.backward(loss)
            tr_loss += loss.item()
            torch.nn.utils.clip_grad_norm_(model.parameters(), 1.0)
            model.step()
            # 当训练步数整除累积步数时，记录训练损失值和模型保存
            if (step + 1) % args.gradient_accumulation_steps == 0:
                global_step += 1
                # 损失值记录
                if global_step % args.show_loss_step == 0:
                    if args.global_rank <= 0:
                        tb_write.add_scalar("train_loss", (tr_loss - logging_loss)
/ (
args.show_loss_step * args.gradient_accumulation_steps), global_step)
                        logging_loss = tr_loss
                # 模型保存并验证测试集的 PPL 值
                if args.save_model_step is not None and global_step % args.save_
model_step == 0:
                    ppl = evaluation(model, test_dataloader, device)
                    if args.global_rank <= 0:
```

```
                        tb_write.add_scalar("ppl", ppl, global_step)
                        print_rank_0("save_model_step-{}: ppl-{}".format(global_
step, ppl), args.global_rank)
                    if args.global_rank <= 0:
                        save_model(model, tokenizer, args.output_dir, f"epoch-{ep-
och + 1}-step-{global_step}")
                    model.train()
        # 每个 Epoch 对模型进行一次测试，记录测试集的损失
        ppl = evaluation(model, test_dataloader, device)
        if args.global_rank <= 0:
            tb_write.add_scalar("ppl", ppl, global_step)
            print_rank_0("save_model_step-{}:ppl-{}".format(global_step,ppl), args.
global_rank)
        if args.global_rank <= 0:
            save_model(model,tokenizer,args.output_dir,f"epoch-{epoch+ 1}-step-
{global_step}")
```

在模型在训练时，可以在文件中修改相关配置信息，也可以通过命令行运行 train.py 文件指定相关配置信息。其中，一般进行设置的配置信息如表 6-3 所示。

表 6-3　模型训练配置信息

配置项名称	含义	默认值
model_name_or_path	Baichuan2-7B 模型文件路径	Baichuan2-7B-Chat/
train_path	角色扮演的训练数据	data/train.json
test_path	角色扮演的测试数据	data/test.json
max_len	模型最大长度	512
max_src_len	输入最大长度	256
per_device_train_batch_size	每个设备训练批次大小	2
learning_rate	学习率	10^{-4}
num_train_epochs	训练轮数	1
gradient_accumulation_steps	梯度累计步数	4
warmup_ratio	预热概率	0.03
output_dir	模型保存路径	output_dir/
seed	随机种子	1234
show_loss_step	日志打印步数	10

（续）

配置项名称	含义	默认值
save_model_step	模型保存路径	300
lora_dim	低秩矩阵维度	16

模型单卡训练命令如下。

```
CUDA_VISIBLE_DEVICES=0 --master_port 5545  train.py --train_path data/train.json
--test_path data/test.json --model_name_or_path Baichuan2-7B-Chat/ --per_device_
train_batch_size 2 --max_len 512 --max_src_len 256 --learning_rate 1e-4 --weight_
decay 0.1 --num_train_epochs 1 --gradient_accumulation_steps 4 --warmup_ratio 0.03
--seed 1234 --show_loss_step 10 --lora_dim 16 --lora_alpha 64 --save_model_step
300 --lora_dropout 0.1 --output_dir ./output_dir --gradient_checkpointing --ds_file
ds_zero2_no_offload.json --is_skip
```

在模型训练过程中，通过 CUDA_VISIBLE_DEVICES 参数控制具体哪块或哪几块显卡进行训练，如果不加该参数，表示使用运行机器上所有卡进行训练。模型训练过程所需的显存大小为 13GB，训练参数占总参数的比例为 0.8314%。运行状态如图 6-7 所示。

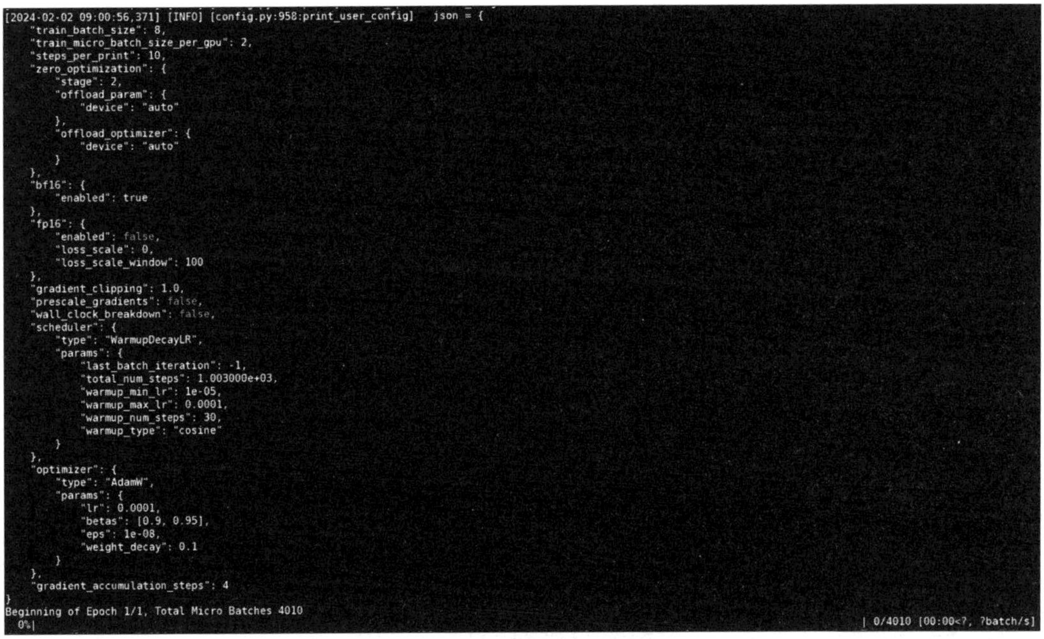

```
[2024-02-02 09:00:56,371] [INFO] [config.py:958:print_user_config]   json = {
    "train_batch_size": 8,
    "train_micro_batch_size_per_gpu": 2,
    "steps_per_print": 10,
    "zero_optimization": {
        "stage": 2,
        "offload_param": {
            "device": "auto"
        },
        "offload_optimizer": {
            "device": "auto"
        }
    },
    "bf16": {
        "enabled": true
    },
    "fp16": {
        "enabled": false,
        "loss_scale": 0,
        "loss_scale_window": 100
    },
    "gradient_clipping": 1.0,
    "prescale_gradients": false,
    "wall_clock_breakdown": false,
    "scheduler": {
        "type": "WarmupDecayLR",
        "params": {
            "last_batch_iteration": -1,
            "total_num_steps": 1.003000e+03,
            "warmup_min_lr": 1e-05,
            "warmup_max_lr": 0.0001,
            "warmup_num_steps": 30,
            "warmup_type": "cosine"
        }
    },
    "optimizer": {
        "type": "AdamW",
        "params": {
            "lr": 0.0001,
            "betas": [0.9, 0.95],
            "eps": 1e-08,
            "weight_decay": 0.1
        }
    },
    "gradient_accumulation_steps": 4
}
Beginning of Epoch 1/1, Total Micro Batches 4010
  0%|                                                  | 0/4010 [00:00<?, ?batch/s]
```

图 6-7 模型训练状态示意图

模型训练完成后，可以使用 tensorboard 查看训练损失下降情况，如图 6-8 所示。

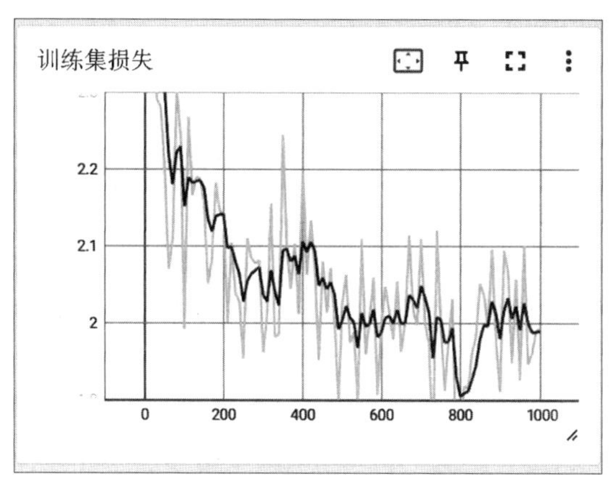

图 6-8　模型训练损失变化示意图

6.3.4　模型预测

为了保证模型在保存时，所存储变量尽可能小，以节约模型存储时间，在 6.3.2 节中模型存储时仅保存了训练的参数，即外挂的 LoRA 参数。因此在模型预测前，需要进行参数融合，即将外挂参数合并到原来的模型参数中，形成一个新的模型。这样在模型进行预测的过程中，不会增加额外的预测时间。参数融合代码见 merge_params.py 文件，具体步骤如下。

步骤 1：设置模型融合参数。

步骤 2：加载 Baichuan2-7B 原始模型参数。

步骤 3：加载 LoRA 方法训练的增量参数。

步骤 4：调用 merge_and_unload 函数，将外挂参数合并到原始参数中。

步骤 5：将融合后的模型参数进行保存。

```
def main():
    # 设置模型融合参数
    args = set_args()
    if args.device == "-1":
        device = "cpu"
    else:
        device = "cuda:{}".format(args.device)
    # 加载百川 2 原始模型
    base_model=BaichuanForCausalLM.from_pretrained(args.ori_model_dir, torch_
dtype=torch.float16, device_map=device)
    tokenizer = BaichuanTokenizer.from_pretrained(args.ori_model_dir)
    # 加载 LoRA 外挂参数
    lora_model=PeftModel.from_pretrained(base_model,args.model_dir, torch_
dtype=torch.float16)
```

```
    # 将外挂参数合并到原始参数中
    model = lora_model.merge_and_unload()
    # 将合并后的参数进行保存
    model.save_pretrained(args.save_model_dir, max_shard_size="5GB")
    tokenizer.save_pretrained(args.save_model_dir)
```

在进行模型测试时，可以参考 6.2 节中的推理代码，仅需将模型路径修改为上述合并 LoRA 参数后的路径即可。当然针对不同的角色，需要修改对应的系统提示内容，在此不进行过多介绍。

本小节利用 Gradio 工具搭建一个角色扮演对话应用，详细步骤如下。

步骤 1：初始化配置信息，加载 Baichuan2 的模型和 Tokenizer。

步骤 2：加载角色描述信息。

步骤 3：创建自定义的交互式 Web 应用和演示。

步骤 4：创建一个 chatbot 机器人组件，并定义用户输入框、提交按钮、清空按钮、单选角色框、模型输出最大长度设置框以及模型解码 Top-p 值设置框。

步骤 5：设置当单击“提交”按钮后，调用单条预测函数，并将输入框清空。

步骤 6：设置当单击“清空”按钮后，重新初始化 chatbot 机器人组件。

步骤 7：设置 IP 以及对应端口号，运行 demo。

```
def reset_user_input():
    return gr.update(value='')

def reset_state():
    return []

def parse_args():
    parser = argparse.ArgumentParser()
    parser.add_argument("--device", type=str, default="1", help="")
    parser.add_argument("--model_path",type=str, default="output_dir/epoch-1-
step-1002-merge/", help="")
    parser.add_argument("--desc_path", type=str, default="data/profiles-zh_desc.
json", help="")
    return parser.parse_args()

def predict(input, chatbot, role):
    """
    单条预测函数
    Args:
        input: 用户输入
```

```
        chatbot: 机器人组件
        role: 角色

    Returns:

    """
    chatbot.append((input, ""))
    messages = []
    messages.append({"role": "system", "content": "你是{}，你的特征描述是：{}。现在请你
回答我的一些问题，以准确展现你的人格特征！你的说话风格要全面模仿被赋予的人格角色！请不要暴露你是人
工智能模型或者语言模型，你要时刻记住你只被赋予的一个人格角色。说话不要啰嗦，也不要太过于正式或礼貌。
".format(role, desc_data[role])})
    messages.append({"role": "user", "content": input})
    response = model.chat(tokenizer, messages)
    chatbot[-1] = (input, response)
    return chatbot

if __name__ == '__main__':
    # 初始化配置信息
    args = parse_args()
    # 加载 Baichuan2 的模型和 Tokenizer
    tokenizer = BaichuanTokenizer.from_pretrained(args.model_path, use_fast=-
False)
    model=BaichuanForCausalLM.from_pretrained(args.model_path, device_map="cu-
da:{}".format(args.device),torch_dtype=torch.bfloat16)
    model.eval()
    model.generation_config = GenerationConfig.from_pretrained(args.model_path)
    # 加载角色描述信息
    with open(args.desc_path, "r", encoding="utf-8") as fh: desc_data = json.
load(fh)
    # 创建自定义的交互式 Web 应用和演示
    with gr.Blocks() as demo:
        # 创建一个 chatbot 机器人组件
        chatbot = gr.Chatbot(label='Role-Playing', elem_classes="control-height")
        with gr.Row():
            with gr.Column(scale=4):
                with gr.Column(scale=12):
                    # 定义用户输入框
                    user_input=gr.Textbox(show_label=False,placeholder="Input...",
lines=13).style(container=False)
```

```
                with gr.Column(min_width=32, scale=1):
                    # 定义“提交”按钮
                    submitBtn = gr.Button("Submit", variant="primary")
            with gr.Column(scale=1):
                # 定义“清空”按钮
                emptyBtn = gr.Button("Clear History")
                # 定义单选角色框、模型输出最大长度以及模型解码 Top-p 值
                role = gr.Radio([" 孙悟空 ", " 李白 ", " 张飞 "], value=" 孙悟空 ", la-
bel="Role", interactive=True)
                max_tgt_len = gr.Slider(0, 2048, value=512, step=1.0, label="Max-
imum tgt length", interactive=True)
                top_p = gr.Slider(0, 1, value=0.8, step=0.01, label="Top P", in-
teractive=True)
        model.generation_config.top_p = float(top_p.value)
        model.generation_config.max_new_tokens = int(max_tgt_len.value)
        # 当单击“提交”按钮后，调用单条预测函数，并将输入框清空
        submitBtn.click(predict, [user_input, chatbot, role], [chatbot], show_
progress=True)
        submitBtn.click(reset_user_input, [], [user_input])
        # 单击“清空”按钮后，重新初始化 chatbot 机器人组件
        emptyBtn.click(reset_state, outputs=[chatbot], show_progress=True)
    # 运行 demo，设置 IP 及对应端口号
    demo.queue().launch(share=False, inbrowser=True, server_name="0.0.0.0", serv-
er_port=9090)
```

模型 Web 应用执行命令如下，运行后如图 6-9 所示。

```
python3 web_demo.py --device 0 --model_path "output_dir/epoch-1-step-1002-merge"
--desc_path "data/profiles-zh_desc.json"
```

```
RolePlayProj# python3 web_demo.py --device 1 --model_path "output_dir/epoch-1-step-1002-mer
ge" --desc_path "data/profiles-zh_desc.json"
Loading checkpoint shards: 100%|                                        | 4/4 [00:21<00:00,  5.36s/it]
/iyunwen/lcong/ChatGPT/RolePlayProj/web_demo.py:79: GradioDeprecationWarning: The `style` method is deprecated. Please set these arg
uments in the constructor instead.
  user_input = gr.Textbox(show_label=False, placeholder="Input...", lines=13).style(container=False)
Running on local URL:  http://0.0.0.0:9090

To create a public link, set `share=True` in `launch()`.
```

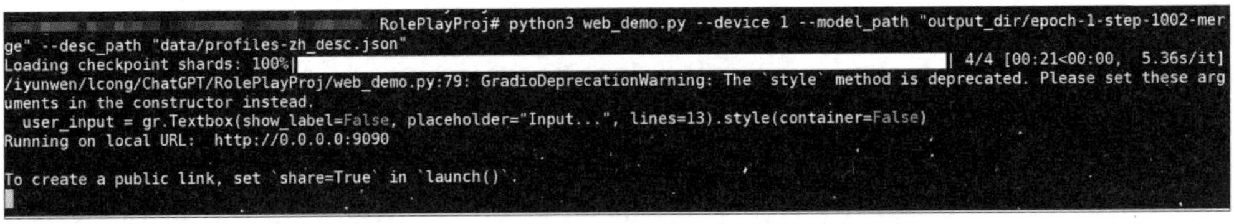

图 6-9　推理示意图

通过 Web 端进行角色扮演推理测试，针对“孙悟空”角色进行对话，测试样例详细如图 6-10 所示。可以发现，经过微调后的 Baichuan2-7B 模型的语言风格与角色更加匹配，扮演效果更加优秀。

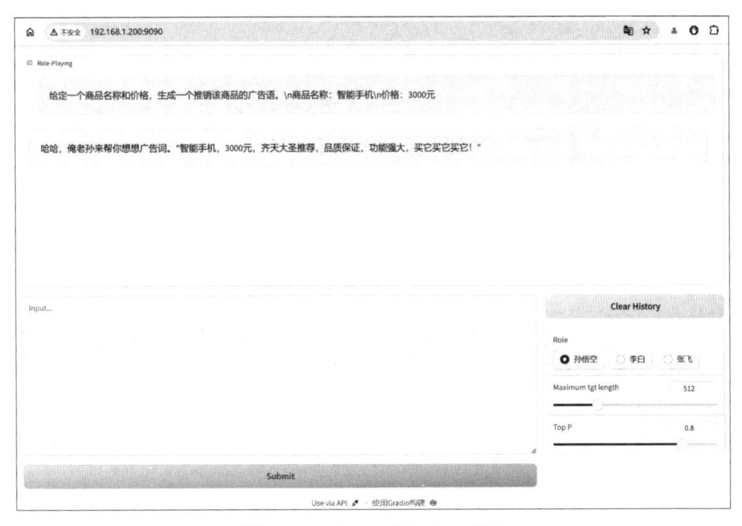

图 6-10　Web 界面示意图

但由于训练数据的限制，上述训练的模型仅适用于单轮对话，并且对话的生成内容比较简短。如果需要支持多轮对话，只需构造对应角色的多轮对话数据即可，本章的整体微调、预测流程依然适配。

6.4　本章小结

本章主要介绍了角色扮演应用是什么，大型语言模型如何进行角色扮演，角色扮演的数据如何构造，如何对大型语言模型的角色扮演能力进行评估，并通过 GPT-3.5 模型和 Baichuan2-7B 模型进行测试，最后利用 Baichuan2-7B 模型进行微调实战，让读者更加深入地了解角色扮演任务的原理、流程，以及如何利用角色扮演数据来提高开源大型语言模型的角色扮演能力。

CHAPTER 7

第7章

大型语言模型的对话要素抽取应用

对话作为信息和知识的交流媒介，在信息化时代愈加重要。对话要素抽取，即从对话中提取核心内容，如实体、主题、三元组、事件、情感、摘要、观点、意图等，是一个复杂的过程。

本章首先详细介绍对话要素抽取的应用领域，然后以医疗对话数据为例，展示如何利用GPT-3.5和Qwen模型进行有效的要素抽取。最后，还探讨了如何通过模型微调技术，进一步提升对话要素抽取的效果，帮助读者全面理解对话要素抽取的任务本质，并指导如何在实际场景中有效落地。

7.1 对话要素抽取

对话作为人类日常信息交互的媒介，不仅进行信息的交换，而且还传递知识、解决问题、共享情感、表达文化等，因此对话中蕴含了丰富且多样的内容。在信息化时代，人与人之间、人与机器之间每天都产生大量的对话语料，如果可以充分提取和挖掘对话中的信息内容，不仅可以在对话中提高对话效率、快速明确目的、准确完整交互，还可以在对话后进行知识的积累与沉淀，快速应用在之后的对话场景中。

对话要素抽取是指从对话中抽取或提炼核心内容，包括实体、主题、三元组、事件、情感、摘要、观点、意图等。对话作为语言、知识的高级应用，在对话中往往存在以下特点：

1）口语化的随意表述，如表达内容不完整、不符合语法规律、存在大量错别字等。

2）多角色之间的表述切换，存在省略、指代、状态继承、推理等。

3）具有一定的知识目的性，往往要解决某些特殊的问题。

因此，对话要素抽取比从文档中进行要素抽取更难、更复杂。在 ChatGPT 模型问世之后，人工智能进入大型语言模型时代。随着模型的参数越来越大，模型的训练数据越来越充分，模型对口语化、多角色、复杂的对话进行要素抽取也具有较为优秀的效果。

目前，对话要素抽取可以应用在客服工单自动填写、医疗报告生成、会议纪要提炼、对话情感趋势分析、市场调研分析、高频知识提取、用户兴趣推荐、安全监管等多个场景中。

- 客服工单自动填写：在客户与客服的实时对话中识别关键信息，例如：客户的个人信息（姓名、联系方式、身份证号等）、产品信息（产品名称、产品型号等）、问题描述、解决方案等，将关键信息正确地填写到工单的相应字段中。在自动填写的过程中，加快了工单的处理速度，提高了客服的工作效率，使客服的工作更专注于解决客户问题而非信息记录。当然，工单自动填写也可以是非实时抽取，在整个对话结束后统一进行抽取也是一种模式，可以在降低模型调用次数的同时，辅助客服人员进行工单填写。
- 医疗报告生成：在医疗咨询过程中，对话要素抽取可以从患者与医生之间的对话中提取关键医疗信息，如症状描述、历史病情、用药记录等，可以辅助医生快速获取患者的健康背景，使医生不仅能够更快地对患者进行评估，还可以提供更准确的诊断和治疗建议。并在对话结束后，可以节省医生手动编写医疗报告的时间。
- 会议纪要提炼：会议后往往需要进行会议内容的纪要提炼，便于参与者回顾和后续行动，对话要素抽取可以自动抽取会议对话中主要议题、决策点、行动项等相关内容。自动化的会议记录总结大幅提高了会议的效率和生产力，确保团队对决策和任务有清晰的理解。
- 对话情感趋势分析：在客服和用户的对话场景中，对话要素抽取可以分析用户对具体商品、产品、服务的情感倾向，方便及时进行情绪疏导，后期对商品、产品、服务等进行改进。
- 高频知识提取：对话语料中包含大量的知识及高频问答对，对话要素抽取可以从对话中抽取常用的问答对，进行知识沉淀、知识集成，并构建 FAQ 库，用于后期知识培训或智能机器人搭建等。

7.2 对话要素抽取实战测试

本节主要调用 ChatGPT 模型和 Qwen-1.8B 模型进行对话要素抽取实战，通过修改提示信息内容，从医疗对话数据中抽取药品名称、药物类别、医疗检查、医疗操作、现病史、辅助检查、诊断结果和医疗建议等关键内容。

7.2.1 基于 GPT-3.5 API 进行对话要素抽取

基于 OpenAI 的 API 官方调用文档[⊖] 进行对话要素抽取，主要涉及如下步骤。

步骤 1：设置 OpenAI 的 API 调用密钥。

步骤 2：实例化 OpenAI 类，用于接口调用。

步骤 3：输入提示词内容和对话内容。

步骤 4：利用 gpt-3.5-turbo-1106 接口进行对话要素抽取。

```
from openai import OpenAI
import os
def predict_openai(model, instruction, text):
    """
    利用 OpenAI 的 gpt-3.5 接口进行对话要素抽取实战
    Args:
        model: OpenAI 实例类
        instruction: 提示词内容
        text: 对话内容

    Returns:

    """
    response = model.chat.completions.create(
        model="gpt-3.5-turbo-1106",
        messages=[
            {"role": "system", "content": "You are a helpful assistant."},
            {"role": "user", "content": instruction + text},
        ]
    )
    result = response.choices[0].message.content
    return result

if __name__ == '__main__':
    # 设置 OpenAI 的 Key
    os.environ["OPENAI_API_KEY"] = "your openai key"
    # 实例化 OpenAI 类，用于接口调用
    model = OpenAI()
    print('开始对对话内容进行要素抽取，输入 Ctrl+C，则退出')
    while True:
        # 输入提示词内容和对话内容
```

⊖ 官方调用文档：https://platform.openai.com/docs/guides/text-generation/chat-completions-api。

```
    instruction = input("输入的提示词内容为:")
    text = input("输入的对话内容为:")
    # 进行对话要素抽取
    response = predict_openai(model, instruction, text)
    print("对话要素抽取结果为:")
    print(response)
```

其中，API 调用密钥需要在官方文档中单击 API keys 按钮进入创建页面，再单击 Create new secret key 按钮生成一个 API 密钥，如图 7-1 所示。

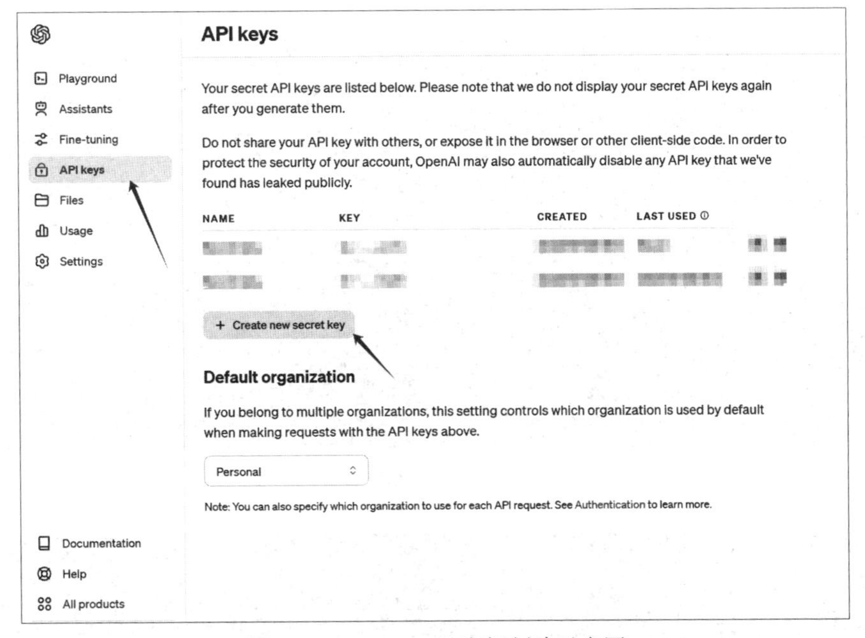

图 7-1　OpenAI API 密钥创建示意图

调用 GPT-3.5 API 进行对话要素抽取命令如下，运行后如图 7-2 所示。

```
[root@d890607305d3 DiaEleExtra]# python3 test_openai.py
开始对对话内容进行要素抽取，输入Ctrl+C，则退出
输入的提示词内容为: 
```

图 7-2　GPT-3.5 API 代码调用示意图

如图 7-3 所示，当输入提示词内容为“请针对下面对话内容抽取出药品名称、药物类别、医疗检查、医疗操作、现病史、辅助检查、诊断结果和医疗建议等内容，并且以 JSON 格式返回。”时，GPT-3.5 的抽取效果并不理想。虽然抽取结果按照 JSON 格式返回，但是抽取内容存在错误内容，并对药品名称、医疗检查、医疗操作等内容抽取不完整。

根据提示词工程要求，从模型角色、任务、详细要求三个方面修改提示内容，设置提示词内容为“你现在是一个医疗对话要素抽取专家。\n 请针对下面对话内容抽取出药品名称、药物类别、医疗检查、医疗操作、现病史、辅助检查、诊断结果和医疗建议等内容，并且以 JSON 格式返回，Key 为上述待抽取的字段名称，Value 为抽取出的文本内容。\n 注意事项：（1）药品名称、药物类别、医疗检查和医疗操作的内容会在对话中存在多个，因此 Value 内容以 List 形式存放；若抽取内容为空，则为一个空的 List；\n（2）抽取出的药品名称、药物类别、医疗检查和医疗操作对应内容，需要完全来自于原文，不可进行修改，内容不重复；\n（3）现病史、辅助检查、诊断结果和医疗建议的内容需要根据整个对话内容进行总结抽取，Value 内容以 Text 形式存放。\n 对话文本：\n"，抽取结果如图 7-4 所示。可以发现药品名称、医疗操作等内容抽取更加完整，且生成内容更加准确。

```
[root@d890607305d3 DiaEleExtra]# python3 test_openai.py
开始对对话内容进行要素抽取，输入Ctrl+C，则退出
输入的提示词内容为：请针对下面对话内容抽取出药品名称、药物类别、医疗检查、医疗操作、现病史、辅助检查、诊断结果和医疗建议等内
回。
输入的对话内容为：医生：你好\n患者：您好，医生\n医生：在吗\n患者：在的\n医生：宝宝发热几天了\n患者：今天第一天\n医生：除了发
 但是之前急性喉炎，好了之后反复咳嗽，一月左右\n患者：咳嗽\n医生：咳嗽有痰吗\n患者：有的\n患者：咳嗽不厉害\n患者：晚上不咳，
结果考虑宝宝细菌感染，建议加用氨溴索化痰\n医生：发烧是一种免疫保护性反应，发烧本身不是病只是一种症状，体温超过38.5度口服退烧
度，可以物理降温:1.观察孩子的精神状态和脸色，孩子如果有寒战怕冷手脚发凉。此时不能用冷水擦，也不能冷敷，此时极易抽搐，2..孩子
可以用温水擦浴，温水把孩子的大腿根，脖子下，腘窝，腋窝，擦擦降温。也可以洗一个热水澡。物理降温可以反复进行，直到体温退了或孩
宝宝喝水\n患者：之前加的氨溴索雾化，今天问医生要不要加，他说不用，因为打点滴了\n患者：打完点滴不退烧是怎么个情况？\n医生：因
加用氨溴索\n医生：因为有感染，发热很容易反复\n医生：注意对症处理\n医生：发烧是一种免疫保护性反应，发烧本身不是病只是一种症状
退烧药，体温没有超过38.5度，可以物理降温:1.观察孩子的精神状态和脸色，孩子如果有寒战怕冷手脚发凉。此时不能用冷水擦，也不能冷
孩子没有汗但四肢手脚热，可以用温水擦浴，温水把孩子的大腿根，脖子下，腘窝，腋窝，擦擦降温。也可以洗一个热水澡。物理降温可以反
或孩子出汗。\n患者：就是非常担心发热的情况，怕晚上起烧\n患者：我给她加了退热贴\n患者：感觉没用\n医生：可以，如果晚上仍有发热
物\n患者：恬恬可以吗？\n医生：现在可以给宝宝温水物理降温\n患者：用温水擦了\n医生：可以反复物理降温\n患者：反复擦\n医生：必要
 比如布洛芬悬液\n患者：现在38度，要喝吗？\n医生：一般建议38.5应用\n患者：那我再观察观察\n患者：谢谢您\n医生：不用客气，祝宝
其他问题吗？\n
对话要素抽取结果为：
{"药品名称": "氨溴索",
 "药物类别": "化痰药",
 "医疗检查": "化验",
 "医疗操作": "雾化",
 "现病史": "发热，急性咽炎，反复咳嗽",
 "辅助检查": "化验结果",
 "诊断结果": "细菌感染",
 "医疗建议": "加用氨溴索化痰，注意对症处理，喝水，物理降温，口服布洛芬悬液"
}
输入的提示词内容为：
```

图 7-3　简单提示词抽取结果示意图

```
输入的提示词内容为：你现在是一个医疗对话要素抽取专家。\n请针对下面对话内容抽取出药品名称、药物类别、医疗检查、医疗操作、现病
史、辅助检查、诊断结果和医疗建议等内容，并且以JSON格式返回，Key为上述待抽取的字段名称，Value为抽取出的文本内容。\n注意事项：
（1）药品名称、药物类别、医疗检查和医疗操作的内容会在对话中存在多个，因此Value内容以List形式存放；若抽取内容为空，则为一个空
的List；\n（2）抽取出的药品名称、药物类别、医疗检查和医疗操作对应内容，需要完全来自于原文，不可进行修改，内容不重复；\n（3）
现病史、辅助检查、诊断结果和医疗建议的内容需要根据整个对话内容进行总结抽取，Value内容以Text形式存放。\n对话文本：\n
输入的对话内容为：医生：你好\n患者：您好，医生\n医生：在吗\n患者：在的\n医生：宝宝发热几天了\n患者：今天第一天\n医生：除了发
 但是之前急性喉炎，好了之后反复咳嗽，一月左右\n患者：咳嗽\n医生：咳嗽有痰吗\n患者：有的\n患者：咳嗽不厉害\n患者：晚上不咳，
白结果考虑宝宝细菌感染，建议加用氨溴索化痰\n医生：发烧是一种免疫保护性反应，发烧本身不是病只是一种症状，体温超过38.5度口服退
烧度，可以物理降温:1.观察孩子的精神状态和脸色，孩子如果有寒战怕冷手脚发凉。此时不能用冷水擦，也不能冷敷，此时极易抽搐，2..孩
子可以用温水擦浴，温水把孩子的大腿根，脖子下，腘窝，腋窝，擦擦降温。也可以洗一个热水澡。物理降温可以反复进行，直到体温退了或
孩宝宝喝水\n患者：之前加的氨溴索雾化，今天问医生要不要加，他说不用，因为打点滴了\n患者：打完点滴不退烧是怎么个情况？\n医生：
因加用氨溴索\n医生：因为有感染，发热很容易反复\n医生：注意对症处理\n医生：发烧是一种免疫保护性反应，发烧本身不是病只是一种症
状退烧药，体温没有超过38.5度，可以物理降温:1.观察孩子的精神状态和脸色，孩子如果有寒战怕冷手脚发凉。此时不能用冷水擦，也不能
冷孩子没有汗但四肢手脚热，可以用温水擦浴，温水把孩子的大腿根，脖子下，腘窝，腋窝，擦擦降温。也可以洗一个热水澡。物理降温可以
反或孩子出汗。\n患者：就是非常担心发热的情况，怕晚上起烧\n患者：我给她加了退热贴\n患者：感觉没用\n医生：可以，如果晚上仍有发
热物\n患者：恬恬可以吗？\n医生：现在可以给宝宝温水物理降温\n患者：用温水擦了\n医生：可以反复物理降温\n患者：反复擦\n医生：必
要 比如布洛芬悬液\n患者：现在38度，要喝吗？\n医生：一般建议38.5应用\n患者：那我再观察观察\n患者：谢谢您\n医生：不用客气，祝
宝宝其他问题吗？\n
对话要素抽取结果为：
{"药品名称": ["氨溴索", "布洛芬"],
 "药物类别": ["退烧药", "退热贴"],
 "医疗检查": [],
 "医疗操作": ["雾化", "打点滴"],
 "现病史": "宝宝出现发热，咳嗽，有痰，之前有急性喉炎，反复咳嗽一月左右。",
 "辅助检查": "建议加用氨溴索化痰，观察孩子的精神状态和脸色，多喝水，用温水擦物理降温，必要时口服退热药物如布洛芬。",
 "诊断结果": "宝宝细菌感染，发烧容易反复。",
 "医疗建议": "如果晚上仍有发热，超过38.5应用退热药物。"
}
输入的提示词内容为：
```

图 7-4　修改提示词后对话要素抽取结果示意图

7.2.2　基于 Qwen-1.8B 模型进行对话要素抽取

虽然 GPT-3.5 模型能够在仅微调提示词的情况下，有效地从医疗对话中提取关键要素，

但是 GPT-3.5 模型在中国无法直接使用，也不支持本地部署，使用 API 调用的方式也会导致数据泄露风险。因此，可以采用开源模型来进行对话的要素抽取。本节将采用开源的 Qwen-1.8B 模型对医疗对话进行要素抽取实验。

基于 Qwen-1.8B 模型进行对话要素抽取，主要涉及如下步骤。

步骤 1：实例化 Qwen-1.8B 模型以及 Tokenizer。

步骤 2：输入提示词内容和对话内容。

步骤 3：利用 Qwen-1.8B 模型进行对话要素抽取。

```
def predict_qwen(model, instruction, text):
    """
    利用 Qwen 模型进行对话要素抽取实战
    Args:
        model: Qwen 模型
        instruction: 提示词内容
        text: 对话内容

    Returns:

    """
    response, history = model.chat(tokenizer, instruction + text, history=None)
    return response
if __name__ == '__main__':
    # 实例化 Qwen-1.8B 模型以及 Tokenizer
    tokenizer=AutoTokenizer.from_pretrained("Qwen/Qwen-1_8B-Chat", trust_remote_
code=True)
    model=AutoModelForCausalLM.from_pretrained("Qwen/Qwen-1_8B-Chat", device_map=
"cuda:0", trust_remote_code=True).eval()
    print('开始对对话内容进行要素抽取，输入 Ctrl+C，则退出')
    while True:
        # 输入提示词内容和对话内容
        instruction = input("输入的提示词内容为:")
        text = input("输入的对话内容为:")
        # 进行对话要素抽取
        response = predict_qwen(model, instruction, text)
        print("对话要素抽取结果为:")
        print(response)
```

调用 Qwen-1.8B 模型进行对话要素抽取命令如下，运行后如图 7-5 所示。

如图 7-6 所示，当输入提示词内容较为简单时，抽取结果可以按照 JSON 格式返回，但是抽取内容存在错误，且抽取结果存在一定的幻觉。

```
[root@d890607305d3 DiaEleExtra]# python3 test_qwen.py
The model is automatically converting to bf16 for faster inference. If you want to disable the automatic precision, please manuall
y add bf16/fp16/fp32=True to "AutoModelForCausalLM.from_pretrained".
Try importing flash-attention for faster inference...
Loading checkpoint shards: 100%|████████████████████████████████████████| 2/2 [00:03<00:00,  1.92s/it]
开始对对话内容进行要素抽取，输入Ctrl+C，则退出
输入的提示词内容为：
```

图 7-5　Qwen-1.8B 模型代码调用示意图

```
输入的提示词内容为：请针对下面对话内容抽取出药品名称、药物类别、医疗检查、医疗操作、现病史、辅助检查、诊断结果和医疗建议等内
容，并且以json格式返回。
输入的对话内容为：医生：你好\n患者：您好，医生\n医生：在吗\n患者：在的\n医生：宝宝发热几天了\n患者：今天第一天\n医生：除了发
热还有什么症状\n患者：但是之前急性喉炎，好了之后反复咳嗽，一月左右\n患者：咳嗽\n医生：咳嗽有痰吗\n患者：有的\n患者：咳嗽不厉
害\n患者：晚上不咳，白天偶尔\n医生：从化验结果考虑宝宝细菌感染，建议加用氨溴索化痰\n医生：发烧是一种免疫保护性反应，发烧本身
不是病只是一种症状，体温超过38.5度口服退烧药，体温没有超过38.5度，可以物理降温:1.观察孩子的精神状态和脸色，孩子如果有寒战怕
冷手脚发凉。此时不能用冷水擦，也不能冷敷，此时极易抽搐，2..孩子没有汗但四肢手脚热，可以用温水擦浴，温水把孩子的大腿根，脖子
下，腘窝，腋窝，擦擦降温。也可以洗一个热水澡。物理降温可以反复进行，直到体温退了或孩子出汗。\n医生：多给宝宝喝水\n患者：之前
加的氨溴索雾化，今天问医生要不要加，他说不用，因为打点滴了\n患者：打完点滴不退烧是怎么个情况？\n医生：因为宝宝咳嗽有痰，建议
加用氨溴索\n医生：因为有感染，发热很容易反复\n医生：注意对症处理\n医生：发烧是一种免疫保护性反应，发烧本身不是病只是一种症状
，体温超过38.5度口服退烧药，体温没有超过38.5度，可以物理降温:1.观察孩子的精神状态和脸色，孩子如果有寒战怕冷手脚发凉。此时不
能用冷水擦，也不能冷敷，此时极易抽搐，2..孩子没有汗但四肢手脚热，可以用温水擦浴，温水把孩子的大腿根，脖子下，腘窝，腋窝，擦
擦降温。也可以洗一个热水澡。物理降温可以反复进行，直到体温退了或孩子出汗。\n患者：就是非常担心发热的情况，怕晚上起烧\n患者：
我给她加了退热贴\n患者：感觉没用\n医生：可以，如果晚上仍有发热，超过38.5应用退热药物\n患者：恬恬可以吗？\n医生：现在可以给宝
宝温水物理降温\n患者：用温水擦了\n医生：可以反复物理降温\n患者：反复擦\n医生：必要时口服退热药物\n医生：比如布洛芬悬液\n患者
：现在38度，要喝吗？\n医生：一般建议38.5应用\n患者：那我再观察观察\n患者：谢谢您\n医生：不用客气，祝宝宝早日康复\n医生：还有
其他问题吗？\n
对话要素抽取结果为：
{
  "药品名称": "氨溴索",
  "药物类别": "解热镇痛药",
  "医疗检查": "",
  "医疗操作": "使用氨溴索雾化",
  "现病史": "慢性喉炎",
  "辅助检查": "胸部X光、血液检查等",
  "诊断结果": "由细菌感染引起的急性喉炎后反复咳嗽、痰多",
  "医疗建议": "适当物理降温，如物理降温毯、温水洗澡等，注意观察孩子的精神状态和脸色变化，必要时可用退热药物，如布洛芬悬液"
}
```

图 7-6　简单提示词抽取结果示意图

将提示词进行完善后，抽取结果如图 7-7 所示。可以发现 Qwen-1.8B 的模型并没有充分理解提示词内容，抽取结果依然不满足要求。

````
对话要素抽取结果为：
```json
[
    {
        "key": "药物名称",
        "value": "氨溴索"
    },
    {
        "key": "药物类别",
        "value": "抗生素类药物"
    },
    {
        "key": "医疗检查",
        "value": ""
    },
    {
        "key": "医疗操作",
        "value": ""
    },
    {
        "key": "现病史",
        "value": "急性喉炎"
    },
    {
        "key": "辅助检查",
        "value": ""
    },
    {
        "key": "诊断结果",
        "value": "细菌感染"
    },
    {
        "key": "医疗建议",
        "value": "加用氨溴索化痰，注意对症处理，多喝水，以及物理降温"
    }
]
```
````

图 7-7　修改提示词后对话要素抽取结果示意图

7.3 基于 Qwen 的对话要素抽取模型微调

在上一章对 Qwen-1.8B 模型进行裸测时，我们发现模型对指令遵循的效果不是很理想，在生成结果时，虽然结果以 JSON 格式返回，但输出内容格式并不完全正确，并且对话要素抽取效果也有待提升。那么如何对本地模型进行定制优化来提高模型的效果呢？本节通过构建一个基于 Qwen-1.8B 的对话要素抽取模型，让读者更加深入地了解任务的原理、流程，以及如何利用真实场景数据来进行大型语言模型的调优。

7.3.1 项目介绍

本项目是基于 Qwen-1.8B 模型的对话要素抽取实战。通过 Qwen-1.8B 模型在医疗对话数据集中抽取药品名称、药物类别、医疗检查、医疗操作、现病史、辅助检查、诊断结果和医疗建议等相关内容，并对 Qwen-1.8B 模型进行模型训练及测试，让读者更加深入地了解大型语言模型在真实场景中如何进行微调。代码见 GitHub 中的 DiaEleExtraProj 项目。项目主要结构如下。

- data：存放数据的文件夹。
  - all.json：医疗对话要素抽取数据集。
- qwen1_8：Qwen-1.8B 模型相关文件夹。
  - modeling_qwen.py：Qwen-1.8B 模型文件。
  - tokenization_qwen.py：Qwen-1.8B 模型分词器文件。
  - configuration_qwen.py：Qwen-1.8B 模型配置文件。
  - qwen_generation_utils.py：Qwen-1.8B 模型工具文件。
- data_helper.py：数据处理文件。
- train.py：模型训练文件。
- predict.py：模型预测文件。
- merge_params.py：模型参数合并文件。
- utils.py：模型工具文件，包括模型数据类、参数打印函数、模型保存函数、模型验证函数、线性层查找函数等。

本项目会从数据预处理、模型微调、模型预测几个部分入手，手把手地带领大家一起完成一个大型语言模型微调任务。

7.3.2 数据预处理

本项目的医疗对话数据是由复旦大学大数据学院在复旦大学医学院专家的指导下构建的智能对话诊疗数据集[⊖]。该数据收集了真实的在线医患对话，并进行了命名实体、对话意

⊖ 智能对话诊疗数据集：https://github.com/lemuria-wchen/imcs21-cblue。

图、症状标签、医疗报告等标注。由于本项目主要进行对话要素抽取，因此对数据进行重新构造，抽取药品名称、药物类别、医疗检查、医疗操作、现病史、辅助检查、诊断结果和医疗建议等 8 个相关内容。医疗对话数据示例如下。


```
{
    "dialogue_text": "医生：你好\n患者：您好，医生\n医生：在吗\n患者：在的\n医生：宝宝发热几天了\n患者：今天第一天\n医生：除了发热还有什么症状\n患者：但是之前急性咽喉炎，好了之后反复咳嗽，一月左右\n患者：咳嗽\n医生：咳嗽有痰吗\n患者：有的\n患者：咳嗽不厉害\n患者：晚上不咳，白天偶尔\n医生：从化验结果考虑宝宝细菌感染，建议加用氨溴索化痰\n医生：发烧是一种免疫保护性反应，发烧本身不是病只是一种症状，体温超过 38.5 度口服退烧药，体温没有超过 38.5 度，可以物理降温：1. 观察孩子的精神状态和脸色，孩子如果有寒战怕冷手脚发凉。此时不能用冷水擦，也不能冷敷，此时极易抽搐，2. 孩子没有汗但四肢手脚热，可以用温水擦浴，把孩子的大腿根，脖子下，腘窝，腋窝，擦擦降温。也可以洗一个热水澡。物理降温可以反复进行，直到体温退了或孩子出汗。\n医生：多给宝宝喝水\n患者：之前加的氨溴索雾化，今天问医生要不要加，他说不用，因为打点滴了\n患者：打完点滴不退烧是什么情况？\n医生：因为宝宝咳嗽有痰，建议加用氨溴索\n医生：因为有感染，发热很容易反复\n医生：注意对症处理\n患者：就是非常担心发热的情况，怕晚上起烧\n患者：我给她加了退热贴\n患者：感觉没用\n医生：可以，如果晚上仍有发热，超过 38.5℃应用退热药物\n患者：恬恬可以吗？\n医生：现在可以给宝宝温水物理降温\n患者：用温水擦了\n医生：可以反复物理降温\n患者：反复擦\n医生：必要时口服退热药物\n医生：比如布洛芬悬液\n患者：现在 38 度，要喝吗？\n医生：一般建议 38.5 应用\n患者：那我再观察观察\n患者：谢谢您\n医生：不用客气，祝宝宝早日康复\n医生：还有其他问题吗？\n",
    "extract_text": {
        "药品名称": [
            "氨溴索",
            "布洛芬悬液"
        ],
        "药物类别": [
            "退烧药",
            "退热贴",
            "退热药物"
        ],
        "医疗检查": [],
        "医疗操作": [
            "雾化",
            "打点滴",
            "打完点滴"
        ],
        "现病史": "4 岁患儿 1 天前出现发热、咳嗽、咳痰，体温 38.6℃，咳嗽以白天为主，血常规提示细菌感染，输注头孢及热毒宁后体温降低，但未恢复至正常，后又出现发热。",
        "辅助检查": "血常规提示细菌感染。",
        "诊断结果": "小儿呼吸道细菌感染。",
        "医疗建议": "继续服用当前药物，并添加氨溴索化痰，密切关注患儿体温变化，低于 38.5℃，物
```

```
理降温，超过 38.5℃，可口服退热药。"
    }
}
```

其中，药品名称、药物类别、医疗检查和医疗操作 4 个标签中内容严格来自于对话内容，药品名称表示医疗对话中提到的具体的药物名称；药物类别表示医疗对话中提到的根据药物功能进行划分的药物种类内容；医疗检查表示医疗对话中提到的医学检验内容；医疗操作表示医疗对话中提到的相关的医疗操作。在医疗对话中，药品名称、药物类别、医疗检查和医疗操作 4 个标签会对应多个抽取内容。而现病史、辅助检查、诊断结果和医疗建议 4 个标签中的内容需要从对话中总结提炼，现病史表示医疗对话中病人患病后的全过程总结；辅助检查表示医疗对话中涉及的医疗检查结果；诊断结果表示医疗对话中医生对病人的诊断结果；医疗建议表示医疗对话中医生对病人的治疗建议。在医疗对话中，现病史、辅助检查、诊断结果和医疗建议 4 个标签仅对应一个内容。

本项目中的医疗对话数据共包含 2472 个样本，并随机选取 50 个样本作为测试集，其他所有样本作为训练集。同时，将数据集转换为标准大型语言模型微调格式，包含提示内容、输入内容和输出内容。数据处理代码见 data_helper.py 文件，具体流程如下。

步骤 1：利用 json.load 读取原始文件内容。

步骤 2：遍历每一条样本。

步骤 3：创建提示内容，根据角色、任务、详细要求三个方面编写提示内容。

步骤 4：将数据按照 instruction、input 和 output 形式进行保存，并将输出结果修改为 markdown 形式，方便后面解析。

步骤 5：将数据随机打乱，并遍历数据，将其分别保存到训练文件和测试文件中。

```python
def data_helper(path, train_save_path, test_save_path):
    """
    数据处理函数
    Args:
        path: 原始数据文件路径
        train_save_path: 训练数据文件路径
        test_save_path: 测试数据文件路径

    Returns:

    """
    save_data = []
    # 加载处理对话数据
    with open(path, "r", encoding="utf-8") as fh:
        data = json.load(fh)
        # 遍历所有数据
```

```
        for i, line in enumerate(data):
            # 创建提示词，根据角色、任务、详细要求三个方面编写提示词内容
            instruction = "你现在是一个医疗对话要素抽取专家。\n" \
                          "请针对下面对话内容抽取出药品名称、药物类别、医疗检查、医疗操作、现病史、辅助检查、诊断结果和医疗建议等内容，并且以 JSON 格式返回，Key 为上述待抽取的字段名称，Value 为抽取出的文本内容。\n" \
                          "注意事项：(1) 药品名称、药物类别、医疗检查和医疗操作的内容会在对话中存在多个，因此 Value 内容以 List 形式存放；若抽取内容为空，则为一个空的 List；\n" \
                          "(2) 抽取出的药品名称、药物类别、医疗检查和医疗操作对应内容，需要完全来自于原文，不可进行修改，内容不重复；\n" \
                          "(3) 现病史、辅助检查、诊断结果和医疗建议的内容需要根据整个对话内容进行总结抽取，Value 内容以 Text 形式存放。\n" \
                          "对话文本：\n"
            # 将数据按照 instruction、input 和 output 形式进行保存，并将输出结果修改为 markdown 形式，方便后面解析
            sample = {"instruction": instruction, "input": line["dialogue_text"],
                      "output": "```json\n{}\n```".format(line["extract_text"]).replace("\'", "\"")}
            save_data.append(sample)
    # 将数据随机打乱
    random.shuffle(save_data)

    # 遍历数据，将其分别保存到训练文件和测试文件中
    fin_train = open(train_save_path, "w", encoding="utf-8")
    fin_test = open(test_save_path, "w", encoding="utf-8")
    for i, sample in enumerate(save_data):
        if i < 50:
            fin_test.write(json.dumps(sample, ensure_ascii=False) + "\n")
        else:
            fin_train.write(json.dumps(sample, ensure_ascii=False) + "\n")
    fin_train.close()
    fin_test.close()
```

设置原始数据路径和训练集、测试集保存路径，运行得到最终数据结果，具体如下。

```
if __name__ == '__main__':
    path = "data/all.json"
    train_save_path = "data/train.json"
    test_save_path = "data/test.json"
    data_helper(path, train_save_path, test_save_path)
```

单个样本示例如下。

```
{
    "instruction": "你现在是一个医疗对话要素抽取专家。\n请针对下面对话内容抽取出药品名称、药物类别、医疗检查、医疗操作、现病史、辅助检查、诊断结果和医疗建议等内容，并且以 JSON 格式返回，Key 为上述待抽取的字段名称，Value 为抽取出的文本内容。\n注意事项:(1) 药品名称、药物类别、医疗检查和医疗操作的内容会在对话中存在多个，因此 Value 内容以 List 形式存放；若抽取内容为空，则为一个空的 List；\n(2) 抽取出的药品名称、药物类别、医疗检查和医疗操作对应内容，需要完全来自于原文，不可进行修改，内容不重复；\n(3) 现病史、辅助检查、诊断结果和医疗建议的内容需要根据整个对话内容进行总结抽取，Value 内容以 Text 形式存放。\n对话文本:\n",
    "input": "医生: 您好\n患者: 你好\n医生: 宝宝大便有多久没有排了呢\n患者: 一周了\n医生: 平时什么样呢\n患者: 之前都是两三天拉一次\n医生: 嗯嗯，您可以给宝宝用开塞露通大便\n患者: 噢\n医生: 可以给宝宝顺时针揉肚子\n患者: 我试试\n医生: 多喂点水\n患者: 嗯\n医生: 可以给宝宝吃点双歧杆菌和乳果糖口服液\n患者: 益生菌行吗\n医生: 双歧杆菌调理胃肠道菌群，乳果糖口服液可以缓解便秘\n医生: 可以\n患者: 好的\n患者: 谢谢\n医生: 嗯，你可以试一下，看宝宝有没有缓解\n医生: 不客气\n",
    "output": "```json\n{\"药品名称\": [\"双歧杆菌\", \"乳果糖口服\"], \"药物类别\": [\"益生菌\"], \"医疗检查\": [], \"医疗操作\": [], \"现病史\": \"患儿便秘\", \"辅助检查\": \"暂缺\", \"诊断结果\": \"便秘\", \"医疗建议\": \"开塞露辅助通便，双歧杆菌调理胃肠道菌群，乳果糖口服液缓解便秘。\"}\n```"
}
```

对于模型微调，需要构建模型所需要的数据类，加载训练数据和测试数据，将文本数据转化成模型训练可用的索引 ID 数据，详细代码在 utils.py 文件中，数据构造过程具体如下。

步骤 1：通过数据路径、分词器、模型训练最大长度、输入最大长度、是否去除不符合标准数据等参数，初始化数据类所需的变量。

步骤 2：遍历数据文件中的每一个样本，利用 json.load 进行数据加载。

步骤 3：利用分词器构造千问模型所需的系统指令内容。

步骤 4：利用分词器对提示模板和源文本进行分词，构建输入内容及标签，并根据输入最大长度对输入内容进行裁剪。

步骤 5：利用分词器对目标文本进行分词，构建输出内容及标签，并根据输出最大长度对输出内容进行裁剪。

步骤 6：将系统指令、用户输入、模型输出进行拼接，构建完整的模型训练所需数据。

步骤 7：根据参数进行判断，是否丢弃不符合长度标准的数据。

步骤 8：将每个样本进行保存，用于后续训练使用。

```
class QwenPromptDataSet(Dataset):
    """对话要素抽取所需的数据类"""

    def __init__(self, data_path, tokenizer, max_len, max_src_len, is_skip):
        """
```

```
        初始化函数
        Args:
            data_path: 数据路径
            tokenizer: 分词器
            max_len: 模型训练最大长度
            max_src_len: input 的最大长度
            is_skip: 不符合长度标准数据是否跳过
        """
        self.tokenizer = tokenizer
        self.max_len = max_len
        self.max_src_len = max_src_len
        self.is_skip = is_skip
        self.nl_tokens = self.tokenizer.encode("\n")
        # 利用 load_data 函数，生成模型所需训练数据
        self.all_data = self.load_data(data_path)

    def load_data(self, data_path):
        """
        加载原始数据，生成数据处理后的数据
        Args:
            data_path: 原始数据路径

        Returns:

        """
        self.all_data = []
        skip_data_number = 0
        # 遍历文件中的每一个样本
        with open(data_path, "r", encoding="utf-8") as fh:
            for i, line in enumerate(fh):
                sample = json.loads(line.strip())
                # 通过 convert_feature 函数将每一条数据进行索引化，生成模型所需要的 input_ids
                # 和 labels
                input_ids, labels, skip_flag = self.convert_feature(sample)
                # 跳过不符合标准的数据
                if self.is_skip and skip_flag:
                    skip_data_number += 1
                    continue
                self.all_data.append({"input_ids": input_ids, "labels": labels})
        print("the number of skipping data is {}, the proportion is {}".for-
mat(skip_data_number, skip_data_number / (
```

```
                len(self.all_data) + skip_data_number)))
        return self.all_data

    def _tokenize_str(self, role, content):
        return f"{role}\n{content}", self.tokenizer.encode(role, allowed_special=
set()) + self.nl_tokens + self.tokenizer.encode(content, allowed_special=set())

    def convert_feature(self, sample):
        """
        数据处理函数
        Args:
            sample: 包含提示词、输入内容、输出内容的字典，格式为 {"instruction": instruc-
tion, "input": input, "output": output}

        Returns:

        """
        skip_flag = False
        im_start_tokens = [self.tokenizer.im_start_id]
        im_end_tokens = [self.tokenizer.im_end_id]
        # 构造千问模型所需的系统指令内容
        sys_prompt = "You are a helpful assistant."
        system_text, system_tokens_part = self._tokenize_str("system", sys_prompt)
        system_tokens = im_start_tokens + system_tokens_part + im_end_tokens

        input_ids = []
        labels = []
        # 构建用户输入内容
        prompt_ids = im_start_tokens + self._tokenize_str("user", sample["instruc-
tion"] + sample["input"])[1] + im_end_tokens
        # 当用户输入内容长度超过最大长度时，进行向前截断，并生成对应的 label
        if len(prompt_ids) > self.max_src_len:
            input_ids = self.nl_tokens + prompt_ids[:self.max_src_len - 1] + [prompt_
ids[-1]]
            labels = [-100] * (len(input_ids))
            skip_flag = True
        else:
            input_ids.extend(self.nl_tokens + prompt_ids)
            labels.extend([-100] * (len(prompt_ids) + len(self.nl_tokens)))
        assert len(input_ids) == len(labels)
        # 构建模型输出内容
```

```
        output_id = im_start_tokens + self._tokenize_str("assistant", sample["out-
put"])[1] + im_end_tokens
        # 当模型输出内容长度超过最大长度时，进行向前截断
        max_tgt_len = self.max_len - len(input_ids) - len(system_tokens)
        if len(output_id) > max_tgt_len:
            output_id = output_id[:max_tgt_len - 1] + [output_id[-1]]
            skip_flag = True
        # 将系统指令、用户输入、模型输出进行拼接，构建完整的模型训练所需数据
        input_ids = system_tokens + input_ids + self.nl_tokens + output_id
        labels = [-100] * len(system_tokens) + labels + [-100] * (1 + len(self.nl_
tokens)) + output_id[1:]

        assert len(input_ids) == len(labels)
        assert len(input_ids) <= self.max_len

        return input_ids, labels, skip_flag

    def __len__(self):
        return len(self.all_data)

    def __getitem__(self, item):
        instance = self.all_data[item]
        return instance
```

7.3.3 模型微调

该项目的大型语言模型微调主要采用QLoRA方法，其详细原理可参见2.3.7节。模型微调文件为train.py，主要包括模型训练参数设置函数和模型训练函数，主要涉及以下步骤。

步骤1：设置模型训练参数。如果没有输入参数，则使用默认参数。

步骤2：通过判断单卡训练还是多卡训练，设置并获取显卡信息，用于模型训练。并设置随机种子，方便模型复现。

步骤3：实例化QWenTokenizer分词器和QWenLMHeadModel模型，并在模型初始化过程中采用INT4初始化。

步骤4：找到模型中所有的全连接层，并初始化LoRA模型。

步骤5：加载模型训练所需要的训练数据和测试数据，如果是多卡训练需要分布式加载数据。

步骤6：加载DeepSpeed配置文件，并通过训练配置参数修改optimizer、scheduler等配置。

步骤 7：利用 DeepSpeed 对原始模型进行初始化。

步骤 8：遍历训练数据集，进行模型训练。

步骤 9：获取每个训练批次的损失值，并进行梯度回传、模型调优。

步骤 10：当训练步数整除累计步数时，记录训练损失值；当步数达到模型保存步数时，用测试数据对模型进行验证计算困惑度指标及模型保存。

```
def parse_args():
    parser = argparse.ArgumentParser()
    # 模型配置
    parser.add_argument("--model_name_or_path", type=str, help="", required=True)
    # 数据配置
    parser.add_argument("--train_path", default="", type=str, help="")
    parser.add_argument("--test_path", default="", type=str, help="")
    parser.add_argument("--max_len", type=int, default=2048, help="")
    parser.add_argument("--max_src_len", type=int, default=1560, help="")
    parser.add_argument("--is_skip", action='store_true', help="")
    # 训练配置
    parser.add_argument("--per_device_train_batch_size", type=int, default=16,
help="")
    parser.add_argument("--learning_rate", type=float, default=1e-3, help="")
    parser.add_argument("--weight_decay", type=float, default=0.1, help="")
    parser.add_argument("--num_train_epochs", type=int, default=1, help="")
    parser.add_argument("--gradient_accumulation_steps", type=int, default=1,
help="")
    parser.add_argument("--warmup_ratio", type=float, default=0.1, help="")
    parser.add_argument("--output_dir", type=str, default=None, help="")
    parser.add_argument("--seed", type=int, default=1234, help="")
    parser.add_argument("--local_rank", type=int, default=-1, help="")
    parser.add_argument("--show_loss_step", default=10, type=int, help="")
    parser.add_argument("--gradient_checkpointing", action='store_true', help="")
    parser.add_argument("--save_model_step", default=None, type=int, help="")
    parser.add_argument("--sys_prompt", default="", type=str, help="")
    # DeepSpeed 配置
    parser.add_argument("--ds_file", type=str, default="ds_zero2.json", help="")
    # QLoRA 配置
    parser.add_argument("--lora_dim", type=int, default=8, help="")
    parser.add_argument("--lora_alpha", type=int, default=64, help="")
    parser.add_argument("--lora_dropout", type=float, default=0.1, help="")

    parser = deepspeed.add_config_arguments(parser)
    return parser.parse_args()
```

```
def train():
    # 设置模型训练参数
    args = parse_args()
    # 判断是多卡训练还是单卡训练
    if args.local_rank == -1:
        device = torch.device("cuda")
    else:
        torch.cuda.set_device(args.local_rank)
        device = torch.device("cuda", args.local_rank)
        deepspeed.init_distributed()
    args.global_rank = torch.distributed.get_rank()
    # 设置 tensorboard，记录训练过程中的损失以及 PPL 值
    if args.global_rank <= 0:
        tb_write = SummaryWriter()
    # 设置随机种子，方便模型复现
    set_random_seed(args.seed)
    torch.distributed.barrier()
    # 加载千问模型分词器
    tokenizer = QWenTokenizer.from_pretrained(args.model_name_or_path)
    tokenizer.pad_token_id = tokenizer.eod_id
    # 加载千问模型
    device_map = {'': int(os.environ.get('LOCAL_RANK', '0'))}
    model_config = QWenConfig.from_pretrained(args.model_name_or_path)
    model = QWenLMHeadModel.from_pretrained(args.model_name_or_path,
            quantization_config=BitsAndBytesConfig(
                                load_in_4bit=True,
                                bnb_4bit_compute_dtype=model_config.torch_dtype,
                                bnb_4bit_use_double_quant=True,
                                bnb_4bit_quant_type="nf4",
                                llm_int8_threshold=6.0,
                                llm_int8_has_fp16_weight=False,),
            torch_dtype=model_config.torch_dtype,
            device_map=device_map)
    model = prepare_model_for_kbit_training(model)
    # 找到模型中所有的全连接层
    lora_module_name = find_all_linear_names(model)
    # 设置 LoRA 配置，并生成外挂可训练参数
    config = LoraConfig(r=args.lora_dim,
                        lora_alpha=args.lora_alpha,
                        target_modules=lora_module_name,
```

```
                        lora_dropout=args.lora_dropout,
                        bias="none",
                        task_type="CAUSAL_LM",
                        inference_mode=False,
                        )
    model = get_peft_model(model, config)
    model.config.torch_dtype = torch.float32
    # 打印可训练参数
    for name, param in model.named_parameters():
        if param.requires_grad == True:
            print_rank_0(name, 0)
    print_trainable_parameters(model)

    # 加载模型训练所需要的数据，如果是多卡训练需要分布式加载数据
    train_dataset = QwenPromptDataSet(args.train_path, tokenizer, args.max_len,
args.max_src_len, args.is_skip)
    test_dataset = QwenPromptDataSet(args.test_path, tokenizer, args.max_len,
args.max_src_len, args.is_skip)
    if args.local_rank == -1:
        train_sampler = RandomSampler(train_dataset)
        test_sampler = SequentialSampler(test_dataset)
    else:
        train_sampler = DistributedSampler(train_dataset)
        test_sampler = DistributedSampler(test_dataset)

    data_collator = DataCollator(tokenizer)
    train_dataloader = DataLoader(train_dataset, collate_fn=data_collator, sam-
pler=train_sampler, batch_size=args.per_device_train_batch_size)
    test_dataloader = DataLoader(test_dataset, collate_fn=data_collator, sam-
pler=test_sampler, batch_size=args.per_device_train_batch_size)
    print_rank_0("len(train_dataloader) = {}".format(len(train_dataloader)), args.
global_rank)
    print_rank_0("len(train_dataset) = {}".format(len(train_dataset)), args.glob-
al_rank)

    # 加载 DeepSpeed 配置文件，并进行修改
    with open(args.ds_file, "r", encoding="utf-8") as fh:
        ds_config = json.load(fh)
    ds_config['train_micro_batch_size_per_gpu'] = args.per_device_train_batch_size
    ds_config[ 'train_batch_size'] = args.per_device_train_batch_size * torch.dis-
tributed.get_world_size() * args.gradient_accumulation_steps
```

```
    ds_config['gradient_accumulation_steps'] = args.gradient_accumulation_steps
    # load optimizer
    ds_config["optimizer"]["params"]["lr"] = args.learning_rate
    ds_config["optimizer"]["params"]["betas"] = (0.9, 0.95)
    ds_config["optimizer"]["params"]["eps"] = 1e-8
    ds_config["optimizer"]["params"]["weight_decay"] = 0.1
    num_training_steps = args.num_train_epochs * math.ceil(len(train_dataloader) / 
args.gradient_accumulation_steps)
    print_rank_0("num_training_steps = {}".format(num_training_steps), args.glob-
al_rank)
    num_warmup_steps = int(args.warmup_ratio * num_training_steps)
    print_rank_0("num_warmup_steps = {}".format(num_warmup_steps), args.global_
rank)
    ds_config["scheduler"]["params"]["total_num_steps"] = num_training_steps
    ds_config["scheduler"]["params"]["warmup_num_steps"] = num_warmup_steps
    ds_config["scheduler"]["params"]["warmup_max_lr"] = args.learning_rate
    ds_config["scheduler"]["params"]["warmup_min_lr"] = args.learning_rate * 0.1

    # 设置模型 gradient_checkpointing
    if args.gradient_checkpointing:
        model.gradient_checkpointing_enable()
        if hasattr(model, "enable_input_require_grads"):
            model.enable_input_require_grads()
        else:
            def make_inputs_require_grad(module, input, output):
                output.requires_grad_(True)

            model.get_input_embeddings().register_forward_hook(make_inputs_require_
grad)

    # 利用 DeepSpeed 对模型进行初始化
    model, optimizer, _, lr_scheduler = deepspeed.initialize(model=model, 
args=args, config=ds_config, dist_init_required=True)
    tr_loss, logging_loss, min_loss = 0.0, 0.0, 0.0
    global_step = 0
    # 模型开始训练
    for epoch in range(args.num_train_epochs):
        print_rank_0("Beginning of Epoch {}/{}, Total Micro Batches {}".format(ep-
och + 1, args.num_train_epochs, len(train_dataloader)), args.global_rank)
        model.train()
        # 遍历所有数据
```

```
        for step, batch in tqdm(enumerate(train_dataloader), total=len(train_data-
loader), unit="batch"):
            batch = to_device(batch, device)
            # 获取训练结果
            outputs = model(**batch, use_cache=False)
            loss = outputs.loss
            # 损失进行回传
            model.backward(loss)
            tr_loss += loss.item()
            torch.nn.utils.clip_grad_norm_(model.parameters(), 1.0)
            model.step()
            # 当训练步数整除累计步数时，记录训练损失值和模型保存
            if (step + 1) % args.gradient_accumulation_steps == 0:
                global_step += 1
                # 损失值记录
                if global_step % args.show_loss_step == 0:
                    if args.global_rank <= 0:
                        tb_write.add_scalar("train_loss", (tr_loss - logging_loss)
/ (args.show_loss_step * args.gradient_accumulation_steps), global_step)
                        logging_loss = tr_loss
                # 模型保存并验证测试集的 PPL 值
                if args.save_model_step is not None and global_step % args.save_
model_step == 0:
                    ppl = evaluation(model, test_dataloader, device)
                    if args.global_rank <= 0:
                        tb_write.add_scalar("ppl", ppl, global_step)
                        print_rank_0("save_model_step-{}: ppl-{}".format(global_
step, ppl), args.global_rank)
                    if args.global_rank <= 0:
                        save_model(model, tokenizer, args.output_dir, f"epoch-{ep-
och + 1}-step-{global_step}")
                    model.train()
        # 每个 Epoch 对模型进行一次测试，记录测试集的损失
        ppl = evaluation(model, test_dataloader, device)
        if args.global_rank <= 0:
            tb_write.add_scalar("ppl", ppl, global_step)
            print_rank_0("save_model_step-{}: ppl-{}".format(global_step, ppl),
args.global_rank)
        if args.global_rank <= 0:
            save_model(model, tokenizer, args.output_dir, f"epoch-{epoch + 1}-
step-{global_step}")
```

在模型在训练时，可以在文件中修改相关配置信息，也可以通过命令行运行 train.py 文件指定相关配置信息。其中，一般进行设置的配置信息如表 7-1 所示。

表 7-1　模型训练配置信息

配置项名称	含义	默认值
model_name_or_path	Qwen-1.8B 模型文件路径	Qwen-1_8-chat/
train_path	对话要素抽取的训练数据	data/train.json
test_path	对话要素抽取的测试数据	data/test.json
max_len	模型最大长度	2048
max_src_len	输入最大长度	1560
per_device_train_batch_size	每个设备训练批次大小	2
learning_rate	学习率	1e-4
num_train_epochs	训练轮数	5
gradient_accumulation_steps	梯度累计步数	4
warmup_ratio	预热概率	0.03
output_dir	模型保存路径	output_dir_qlora/
seed	随机种子	1234
show_loss_step	日志打印步数	10
save_model_step	模型保存路径	100
lora_dim	低秩矩阵维度	8

模型单卡训练命令如下。

```
CUDA_VISIBLE_DEVICES=0 deepspeed --master_port 5545 train.py --train_path data/
train.json --test_path data/test.json --model_name_or_path Qwen-1_8-chat/ --per_
device_train_batch_size 2 --max_len 2048 --max_src_len 1560 --learning_rate 1e-4
--weight_decay 0.1 --num_train_epochs 3 --gradient_accumulation_steps 4 --warmup_
ratio 0.03 --seed 1234 --show_loss_step 10 --lora_dim 16 --lora_alpha 64 --save_
model_step 100 --lora_dropout 0.1 --output_dir ./output_dir_qlora --gradient_
checkpointing --ds_file ds_zero2_no_offload.json --is_skip
```

模型四卡训练命令如下。

```
CUDA_VISIBLE_DEVICES=0,1,2,3 deepspeed --master_port 5545 train.py --train_path
data/train.json --test_path data/test.json --model_name_or_path Qwen-1_8-chat/
--per_device_train_batch_size 2 --max_len 2048 --max_src_len 1560 --learning_
rate 1e-4 --weight_decay 0.1 --num_train_epochs 3 --gradient_accumulation_steps 4
--warmup_ratio 0.03 --seed 1234 --show_loss_step 10 --lora_dim 16 --lora_alpha 64
```

```
--save_model_step 100 --lora_dropout 0.1 --output_dir ./output_dir_qlora --gradi-
ent_checkpointing --ds_file ds_zero2_no_offload.json --is_skip
```

在模型训练过程中，通过 CUDA_VISIBLE_DEVICES 参数控制具体哪块或哪几块显卡进行训练，如果不加该参数，表示使用运行机器上所有卡进行训练。模型训练过程所需的显存大小为 24GB，训练参数占总参数的比例为 1.0794%。如果没有足够大的显卡，可以减小模型最大长度和训练批次大小。

运行状态如图 7-8 所示。

```
    "train_micro_batch_size_per_gpu": 2,
    "steps_per_print": 10,
    "zero_optimization": {
        "stage": 2,
        "offload_param": {
            "device": "auto"
        },
        "offload_optimizer": {
            "device": "auto"
        }
    },
    "bf16": {
        "enabled": true
    },
    "fp16": {
        "enabled": false,
        "loss_scale": 0,
        "loss_scale_window": 100
    },
    "gradient_clipping": 1.0,
    "prescale_gradients": false,
    "wall_clock_breakdown": false,
    "scheduler": {
        "type": "WarmupDecayLR",
        "params": {
            "last_batch_iteration": -1,
            "total_num_steps": 1.515000e+03,
            "warmup_min_lr": 1e-05,
            "warmup_max_lr": 0.0001,
            "warmup_num_steps": 45,
            "warmup_type": "cosine"
        }
    },
    "optimizer": {
        "type": "AdamW",
        "params": {
            "lr": 0.0001,
            "betas": [0.9, 0.95],
            "eps": 1e-08,
            "weight_decay": 0.1
        }
    },
    "gradient_accumulation_steps": 4
}
Beginning of Epoch 1/5, Total Micro Batches 1209
  2%|█                                                    | 24/1209 [00:17<11:49,  1.67batch/s]
```

图 7-8　模型训练示意图

模型训练完成后，可以根据使用 Tensorboard 查看训练损失下降情况以及测试集困惑度变化情况，如图 7-9 所示。

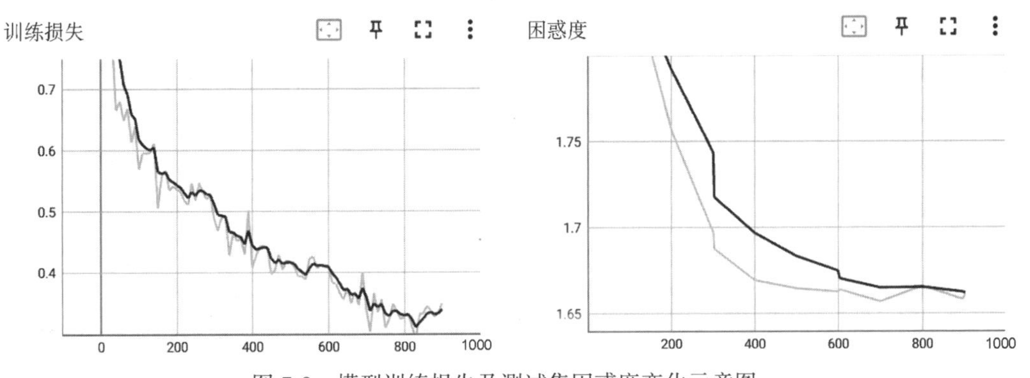

图 7-9　模型训练损失及测试集困惑度变化示意图

7.3.4　模型预测

为了保证模型在保存时，所存储变量尽可能小，以节约模型存储时间，在7.3.2节中模型存储时，仅保存了训练的参数，即外挂的LoRA参数。因此在模型预测前，需要进行参数融合，即将外挂参数合并到原来模型的参数中，形成一个新的模型。这样在模型进行预测的过程中，不会增加额外的推理时间。参数融合代码见merge_params.py文件，具体步骤如下。

步骤1：设置模型融合参数。

步骤2：加载千问原始模型参数。

步骤3：加载LoRA方法训练的增量参数。

步骤4：调用merge_and_unload函数，将外挂参数合并到原始参数中。

步骤5：将合并后的模型参数进行保存。

```
def set_args():
    parser = argparse.ArgumentParser()
    parser.add_argument('--device', default='0', type=str, help='')
    parser.add_argument('--ori_model_dir', default="Qwen-1_8-chat/", type=str,
help='')
    parser.add_argument('--model_dir', default="output_dir_qlora/epoch-3-step-
906/",type=str, help='')

parser.add_argument('--save_model_dir',default="output_dir_qlora/epoch-3-step-906-
merge/",
type=str, help='')
    return parser.parse_args()


def main():
    # 设置模型融合参数
    args = set_args()
    if args.device == "-1":
        device = "cpu"
    else:
        device = "cuda:{}".format(args.device)
    # 加载千问原始模型
    base_model=QWenLMHeadModel.from_pretrained(args.ori_model_dir, torch_dtype=
torch.float16, device_map=device)
    tokenizer = QWenTokenizer.from_pretrained(args.ori_model_dir)
    # 加载 LoRA 外挂参数
```

```
    lora_model=PeftModel.from_pretrained(base_model,args.model_dir, torch_dtype=
torch.float16)
    # 将外挂参数合并到原始参数中
    model = lora_model.merge_and_unload()
    # 将合并后的参数进行保存
    model.save_pretrained(args.save_model_dir, max_shard_size="5GB")
    tokenizer.save_pretrained(args.save_model_dir)
```

完成模型参数融合后，可以进行单条测试。测试文件为 predict.py，主要涉及以下步骤。

步骤 1：设置预测的配置参数。

步骤 2：加载融合 LoRA 参数后的模型以及 Tokenizer。

步骤 3：内置对话要素抽取的提示词内容。

步骤 4：输入对话文本，进行对话要素抽取。

```
def parse_args():
    parser = argparse.ArgumentParser()
    parser.add_argument("--device", type=str, default="0", help="")
    parser.add_argument("--model_path", type=str, default="output_dir_qlora/epoch-
3-step-906-merge/", help="")
    parser.add_argument("--max_tgt_len", type=int, default=512, help="")
    parser.add_argument("--do_sample", type=bool, default=True, help="")
    parser.add_argument("--top_p", type=float, default=0.8, help="")
    parser.add_argument("--temperature", type=float, default=0.8, help="")
    parser.add_argument("--repetition_penalty", type=float, default=1.1, help="")
    return parser.parse_args()

if __name__ == '__main__':
    # 设置预测的配置参数
    args = parse_args()
    # 加载融合 LoRA 参数后的模型以及 Tokenizer
    model = QWenLMHeadModel.from_pretrained(args.model_path, torch_dtype=torch.
float16,  device_map="cuda:{}".format(args.device))
    model.eval()
    tokenizer = QWenTokenizer.from_pretrained(args.model_path)
    # 内置对话要素抽取的提示词内容
    instruction = "你现在是一个医疗对话要素抽取专家。\n" \
                  "请针对下面对话内容抽取出药品名称、药物类别、医疗检查、医疗操作、现病史、辅助
检查、诊断结果和医疗建议等内容，并且以 JSON 格式返回，Key 为上述待抽取的字段名称，Value 为抽取出的
文本内容。\n" \
                  "注意事项：(1) 药品名称、药物类别、医疗检查和医疗操作的内容会在对话中存在多
```

```
个，因此 Value 内容以 List 形式存放；若抽取内容为空，则为一个空的 List；\n" \
                    "（2）抽取出的药品名称、药物类别、医疗检查和医疗操作对应内容，需要完全来自于
原文，不可进行修改，内容不重复；\n" \
                    "（3）现病史、辅助检查、诊断结果和医疗建议的内容需要根据整个对话内容进行总结
抽取，Value 内容以 Text 形式存放。\n" \
                    "对话文本：\n"
    # 输入对话文本，进行对话要素抽取
    while True:
        print('开始对对话内容进行要素抽取，输入 Ctrl+C，则退出')
        text = input("输入的对话内容为：")
        response = predict_one_sample(model, tokenizer, instruction, text, args)
        print("对话要素抽取结果为：")
        print(response)
```

其中，单样本预测的具体步骤如下。

步骤 1：获取解码的配置参数，涉及生成内容最大长度、TopP 解码的 Top-P 概率、温度、重复惩罚因子等。

步骤 2：根据文本内容，融合提示词和输入对话内容，构建模型输入所需要的 input_ids。

步骤 3：进行模型预测，输出结果。

步骤 4：对输出内容进行截取，仅截取生成内容，并将其转化为字符串。

```
def predict_one_sample(model, tokenizer, instruction, text, args):
    # 获取解码的配置参数，涉及生成内容最大长度、TopP 解码的 Top-P 概率、温度、重复惩罚因子等
    generation_config = model.generation_config
    generation_config.min_length = 5
    generation_config.max_new_tokens = args.max_tgt_len
    generation_config.top_p = args.top_p
    generation_config.temperature = args.temperature
    generation_config.do_sample = args.do_sample
    generation_config.repetition_penalty = args.repetition_penalty
    # 根据文本内容，融合提示词和输入对话内容，构建模型输入所需要的 input_ids
    input_ids = build_prompt(tokenizer, instruction, text, model.device)
    # 进行结果预测
    outputs = model.generate(input_ids, generation_config=generation_config,
                    stop_words_ids=[[tokenizer.im_end_id], [tokenizer.im_start_id]])
    # 仅截取生成内容
    response = outputs.tolist()[0][len(input_ids[0]):]
    # 将 ID 内容转化成字符串进行输出
    response = tokenizer.decode(response, skip_special_tokens=True)
    return response
```

在模型预测时，可以在文件中修改相关配置信息，也可以通过命令行运行 predict.py 文件指定相关配置信息。模型预测配置信息如表 7-2 所示。

表 7-2　模型预测配置信息

配置项名称	含义	默认值
device	训练时设备信息	0
model_path	模型路径	output_dir_qlora/epoch-3-step-906-merge/
max_tgt_len	生成最大长度	512
do_sample	是否随机解码	True
top_p	取超过 p 的词	0.8
temperature	解码温度值	0.8
repetition_penalty	重复词的惩罚项	1.1

模型单条预测命令如下，运行后如图 7-10 所示。

```
python3 predict.py --device 0 --model_path "output_dir_qlora/epoch-3-step-906-merge" --max_tgt_len 512 --top_p 0.8  --temperature 0.8 --repetition_penalty 1.1
```

```
[root@d890607305d3 DiaEleExtra]# python3 predict.py
开始对对话内容进行要素抽取，输入Ctrl+C，则退出
输入的对话内容为：
```

图 7-10　预测示意图

对要素抽取模型进行预测测试，针对每个医疗对话内容进行要素抽取，测试样例详细如下。

样例 1：

输入的对话内容为：医生： 你好\n 患者： 你好，医生\n 医生： 目前看过医生，具体确诊了什么疾病\n 患者： 啥都没说\n 患者： 就拿了药吃\n 医生： 是确诊了小儿感冒吗\n 患者： 拿的儿童回春颗粒和柴黄颗粒\n 患者： 叫打针我没打，从来没有打过，都是吃药！ \n 患者： 我问了，喉咙没痰，肺上也没事！ \n 医生： 嗯，看到这俩药，还是对目前孩子这个症状，很对症。我看烧的也不是太高，血常规化验中血象不高，暂时不需要输液\n 医生： 这俩药吃多久了，有效果吗\n 患者： 今天才吃\n 患者： 不知道是不是预防针的问题\n 患者： 都是中成药吧\n 医生： 是的，这个都是中成药，比较温和，副作用小\n 患者： 哦！希望有效果！不严重就好！！ \n 医生： 看目前鼻塞、咳嗽症状，还是呼吸道感染，引起发烧\n 患者： 谢谢你，吃三天看看有效果不！ \n 医生： 只要肺里和气管里没问题，一般没有太严重问题\n 医生： 可以的，可以吃三天看看效果，发烧注意多喝水\n 患者： 气管里怎么检查？？？ \n 患者： 好的\n 医生： 主要是靠有经验医生听诊\n 医生： 或者有的时候，也可以拍胸片来看\n 患者： 喔！鼻塞都有一段时间了！我没给他戴帽子！ \n 医生： 注意保暖，多喝水\n 医生： 鼻塞，打喷嚏，比较怕冷\n 医生： 要做好护理\n 患者： 好的！谢谢！！ \n 医生： 建议服药治疗，加强保暖，多喝水。治疗 3 天后，就医小儿科，让医生检查。看病情恢复情况\n 患者： 嗯嗯！好的！ \n 医生： 好的，拉的有点稀的话，可以吃点益生菌调理\n 医生： 考虑是个小儿胃肠型感冒。注意清淡饮

```
食，保暖腹部\n患者：喔！好的！\n患者：医生也叫我吃清淡点，不要吃荤\n医生：好的，有问题随时再联络。吃点药，多喝水，保暖，做好护理。\n医生：是的，孩子吃母乳的话，妈妈也不要吃得油腻，不要吃凉的\n患者：好的，谢谢你，医生！\n医生：别客气，应该的\n
对话要素抽取结果为：
```json
{"药品名称": ["儿童回春颗粒", "柴黄颗粒"], "药物类别": ["益生菌"], "医疗检查": ["血常规", "血象", "听诊", "胸片"], "医疗操作": ["打针", "输液", "预防针", "服药治疗", "照个胸片"], "现病史": "患儿发热，体温最高38度4。服用中药及打针后体温降低至正常，精神稍差。", "辅助检查": "", "诊断结果": "考虑胃肠型感冒。", "医疗建议": "继续服用中药及益生菌，观察病情变化，必要时及时就诊。"}
```
样例2：
输入的对话内容为：医生：您好，宝宝腹泻多久了？\n患者：三个月\n医生：一天拉几次？大便什么样子？\n患者：拉的次数不一定，有时候肚子咕噜咕噜的响之后就会有稀便流出来，\n医生：大便什么颜色？有没有奶瓣、黏液或者脓血？\n患者：宝宝做过巨结肠手术\n医生：什么时候做的手术？\n患者：绿色，有奶瓣、黏液、脓血，6月6号\n医生：查大便常规了吗？有照片吗我看看\n患者：查了，没有照片\n患者：当时说是有点感染，会不会是肠炎\n医生：嗯呢，当时有没有白细胞，红细胞脓细胞多少？\n患者：都没有，没查这些\n医生：如果查大便常规的话，这些都有的\n患者：人家大夫没说\n医生：大便有脓血一般是细菌性肠炎或者菌痢\n医生：给宝贝治疗了吗？\n患者：吃了点药\n医生：吃了多久，复查大便了吗？\n患者：半个月\n患者：没有复查\n医生：后来大便有没有再像之前一样？\n患者：跟之前一样，\n
对话要素抽取结果为：
```json
{"药品名称": [], "药物类别": [], "医疗检查": ["大便常规", "白细胞", "红细胞", "脓细胞"], "医疗操作": ["手术"], "现病史": "患儿无明显诱因下出现腹泻伴稀水样便情况，无咳嗽咳痰，无恶心呕吐，无其他明显不适症状。精神状态一般，胃纳一般，余如常。", "辅助检查": "", "诊断结果": "小儿腹泻。", "医疗建议": "予相关病因查明后对因治疗。"}
```
```

通过对测试结果分析，可以看出经过微调的模型，输出内容格式和要素抽取结果均有明显提高。输出结果格式为定义的JSON格式，对药品名称、药物类别、医疗检查和医疗操作的抽取内容均来自于原对话，并且没有重复内容。对于现病史、辅助检查、诊断结果和医疗建议的要素抽取内容均通过总结提炼得出，符合任务原本预期。

7.4　本章小结

本章主要介绍了对话要素抽取应用，并通过GPT-3.5 API和Qwen-1.8B模型进行测试，最后利用Qwen-1.8B模型进行微调实战，让读者更加深入地了解对话要素抽取任务的原理、流程，以及如何利用真实场景数据来进行大型语言模型的对话要素抽取调优。

CHAPTER 8

第 8 章

Agent 应用开发

Agent 最早是在 20 世纪后半叶开始形成的，通常基于简单的规则或算法，目的是在特定领域内模仿人类的决策过程或自动化执行某些任务。

8.1 Agent 概述

2023 年，Agent 的概念因大型语言模型（LLM）的发展而再次流行起来。LLM 如 GPT 系列的出现，强化了 Agent 的能力，使其不仅能够执行基本任务，还能进行复杂的语言理解和生成，以及更加复杂的决策制定。这些进步使得 Agent 能够在更广泛的应用场景中发挥作用，例如在客户服务、个性化推荐、自动化内容生成等领域。

如果没有 LLM 的支持，Agent 将丧失多个关键能力：

- 听不懂，看不懂。没有文字、音频、视频和图像的多模态 LLM，Agent 无法有效地理解复杂的语言输入。这意味着它们无法从用户的语言表达中准确地捕捉意图和信息。例如上传医疗检测单据图片，Agent 需要读取图片上的文字信息，以帮助检查人员更快过滤检验结果。
- 理解不了。没有高级的语言处理能力，Agent 将无法进行深入的语义理解和情感分析，从而在理解用户需求和响应方面变得有限，这样会导致 Agent 没有“沟通能力”。
- 说不出来。没有 LLM 的内容生成能力，Agent 在语言生成方面的能力也将大幅缩水。它们将无法生成自然、流畅且符合上下文的语言回应，影响与用户的交互质量。
- 推理不了。没有 LLM 的推理能力，Agent 就像侦探有了线索但无法破案。Agent 在任务分解和目标规划以及自我反思中都陷入僵局。Agent 无法理解用户的目标，做任务拆解以及对任务的执行情况进行迭代。

由此可见，LLM 的技术发展，在 Agent 应用开发中扮演着至关重要的角色，这也是在 2023 年的 LLM 技术浪潮中，Agent 项目大放异彩的主要原因。总的来说，Agent 是一个智能系统，能够在复杂环境中自主行动，以实现特定的目标或任务。这些 Agent 通常被设计为能够感知环境、做出决策，并通过执行动作来影响环境。

1. Agent 的关键特性

Agent 通常有两个关键特性。

Agent 的一个关键特性是利用 LLM 作为推理引擎。Agent 通过 LLM 来决定如何与外部世界进行交互，这意味着代理的行为不是预设的序列（硬编码是预置流程），而是根据用户输入和先前动作的结果动态决定的。这种灵活性使得代理能够应对多变的环境和复杂的任务。

Agent 的另一个关键特性是工具的使用。人类与动物的最大区别是会制造和使用工具。同样地，越是智能的 Agent，不仅拥有大量工具，而且在不同环境和不同任务场景下，会自主选择和使用工具。例如一个 QA 查询的 Agent，尽管简单的问答可以解决一些用户问题，但在处理更复杂或一些边界问题时，灵活的 Agent 则显得尤为重要。例如用户查询完后，希望搜索更多相关实时的信息。那么就要求 Agent 是连接到数据源或计算资源的，如搜索 API 和数据库，来弥补大型语言模型的局限性（这里特指各大模型的知识截断问题，LLM 无法直接回答实时社会产生的信息）。灵活的 Agent 不仅提高了数据处理的能力和多样性，还使 Agent 能够拓宽应用范围，增强用户体验，并持续学习和适应新的挑战。随着 LLM 技术的不断突破，我们可以预见，未来的 Agent 技术将更加智能，可完成更复杂的任务。

2. Agent 的应用范围

Agent 技术的应用范围广泛且多样化，它们不仅仅是简单的自动化工具，而是能够在多个领域中提供高效和创新的解决方案的工具。以下是 Agent 技术的一些主要应用领域。

1）自动化和效率化的工具。Agent 技术在复杂任务自动化和提高工作效率方面起着至关重要的作用。无论是简单的数据查询还是复杂的决策制定，都能显著减少人工操作，优化工作流程。

2）数据分析和处理。在处理大量数据和执行复杂分析方面，Agent 技术发挥着重要作用。它能够从海量数据中提取有价值的信息，为企业和研究者提供快速、准确的洞察。

3）交互式用户体验。Agent 技术通过自然语言处理和上下文感知技术，提供个性化和互动的用户体验，从而改善用户交互。

4）智能决策支持。Agent 技术作为决策支持工具，在分析复杂情况和提供基于数据的建议方面表现突出，特别是在商业、医疗和科研等领域。

5）集成与扩展服务。Agent 能够集成多种工具和服务，通过 API 调用外部服务，将不同的功能和信息源集成到一个统一的接口中，为用户提供全面和扩展的功能。

6）自适应学习和进化。Agent 技术具有学习和适应的能力，能够根据用户反馈和行为模式不断进化，以更好地满足用户需求。

3. Agent 的类型

在 Lilian Weng 的博客“LLM Powered Autonomous Agents”中对 Agent 做了 3 种分类。

1）自主代理：如 AutoGPT，这类代理以 LLM 作为“大脑”，能够独立执行任务。它们具有自我学习和适应能力，适用于复杂的决策过程。

2）增强型代理：如工具增强型语言模型（TALM、Toolformer），这类代理通过结合外部工具或 API 来扩展其功能，能够执行超出普通语言模型能力范围的任务。

3）专业化代理：如用于药物发现的 ChemCrow，这类代理针对特定领域设计，具有该领域内的专业知识。专业化代理在企业和个人用户之间受到极大欢迎，这反映出了人们对此类代理的强烈需求。表 8-1 展示了用户最渴望的专业化代理类型。

表 8-1 专业化代理类型

Agent 类型	适用范围
政策模板创建器	生成组织政策的模板，如员工福利政策
博客大纲开发者	根据给定主题创建博客的结构化大纲，帮助作者系统化内容创作
广告文案生成器	制作营销内容，根据产品特性和相关信息编写吸引人的广告文案
Email 活动策略家	创建个性化电子邮件活动，分析目标受众画像，开发电子邮件内容
产品描述撰写者	生成详细且专注的产品描述，突出关键特性和优势，吸引潜在客户
常见问题生成器	为产品或服务创建常见问题解答（FAQ），分析产品细节，生成相关问题和答案
法律文件总结者	将复杂的法律文件浓缩为更易于理解的通俗语言，便于快速理解
职位描述撰写者	根据给定的候选人要求和公司信息创建职位描述，制作工作广告
客户支持助手	提供客户支持，分析客户问题和查询，提供准确、有用的响应

当我们看到这么多 Agent 类型时，很自然地萌生出想要创建一些帮助自己解决工作和生活问题 Agent 的想法。那么，下面我们来了解 Agent 的主要模块，它是我们构建 Agent 的起点。

8.2 Agent 的主要模块

Agent 包含什么？如何定义一个 Agent？ Lilian Weng 的博客“LLM Powered Autonomous Agents”清晰地定义了 LLM 驱动的 Agent 系统的核心模块。

（1）LLM 模块

LLM 模块是 Agent 的核心，负责处理用户输入、生成响应、执行操作等，相当于

Agent 的“大脑”。因为 Agent 不是按预设路径行动的，而是根据实时情况来动态调整其行为策略，所以 LLM 模块不仅是处理和生成响应的工具，而是作为一个动态的推理引擎，关键在于决定如何与外部世界互动。LLM 模块在处理复杂交互和决策中处于核心地位。

（2）Planning 模块

Planning 模块负责制订 Agent 的行动计划，包括将大型任务分解为多个子目标，以及对过去的行动进行反思和改进。Agent 在处理多跳任务时，其灵活性和能力需要强大的 Planning 模块的支持。这意味着 Planning 模块不仅制订行动计划，还需要能够根据代理的经验和环境变化进行适应和调整。

（3）Memory 模块

Memory 模块用于存储 Agent 的记忆，包括短期记忆（用于存储当前会话中的数据）和长期记忆（用于存储长期的数据）。记忆不仅仅是被动的信息存储，而是一个动态、可访问且可更新的系统，Memory 模块被视为一种高度动态的系统。这个系统的 3 个特征是：动态性、可访问、可更新。动态性意味着记忆不是静止不变的，而是随着时间和环境的变化而持续演变。在 Agent 的上下文中，这种动态性使得记忆能够适应新的情况和需求，从而更好地支持 Agent 的任务执行和决策过程。可访问表示代理能够根据需要检索和使用存储在记忆中的信息。可更新指的是记忆系统不仅能存储过去的信息，还能根据新的经验和数据进行更新。这种特性允许智能代理从其交互和经验中学习，不断调整其知识库和行为模式。代理能够根据新的观察或反馈更新其记忆，从而提高对未来情况的适应能力和决策质量。

（4）Tools 模块

Tools 模块是 Agent 可以使用的工具。这个模块不仅包括 LLM 本身的语言功能，还包括各种外部工具，如通过 API 调用的数据源、计算资源和其他服务。Tools 模块的核心在于为 Agent 提供必要的资源和能力，使其能够执行更加复杂和多样化的任务。在使用 Tools 模块时，Agent 代理需要展现出高度的上下文意识和决策能力。这意味着 Agent 不仅要能够识别何时使用哪个工具，还要能够根据特定任务或情境选择最合适的工具。例如，Agent 可能会根据任务的复杂性或所需的特定信息类型，决定是使用内部的 LLM 功能还是调用外部 API。有效地使用工具不仅包括选择正确的工具，还包括如何高效地利用这些工具。这可能涉及优化工具调用的方式、减少不必要的工具使用，以及如何整合多个工具的输出以得到最佳结果。Agent 在使用 Tools 模块时，应避免资源浪费并确保任务执行的高效性。

（5）Feedback 模块

Feedback 模块是 Agent 从用户处获得的反馈，可以帮助 Agent 改进性能、提高准确性。准确性是衡量一个 Agent 优劣的标准之一。特别是如何使代理在不同环境下可靠地运行，是人们日益增长的需求。Feedback 模块通过分析用户反馈来识别和修正代理的缺陷或不足之处。例如，如果用户反馈指出代理在某些任务上表现不佳，开发者可以利用这些信息来调整代理的行为或增强其能力。

综合 Lilian Weng 所做的上述模块定义，一个 Agent 的定义涉及多个层面，如图 8-1 所示。它是一个集成了 LLM（包含在图 8-1 的 Agent 方块内，Agent 的语言能力）、Planning、Memory、Tools 和 Feedback 等模块的系统。这些模块共同协作，使 Agent 能够自主执行任务、学习并改进其行为。

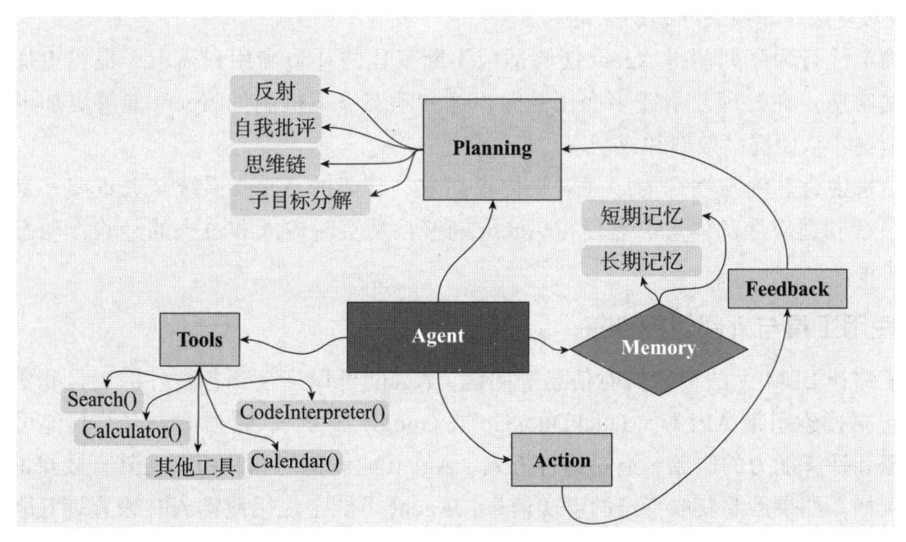

图 8-1 Agent 模块示意图

8.3 Agent 的行为决策机制

在探讨 Agent 的行为决策机制时，我们不仅关注它们如何执行任务，更重要的是理解它们如何做出这些决策。Agent 的决策过程不是静态的或预先设定的；相反，它依赖于一系列动态和适应性强的机制。这些机制使得代理能够根据实时数据、用户输入和自身先前的行动来灵活调整其行为。本节将深入分析这些机制及其对 Agent 功能的正确性和稳定性的影响。

1. 非确定性行为序列

要理解 Agent 的行为决策机制，首先要理解非确定性行为序列。非确定性行为序列是指在一个 Agent 程序的上下文中，Agent 的行为不是预先设定的固定步骤，而是基于实时数据和情况动态决定的。这与传统的、严格顺序的程序流程有显著区别。

首先，非确定性行为序列在实时反应方面，Agent 的每一步行动都会考虑到最新的用户输入。这使得 Agent 能够针对当前情境做出响应，而不是依赖于预设的脚本。

其次，非确定性行为序列会基于历史行动的考量。Agent 在决定下一步行动时，不仅会考虑当前的输入，还会考虑之前的行动和它们的结果。这种基于历史的决策使 Agent 能够从过去的经验中学习，并据此调整其行为。

非确定性行为序列又是如何实现的呢？依靠LLM作为推理工具，帮助Agent决定如何与外部世界互动，而不仅仅是用于生成回复的工具。另外，它还允许Agent探索多种可能的行动路径（包含正确和错误的路径），而不是单一、线性的解决方案。这种探索能力是Agent应对复杂、非线性问题的关键。

非确定性行为序列使得Agent能够适应不断变化的环境和用户需求，提供更加个性化和有效的响应。在处理复杂或多变任务时，这种动态决策机制使Agent能够更加灵活地应对各种情况，从而提高效率和成功率。

总结来说，非确定性行为序列对于构建高效、智能的Agent系统至关重要，是智能代理高度灵活和适应性的体现。它使得Agent能够根据实时输入和过去的经验，动态地做出合理的决策。

2. 使用工具与外部世界连接

为了弥补LLM无法更新实时信息等问题，Agent可以连接到各种外部工具和资源。这些工具包括搜索引擎API（如DuckDuckGo或Google搜索）、数据库，以及其他可以提供额外数据和计算能力的服务。通过这种方式，Agent能够访问和利用不在其直接知识库中的信息。例如，如果需要获取特定的事实信息，Agent可能会使用搜索API来查询互联网上的相关数据。同样，对于数学问题，Agent可以利用外部的数学处理工具或API来获得精确的计算结果。

这种连接到外部工具和资源的能力极大地提高了Agent的功能性和准确性。它允许Agent执行超出其原生语言模型能力范围的任务，从而更有效地服务于用户。

另外，动态选择和使用这些工具也非常重要。Agent需要能够根据任务的需求和上下文，智能地决定何时以及如何使用特定的外部资源。

3. 错误恢复和处理多步骤任务

相比于传统的链式操作，Agent在错误恢复和处理多步骤任务方面有以下优势：

1）相对于简单的链式操作（如一个接一个地执行预定义的任务，即传统的自动化任务程序），Agent能够更灵活地应对变化。这是因为Agent不仅仅执行一系列固定的步骤，而是能够根据当前的上下文和之前的行动结果动态地调整其行为。这种灵活性使得Agent能够适应复杂和不断变化的环境，处理那些不可预见或非线性的任务。当然，在执行结果的稳定性方面，传统自动化程序的执行结果稳定性强，而LLM驱动的Agent还有很长的一段路需要走，尤其对于数据要求精准的领域。

2）Agent可以执行多步骤的、需要多阶段推理的任务。这是因为Agent具备高级的规划和决策能力，能够将大型任务分解为可管理的子任务，并在整个过程中动态调整策略。

3）Agent更擅长从错误中恢复。在链式操作中，一个错误可能导致整个过程失败。而Agent能够识别错误发生的环节，采取措施进行纠正，甚至在必要时改变策略或工具的选择。这种能力使得Agent在面对复杂、多变的任务时更加鲁棒。

所以，Agent 的灵活性和强大源于它能够根据实时数据和先前经验做出复杂决策的能力。这使得它在处理多变环境和复杂任务时，相比于简单的链式操作，具有显著优势。

4. Agent 的行动与观察的循环

Agent 的循环起始于用户的输入或查询。这是整个决策过程的触发点，Agent 需要理解和解析用户的请求来确定后续的行动路径。

在接收到用户的查询后，Agent 利用 LLM 来判断应该采取哪种行动。这一步涉及评估不同的工具选项和决定最合适的输入。LLM 在这里发挥着类似“大脑”的作用，对用户的查询进行理解和解析，然后基于这些信息推断出最佳的行动方案。

一旦确定了行动计划和所需工具，Agent 就会执行相应的操作。这可能包括调用外部 API、访问数据库或执行计算任务等。

执行操作后，Agent 会收集结果或反馈。这些观察结果是对先前行动的直接响应，提供了执行效果的关键信息。

Agent 随后将观察结果反馈到 LLM 中。这允许模型根据最新的信息调整和优化后续行动。这个步骤是一个迭代过程,Agent 通过不断地学习和适应来提升其响应的相关性和准确性。

这个循环将持续进行，直到满足预定的停止条件。停止条件可以是 LLM 认为问题已得到解决，或达到了某个预设的迭代次数限制。

整个“行动与观察的循环”体现了 Agent 在理解用户需求、选择合适行动、执行并评估结果方面的动态能力。这个循环确保了 Agent 在处理各种任务时的灵活性和适应性，使其能够在多变的环境中有效工作。

5. Agent 的思考和行动策略

Agent 的思考和行动策略在其发展中发挥了至关重要的作用。这些策略不仅加强了 Agent 的自我评估和迭代学习能力，还为它们提供了适应复杂、不断变化任务和环境所需的工具。通过结合动态记忆和自我反思，Agent 能够更加高效地运用过去的经验，以优化其未来的行为和决策。在这一过程中，ReAct 策略和 Reflexion 策略发挥了关键作用。

首先，ReAct 策略是 Agent 技术使用较广泛的思考和行动策略。ReAct 策略的提示词格式如下：

```
#ReAct 策略的提示词格式
Thought: ...
Action: ...
Observation: ...
... (Repeated many times)
```

ReAct 策略，即“理性思考后行动”（Reasoning and then Acting），是一个结合了链式思考（提示词格式中 Thought 的描述）和行动步骤（提示词格式中 Action 的描述）的 Agent 框架，提高了语言模型作为推理引擎的能力。ReAct 策略依赖于“链式思考”这一概念。在这个过程中，Agent 会通过逐步逻辑推理来处理复杂问题。这种方法类似于人类解决问题时的步骤化思考，帮助 Agent 更准确地理解问题和构建解决方案。图 8-2 展示了两种环境下的思考和行动过程，左侧是 HotpotQA 的问答系统操作过程，右侧是 AlfWorld Env 环境下的任务执行过程。

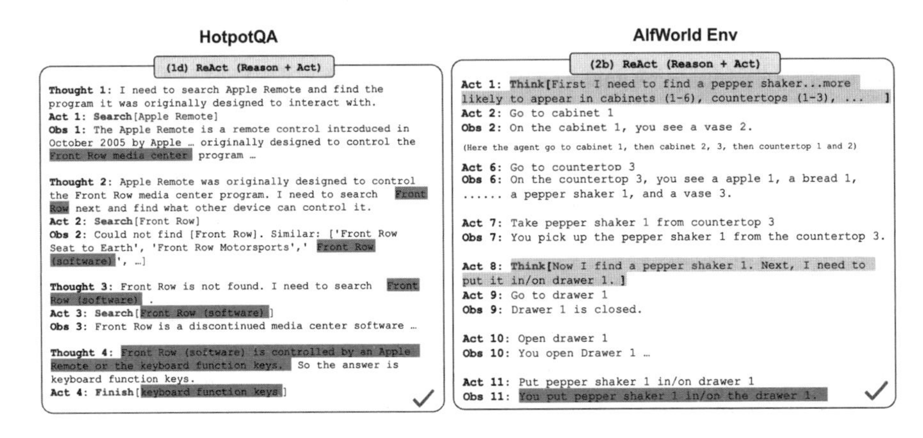

图 8-2　HotpotQA 和 AlfWorld Env 的推理轨迹示例

（图片来源：https://arxiv.org/abs/2210.03629）

在完成链式思考后，ReAct 策略要求 Agent 采取实际行动。这意味着 Agent 不仅仅停留在理论推理（提示词格式中 Observation 的描述）上，而是将这些推理转化为具体的、可执行的动作。通过 ReAct 策略，Agent 不只是执行预设的命令或响应，而是能够根据不同情境和输入信息做出更加复杂和适应性强的决策。

这样，ReAct 策略通过结合推理和行动，提高了 Agent 的准确性和可靠性。在解决复杂任务时，这种策略能够确保 Agent 考虑到所有相关因素，并基于全面的分析做出最佳决策。这对于在多变和不确定的实际应用场景中部署 Agent 至关重要。

其次，Reflexion 框架为 Agent 提供了动态记忆和自我反思的能力，这对于提高 Agent 的推理技巧至关重要。Reflexion 框架的特色是动态记忆，它允许 Agent 存储和检索过去的经验和知识，而自我反思则使得 Agent 能够基于这些信息进行深入的思考和学习。Agent 将这些反思添加到自己的工作记忆中。工作记忆作为 Agent 当前任务的上下文，可以在后续查询 LLM 时被利用。这样，Agent 能够根据过去的经验和反思来做出更加合理和高效的决策。自我反思的过程促进了 Agent 的持续学习和进化。通过不断地分析和改进自己的行为，Agent 能够更好地适应新的挑战和环境，提高其整体性能。

为了实现自我反思，Agent 通过给 LLM 展示特定的例子来创建反思过程。这些例子通常包括两种情况：一是失败的轨迹，即 Agent 在过去尝试中的不成功行动；二是自我反思，即对于如何改进行动计划的思考。图 8-3 展示了 Agent 运用 Reflexion 框架进行反思的完整过程。

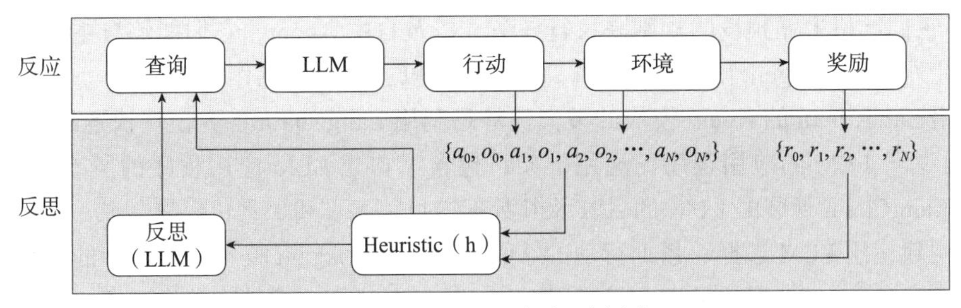

图 8-3　Reflexion 框架示意图

（图片来源：https://arxiv.org/abs/2303.11366）

```
;Heuristic (h): 启发式(h); \{a_0^0, o_0^1, a_1^1, o_1^2, ..., a_N^0, o_N^0\}: \{ 行动_0^0, 观察_0^1, 行动_1^1, 观察_1^2, ..., 行动_N^0, 观察_N^0\};\{r_0^1, r_1^2, ..., r_N\}: \{ 奖励_0^1, 奖励_1^2, ..., 奖励_N\})
```

自我反思使 Agent 能够回顾和分析过去的决策和行动，识别其中的不足或错误。这种能力对于 Agent 的持续学习和适应至关重要，特别是在处理复杂、多变任务时。

总的来说，ReAct 策略和 Reflexion 框架的结合为 Agent 的实现提供了较明朗的方向性指导。ReAct 策略和 Reflexion 策略使代理能够考虑到与特定问题相关的上下文信息，例如在 CoT_context 类型的 Agent 中所体现的上下文感知能力为 Agent 在解决特定问题时提供了丰富的信息背景。在第 10 章使用 LangChain 框架实现 AutoGPT 的代码实践中，采用的是 Reflexion 框架和 ReAct 策略。

另外值得注意的是，Reflexion 框架通过使用像 HotpotQA 这样的数据集进行实验，促进了数据驱动的学习和决策过程。这种方法使代理能够基于实际数据和案例进行学习和适应。

8.4　主流 Agent 框架

2023 年以来，开源社区涌现了很多 Agent 框架，这些框架提供了构建 Agent 的能力，这意味着你无须从零开始开发。这些框架不仅提高了开发效率，还允许你定制满足特定需求的 Agent。使用这些主流框架，可以迅速构建和部署高度个性化的 Agent，从而满足各种复杂的应用场景和需求。主流的 LLM 的 Agent 框架包括 LangChain 框架、LlamaIndex 框架、AutoGPT 框架、AutoGen 框架和 SuperAGI 框架等。这些框架为开发者提供了构建 Agent 的便利途径，每个框架都有其独特的特点和适用场景。选择哪个框架主要取决于你的特定需求和流程。

8.4.1　LangChain 框架

LangChain 框架为开发者提供了一系列功能丰富的 Agent 组件，包括基于规则的

Agent，它们严格遵循预设的规则来执行任务，以及自主 Agent，它们能够自主做出决策和行动。此外，工具 Agent 则具备调用外部工具或 API 执行特定操作的能力。

使用 LangChain 的 Agent 模块的最大优势是利用 LangChain 各大模块快速组合。LangChain 是基于 LLM 的应用程序的通用框架，包含了构建 LLM 应用程序的所有基本模块，例如由 LangChain 封装的 LLM 的 API 及其数据接口、工具和工具包模块，在一个框架内能够快速构建使用 LLM 选择一系列行动的 Agent。一个对 Agent 技术一无所知的非编程人员想要构建一个 Agent，最快的方式是使用 LangChain 的 Agent 模块。

LangChain 的代理执行器（AgentExecutor）是构建 Agent 的主要模块，代理执行器可看作管理 Agent 行为的"项目经理"。LangChain 框架中的 Agent 模块主要包括以下要素。

- Agent 组件：负责决定下一步采取哪个步骤的链组件，由给 LLM 的提示驱动。输入包括工具描述、用户输入和之前执行的步骤。
- 代理执行器：代理的运行时环境。它负责调用代理，执行其选择的操作，将操作结果反馈给代理，并重复这一过程。例如，执行器可以启动代理来处理用户的天气查询请求，执行必要的 API 调用，并将结果传递回 Agent 组件。
- 工具（Tools）：代理可以调用的函数。需要向代理提供正确的工具，并以对代理最有帮助的方式描述这些工具。
- 工具包（Toolkits）：为了完成常见任务，代理可能需要一组相关工具。工具包是特定目标需要的 3～5 个工具的组合。

1. 快速入门

按照以下步骤使用 LangChain 构建和运行自定义 Agent，例如本示例目标是创建一个会计算单词长度的 Agent。

步骤 1：加载语言模型，采用 ChatOpenAI 模块与 LLM 交互。

```
from langchain.chat_models import ChatOpenAI
llm = ChatOpenAI(model="gpt-3.5-turbo", temperature=0)
```

步骤 2：定义工具的 python 函数。

```
from langchain.agents import tool
@tool
def get_word_length(word: str) -> int:
    return len(word)

tools = [get_word_length]
```

步骤 3：创建提示模板，包含系统指令、用户输入和 agent_scratchpad。

```
from langchain.prompts import ChatPromptTemplate, MessagesPlaceholder
prompt = ChatPromptTemplate.from_messages(
```

```
    [
        (
            "system",
            "You are very powerful assistant, but bad at calculating lengths of
words.",
),
        ("user", "{input}"),
        MessagesPlaceholder(variable_name="agent_scratchpad"),
    ]
)
```

步骤 4：构建和配置 Agent。结合 LLM、工具和提示词模板创建 Agent。使用 OpenAI-FunctionsAgentOutputParser 将输出消息转换为 Agent 动作。

```
from langchain.tools.render import format_tool_to_openai_function
llm_with_tools = llm.bind(functions=[format_tool_to_openai_function(t) for t in
tools])

from langchain.agents.format_scratchpad import format_to_openai_function_messages
from langchain.agents.output_parsers import OpenAIFunctionsAgentOutputParser

agent = (
    {
        "input": lambda x: x["input"],
        "agent_scratchpad": lambda x: format_to_openai_function_messages(
            x["intermediate_steps"]
        ),
    }
    | prompt
    | llm_with_tools
    | OpenAIFunctionsAgentOutputParser()
)
```

步骤 5：运行 Agent。

```
agent.invoke({"input": "how many letters in the word educa?", "intermediate_
steps": []})
```

2. 应用范围

LangChain 的 Agent 模块的主要优势在于，它为开发者提供了一系列预构建的 Agent 和大量工具组件。这使得开发者能够像搭建积木一样直接调用这些工具，而无须从头开始构建。LangChain 提供了一套 Agent 构建协议，对初学者尤其有帮助。通过遵循这套协议并参考 LangChain 的自定义 Agent 教程，开发者可以定制自己的 Agent。LangChain 的 Agent 应用范围广泛，包括规则驱动任务（如天气预测）、自主决策与动态环境互动（如实时图像分析）、与大型语言模型的交互，以及结合视觉、语言和行动模型的复杂任务（如机器人操作）。这些应用展示了 Agent 在多个领域的强大潜力和实用价值。

8.4.2 LlamaIndex 框架

LlamaIndex 框架的优势是构建复杂的数据查询 Agent。在数据查询中，LlamaIndex 的查询引擎可以作为 Agent 结构中的工具使用。例如，可以使用向量存储查询引擎来检索嵌入式数据，或者利用图形数据结构的查询引擎来执行比较和对比分析。

通过使用不同复杂度的 Agent 来处理实际数据任务（如金融分析）。这些 Agent 分为更复杂的 ReAct 代理和简单的路由代理。ReAct 代理能够通过迭代推理和分解输入来处理复杂的数据查询，特别是在使用高级 LLM（如 GPT-4）时。而简单 Agent 则直接选择工具来回应查询，适用于较简单的模型。

1. 快速入门

LlamaIndex 框架的 Agent 模块主要是封装了 LangChain 的 Agent 模块，所以对于 LangChain 非常熟悉的开发者，上手非常快。但 LlamaIndex 框架侧重于内置的数据处理和检索的助理实现，对于构建复杂的数据分析的 Agent 有参考意义。下面的代码展示了一个使用内置检索工具的 Agent，LLM 使用的是 OpenAI。

步骤 1：安装 LlamaIndex 的 python 包。

```
!pip install llama-index
```

步骤 2：导入内置检索工具的 Agent，即 OpenAIAssistantAgent。

```
from llama_index.agent import OpenAIAssistantAgent
```

步骤 3：实例化 OpenAIAssistantAgent，并且设置 OpenAIAssistantAgent 的名称、提示词的指令、指定 retrieval 类型的内置工具、上传的用户文件位置、用户名称。我们获得一个名为“SEC 分析师”内嵌 OpenAI 检索工具、用于分析 SEC 文件的 QA Agent。

```
from llama_index.agent import OpenAIAssistantAgent

agent = OpenAIAssistantAgent.from_new(
    name="SEC 分析师",
    instructions="你是专用于分析 SEC 文件的 QA 助理。",
    openai_tools=[{"type": "retrieval"}],
    instructions_prefix="请称呼用户为 Jerry。",
    files=["data/10k/lyft_2021.pdf"], # 上传的用户文件位置
)
```

由于调用 OpenAI 相关工具，在完成配置后便可以测试该助手，把它与上传的用户文件结合并使用内置的 OpenAI 检索工具来测试，测试代码如下。

```
response = agent.chat("2021 年 Lyft 的收入增长如何？ ")
print(str(response))
# 打印结果：2021 年，Lyft 的收入比上一年增长了 8.436 亿美元，增长了 36%。
```

该代理使用内嵌的 OpenAI 检索工具和上传的文件“data/10k/lyft_2021.pdf”。当询问“2021 年 Lyft 的收入增长如何？ ”时，Agent 会检索上传的文件并回复结果，指出 Lyft 的收入在 2021 年增长了 8.436 亿美元，即 36%。

2. 应用范围

LlamaIndex 框架主要面向需要构建复杂数据查询代理的专业人员，例如数据科学家、金融分析师和软件开发者。它特别适用于需要执行深入分析的领域，如金融分析、市场研究和大数据处理。通过提供不同复杂度的代理，如 ReAct 代理和简单路由代理，LlamaIndex 可以处理从基本信息检索到复杂数据合成的多种任务。高级代理适合执行迭代推理和复杂查询，而简单代理更适用于直接的、结构化的数据查询。

8.4.3 AutoGPT 框架

AutoGPT 灵感来源于 OpenAI 发布的 GPT-4 模型，它通过不断让 LLM 决定行动并将结果反馈到提示中，迭代地实现目标。AutoGPT 作为一种通用代理，并不专注于特定任务，而是旨在执行计算机上的多种任务。虽然用户仍需授权每个操作，但项目的发展将使这个代理更加自主，只在特定行动中需要用户同意。

AutoGPT 在受到广泛关注后，开发者迅速推出了低代码平台 AutoGPT Forge。这个平台旨在帮助用户更加便捷地构建和使用 AutoGPT，无须深入了解复杂的编程和配置过程。AutoGPT Forge 提供了一个直观、易于使用的界面，使得用户能够轻松自定义和部署 AutoGPT。

1. 快速入门

AutoGPT Forge 提供了一个全面的模板，用于构建自己的 AutoGPT。这个模板不仅包括设置、创建和运行智能体的环境，还整合了基准测试系统和前端界面，以便于 Agent 的开发和性能评估。AutoGPT Forge 在 AutoGPT 生态系统中扮演着关键角色，是创建 Agent 的基础。它被设计为与 Agent 协议、基准测试系统和 AutoGPT 前端集成，形成一个协调一致的开发环境。

AutoGPT Forge 的使用要求和方法如下。

1）系统要求：支持 Linux（基于 Debian）、Mac 和 Windows 子系统（WSL）。

2）设置 Forge 环境：首先，在 GitHub 上创建（fork）仓库，然后克隆到本地系统。安装必要的依赖，并设置 GitHub 访问密钥。

3）创建 Agent：使用命令 ./run agent create YOUR_AGENT_NAME 创建 Agent 模板。

4）运行 Agent：使用命令 ./run agent start YOUR_AGENT_NAME 运行 Agent，通过 http://localhost:8000/ 访问前端，并使用 Google 或 GitHub 账号登录。

2. 应用范围

AutoGPT Forge 使开发者能够遵循标准化的框架，极大地简化了开发流程。它消除了编写样板代码的需求，允许开发者将精力直接投入到打造 Agent 的“大脑”中。通过专注于增强 Agent 的智能和功能，开发者能够充分利用 AutoGPT 的潜力创建出高效、创新和先进的 Agent。

8.4.4 AutoGen 框架

AutoGen 是由微软、宾夕法尼亚州大学和华盛顿大学的合作研究支持研发的开源多代理的框架，旨在通过多代理对话简化和优化基于 LLM 的应用开发，它允许开发人员通过可以相互对话的多个代理来构建 LLM 应用程序，以完成任务。使用 AutoGen，开发者还可以灵活定义代理互动行为。自然语言和计算机代码都可以用来为不同应用程序编写灵活的对话模式。AutoGen 作为一个通用框架，用于构建各种复杂和 LLM 能力多样化的应用程序，涵盖数学、编程、问题解答等领域。图 8-4 展示了 AutoGen 通过多代理对话启用多样化的基于 LLM 的应用程序。AutoGen 代理是可对话的、可定制的，并且可以基于 LLM、工具、人类，甚至它们的组合来进行定制，也可以通过对话来解决任务，并支持灵活的对话模式。

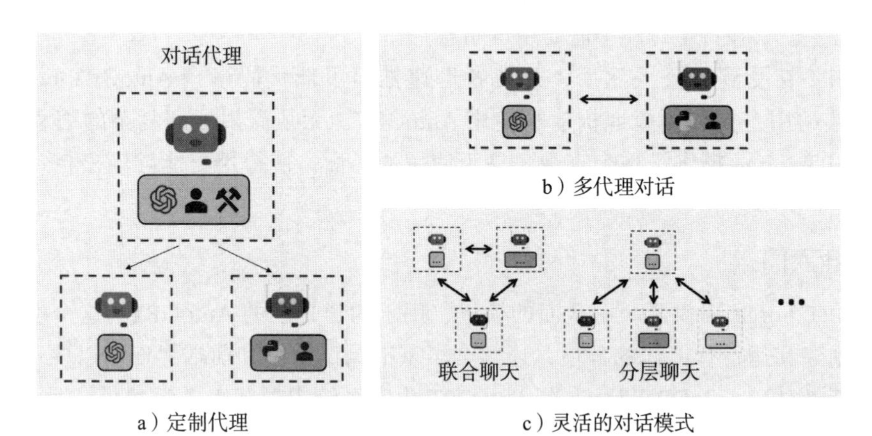

图 8-4 AutoGen 框架支持多种灵活的对话模式

（图片来源：https://arxiv.org/abs/2308.08155）

AutoGen 提供了一个基于基础模型的高级抽象，以实现强大、可定制和可对话的 Agent。这些 Agent 能够整合 LLM、工具和人类输入，通过自动化代理聊天来自主执行任务或在人类反馈下执行任务（图 8-5 展示了在程序执行期间来自两个代理系统的自动化聊天，代码代理理解用户代理的任务用意，由代码助理写代码执行完成任务）。它主要有以下 3 个特点。

1）组件式开发。在 AutoGen 中，Agent 被设计为可对话和可定制，使得它们能够整合 LLM、人类、工具或相互组合。

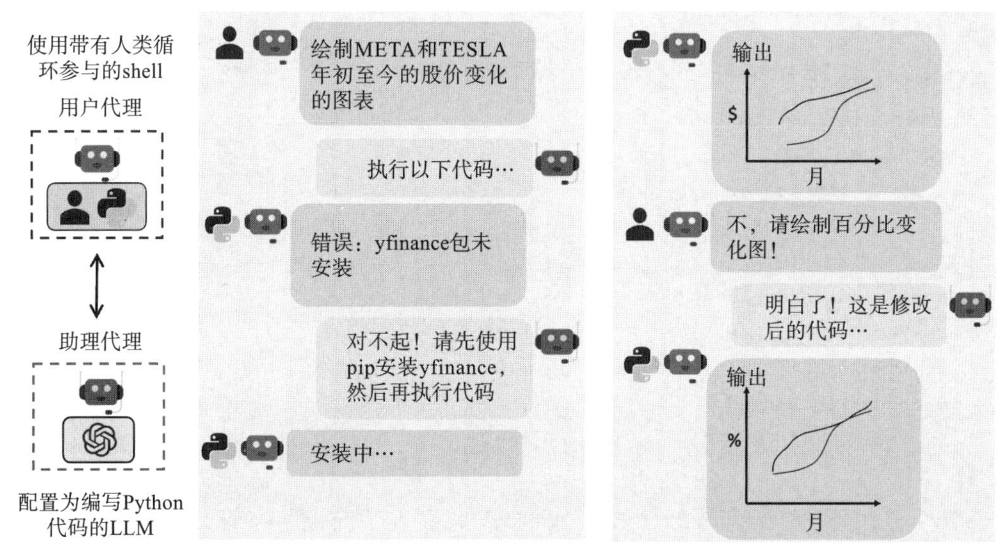

图 8-5 使用 AutoGen 内置的 UserProxyAgent 和与 UserProxyAgent 进行对话试解决任务

2）多样化对话模式。AutoGen 支持各种自主水平和人类参与模式的对话，允许 Agent 根据不同输入问题实例进行动态对话。这种灵活性使得 AutoGen 特别适用于复杂应用，其中交互模式无须预先确定。

3）应用范围广泛。AutoGen 框架可用于多种应用，包括代码生成、执行和调试，多 Agent 协作，以及代理教学与学习等领域。

1. 快速入门

AutoGen 可以通过 pip install pyautogen 安装。对于代码执行，建议安装 python docker 包，并使用 Docker 环境。AutoGen 通过多代理对话框架实现下一代 LLM 应用，提供了可定制、对话式的代理，这些 Agent 集成了外部工具和人类输入。

以下是一个代理对话示例，展示了如何使用 AutoGen 进行任务解决，先导入内置的 Agent 模块和配置文件：

```
from autogen import AssistantAgent, UserProxyAgent
# config_list_gpt4 是存放开发密钥的字典
llm_config = {"config_list": config_list_gpt4, "cache_seed": 42}
```

以下示例展示了 3 个代理如何通过自动化对话来共同解决任务。

```
# 用户角色的 Agent
user_proxy = autogen.UserProxyAgent(
   name="User_proxy",
   system_message="A human admin.",
   code_execution_config={"last_n_messages": 2, "work_dir": "groupchat"},
   human_input_mode="TERMINATE"
)
# 程序员角色的 Agent
coder = autogen.AssistantAgent(
    name="Coder",
    llm_config=llm_config,
)
# 产品经理角色的 Agent
pm = autogen.AssistantAgent(
    name="Product_manager",
    system_message="Creative in software product ideas.",
    llm_config=llm_config,
)
# 初始化群聊
groupchat = autogen.GroupChat(agents=[user_proxy, coder, pm], messages=[], max_
round=12)
# 设置群管理员
manager = autogen.GroupChatManager(groupchat=groupchat, llm_config=llm_config)

# 助手接收到来自用户的消息，其中包含任务描述
user_proxy.initiate_chat(
    assistant,
    message="""今天是什么日期？今年哪家大科技股票的年初至今涨幅最大？涨幅是多少？""",
)
```

2. 应用范围

AutoGen 在代码生成、执行和调试领域的应用范围广泛，具体包括以下几个方面：

1）自动任务解决。AutoGen 可用于自动化完成各种任务，包括编写代码、执行代码、调试代码，以及获取人类反馈。例如，AutoGen 可用于自动生成和执行机器学习模型、自动调试软件程序，以及回答用户关于代码的问题。

2）多智能体协作。AutoGen 可用于让多个智能体协同工作以完成复杂任务。例如，AutoGen 可用于让多个 GPT-4 代理一起玩国际象棋，或者让多个编码和规划 Agent 一起优化供应链。

3）应用程序。AutoGen 可用于开发各种应用程序，包括游戏、聊天机器人，以及供应

链优化工具。例如，AutoGen 可用于开发一个由 GPT-4 驱动的国际象棋游戏，或者开发一个可以自动学习的聊天机器人。

4）工具使用。AutoGen 可用于使用各种工具，包括网络搜索、OpenAI 函数，以及 LangChain 提供的工具。例如，AutoGen 可用于通过网络搜索获取数据，或者使用 OpenAI 实用函数生成文本。

5）代理教学与学习。AutoGen 可用于教授代理新技能。例如，AutoGen 可用于通过自动化聊天教授代理如何编写代码。

8.4.5 SuperAGI 框架

SuperAGI 框架是一个开源自主 Agent 框架，它使开发者能够轻松构建、管理和运行多功能的自主代理。SuperAGI 框架的 Agent 以其高度可定制性和可视化界面而著称，提供了一系列定制选项，包括目标、指令和工具选择等，以满足不同的应用需求。框架支持多样化的代理类型，如基于 ReAct 的代理、固定任务和动态任务代理，以适应各种复杂场景。此外，它强调强大的工具集成，支持多种工具和数据库，增强代理的性能和效率。图形用户界面的设计使得用户能够直观访问和交互代理，而性能追踪功能则确保了代理性能的持续优化和令牌使用的有效管理。

1. 快速入门

在 SuperAGI 的网页端，可以通过 SuperAGI 框架的配置选项获得定制的可视化 Agent。常用的配置选项如下。

1）名字和描述：用于标识 Agent，帮助开发者理解所工作的代理。

2）目标（Goals）：代理的期望成果或目标，决定代理的行为方向。

3）指令（Instructions）：为代理提供行动指南，帮助其朝目标前进。

4）模型（Models）：选择适合部署的大型语言模型，如 GPT-4。

5）工具和工具包（Tools & Toolkits）：为代理选择所需的工具或工具包，以优化工作流程。

6）高级选项（Advanced Options）：包括代理类型、资源添加、约束、迭代次数等，用于深度定制代理行为。

7）权限类型（Permission Type）：设置代理的自主决策程度，如完全自主或需要人工确认。

另外，还可以通过本地部署定制 Agent。

步骤 1：克隆 SuperAGI 仓库。打开终端，输入以下命令克隆 SuperAGI 仓库。这时会在当前目录创建一个名为 SuperAGI 的文件夹，其中包含 SuperAGI 的源代码和配置文件。

```
$bash git clone https://github.com/TransformerOptimus/SuperAGI.git
```

步骤 2：配置 SuperAGI，切换到克隆的仓库目录。

```
$bash cd SuperAGI
```

复制模板配置文件：

```
$bash cp config_template.yaml config.yaml
```

编辑 config.yaml 文件，根据需要进行配置。例如，可以调整内存和 GPU 资源的使用设置。

步骤 3：安装 Docker。确保系统已安装 Docker，如果没有，请下载并安装适用于你的操作系统的 Docker Desktop。

步骤 4：启动 SuperAGI，在 SuperAGI 目录中运行以下命令启动 SuperAGI 服务。此命令会根据 Docker Compose 配置文件启动 SuperAGI 所需的容器。这可能需要几分钟的时间。

```
docker-compose up --build
```

步骤 5：访问 SuperAGI 界面。打开你的网络浏览器，访问以下地址：http://localhost:3000。

2. 应用范围

SuperAGI 框架的优势在于提供各种 Agent 模板，用户可以搜索并使用这些模板快速创建自己的 Agent。SuperAGI 特别适合于自动化商业流程，以提高效率和降低成本。

SuperAGI 框架内封装的工具和工具包组件增强了应用的智能和自主性，支持多个 Agent 的并行运行以提高生产力。此外，Agent 通过学习和调整轨迹不断提升性能。其核心优势还包括一个可视化的 Agent 配置界面（如图 8-6 所示），允许用户零代码构建 Agent，并提供管理令牌使用和资源的工具，优化 Agent 性能。

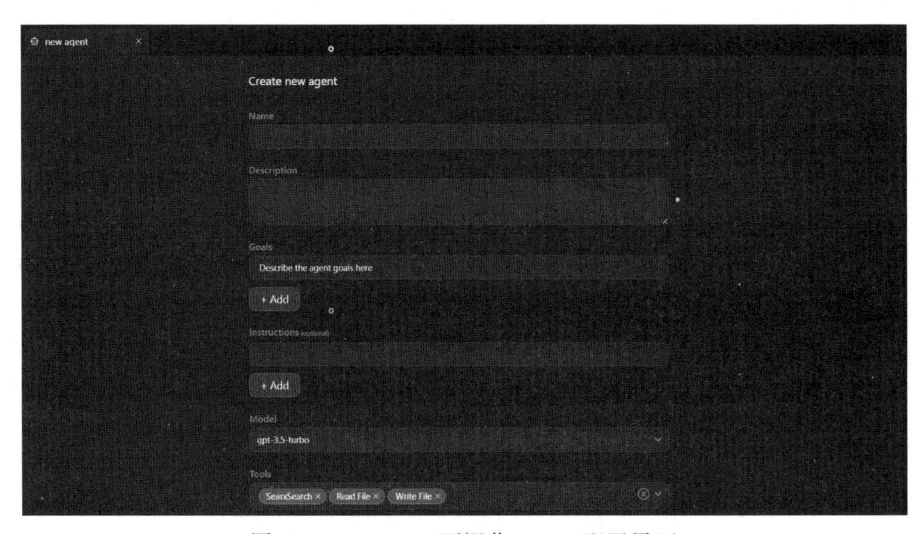

图 8-6　SuperAGI 可视化 Agent 配置界面

SuperAGI 框架的 Agent 应用范围广泛，特别适合非编程人员使用，可视化编辑界面降低了构建 Agent 的难度。这些 Agent 主要服务于个人需求，如个人助手、数据分析、日常任务自动化等应用。图 8-7 展示了 SuperAGI 管理所有 Agent 的资源消耗情况。

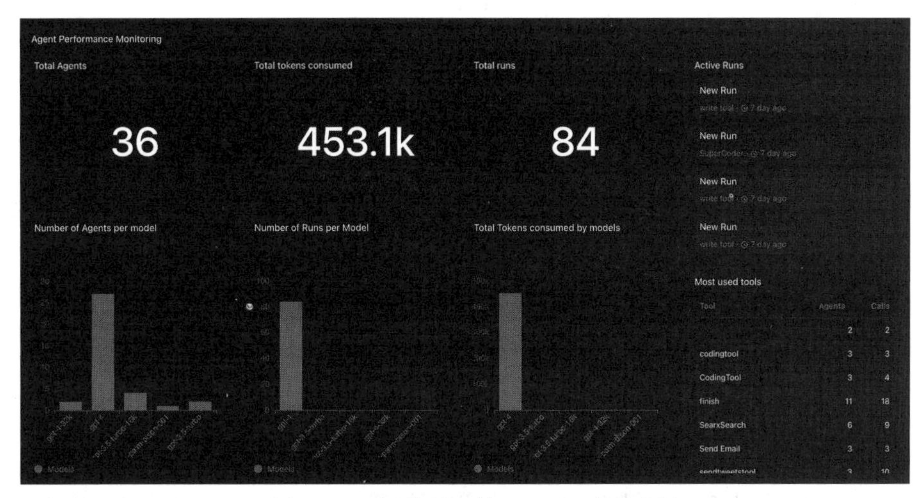

图 8-7　可视化界面管理 Agent 的资源

8.5　本章小结

通过本章的学习，我们已经对 Agent 的基本概念、主要模块、行为决策机制有了基础的理解和认识，对于构建 Agent 的主流开源框架有了初步的了解。这为我们深入探索 Agent 在 LLM 中的应用打下了坚实的基础。在第 10 章中，我们将运用 LangChain 框架构建一个 AutoGPT 的自主代理，将会对 Agent 有更深入的理解。

CHAPTER 9

第9章

基于知识库的大型语言模型问答应用

大型语言模型以惊人的能力赢得了所有人的青睐，但大型语言模型在应用落地上依然存在一些问题，例如大型语言模型对长尾知识不敏感、存在幻觉、知识更新成本较高等。检索增强生成（Retrieval-Augmented Generation，RAG）技术是在大型语言模型生成答案之前，通过检索方法从数据库中检索与用户查询相关的信息，利用这些相关信息指引大型语言模型进行答案生成，不仅最大限度地解决了大型语言模型存在幻觉的问题，还提高了模型回复的可靠性，提供了生成答案的溯源信息，并且通过更新外部知识库实现了对于知识的更新，让训练模型成为非必需项，降低了模型训练的成本。因此，RAG成为大型语言模型应用落地的重要方向。

本章主要介绍常用的RAG方法、向量数据库等基础知识，并通过实战介绍基于知识库的大型语言模型问答应用的核心要点，以便读者深入理解如何构建一个基于知识库的大型语言模型问答应用，并掌握相关的技术，为将来的应用开发奠定基础。

9.1 基于知识库问答

目前，以大型语言模型为基础的知识库系统在问答领域成为人工智能应用的主要场景，其整体流程如图9-1所示，主要涉及查询处理模块、内容检索模块、内容组装模块和大型语言模型生成4个部分。当系统接收到用户查询进行初步处理后，利用向量检索模型从构建的向量知识库中检索到与其最相关的文档片段内容，再通过提示工程对用户查询和文档片段进行组装，最后利用大型语言模型生成一个答案。

相对于直接使用大型语言模型进行问答，利用知识库内容进行问答具有以下优点：

1）解决大型语言模型对长尾知识不敏感的问题。大型语言模型都是通过海量数据（知识）训练得来，然而不同知识的重要程度和重复次数具有巨大差异。对于一些长尾知识，虽然大型语言模型在训练过程中学习过，但对其记忆较差，在应用阶段难以准确回忆并运用。利用知识库检索的内容，能够为大型语言模型提供上下文，帮助大型语言模型记起相关内容，从而更准确地回答问题。

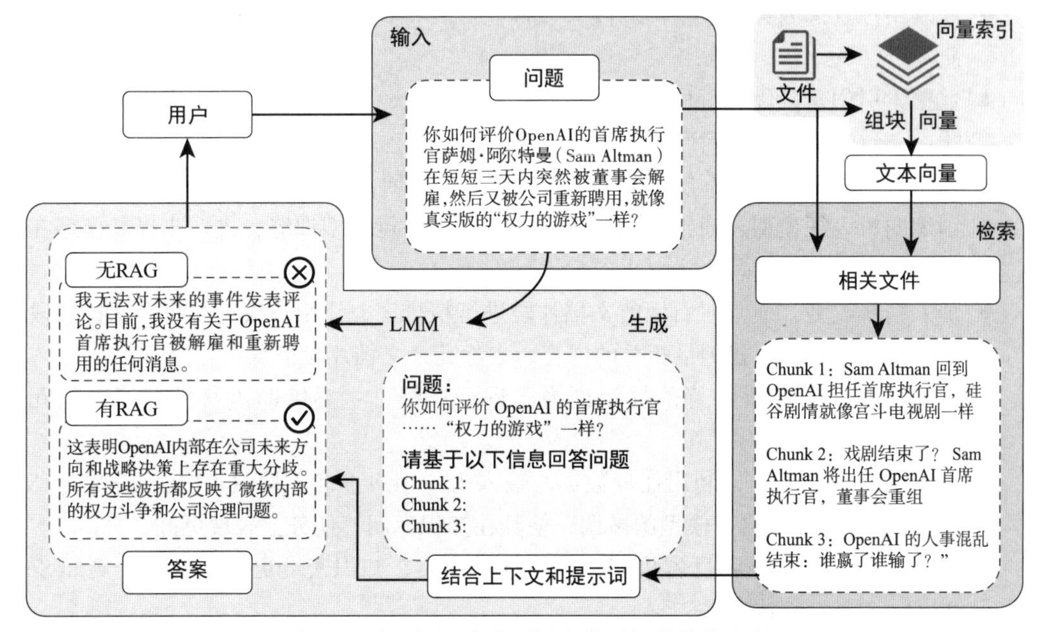

图 9-1　基于知识库大型语言模型问答整体流程

2）减轻大型语言模型的幻觉，使生成结果更具解释性。大型语言模型的幻觉是它在实际应用中的主要挑战。将知识库检索到的相关文档片段作为参考依据提供给大型语言模型，有助于限定生成内容的范围，使得模型更专注，生成的答案更有解释性，并且可以在生成过程中提供引用。

3）快速进行知识更新。在信息急剧增长的时代，知识的更新速度非常快。由于大型语言模型的参数庞大，通过模型训练微调的方式无法迅速实现知识的频繁更新。而知识库问答可以通过更新知识库中的内容快速实现大型语言模型的知识更新。只需检索到新的知识内容作为参考依据返回给大型语言模型，便能够对新知识进行有效的问答。

4）降低大型语言模型的训练和部署成本。由于大型语言模型的参数量庞大，其训练和部署需要大量服务器资源。相比之下，基于知识库问答可以在不影响问答效果的情况下，将大型语言模型的参数量减少，显著降低训练和推理的成本。此外，由于知识无须频繁更新，还减少了大型语言模型的训练次数，从而进一步降低了成本。

5）防止隐私数据外泄。如果大型语言模型的训练涉及一些隐私数据，那么在模型推理过程中可能会泄露用户的隐私内容。通过知识库问答，可以限制用户权限，通过知识库返回合理的文档内容，从而有效地防止隐私数据外泄。

但基于知识库问答也存在一些不足，如果在检索阶段没有召回相关片段，那么大型语言模型很难进行准确回答；如果召回片段极度相似，可能会给大型语言模型带来困扰，生成内容出现重复、冗余等现象；如果大型语言模型本身能力存在一定的问题，也会出现生成内容不理想的情况。因此往往会从以下几个方面来提升知识库的问答效果：

- 修改用户查询内容，包括查询改写、查询扩展和查询路由等，进一步提高用户查询质量。
- 数据索引创建阶段进行优化，包括增强数据粒度，优化索引结构，提高文本的标准化、一致性、事实准确性和上下文丰富性。
- 多路召回混合检索，不仅从语义层面进行文本召回，也从词语层面进行文本召回。
- 训练向量表征模型，通常使用领域或场景数据进行模型训练，进一步提高模型在指定领域或任务上的表征能力。
- 加入精排模型，通常对召回的文档片段进行精排序，让用户查询与每个文档片段进行深度语义融合，找到最相关的内容，去除冗余文档片段信息。
- 提示词压缩，对拼装好的提示词内容进行压缩，主要借助语言模型等去除冗余信息。
- 微调大型语言模型，利用任务数据（输入为“用户查询 + 检索片段”，输出为“答案”）来进行大型语言模型的微调，使其在知识库问答任务上表现更好。
- 在问答阶段增加自我反省机制，以筛选更优质、知识密度更大的内容，例如 Self-RAG、Self-Critique 等。

基于知识库问答可以将大型语言模型与领域知识有机结合，为用户提供更有价值的信息，是 AIGC 落地的必然趋势。

9.2 向量数据库

向量数据库通常也称为矢量数据库，是一种专门用于存储和检索向量数据的数据库系统。向量数据通常表示具有大小和方向的量，而像图片、文本、语音、视频这类非结构化数据都可以通过特定方法转换成向量形式，并存储于向量数据库中。相比于传统的数据库系统，向量数据库的主要优势是它能够高效地处理高维度的大数据存储和索引创建。此外，它还能通过计算向量之间的距离或相似性来检索相似内容，从而提高数据处理的效率和准确性。其核心理念在于将原始数据转化为向量形式，并存储在数据库中。当用户需要查询时，它可以将待查询的内容（如文本、图片、语音、视频等）转换为向量，然后向量数据库会搜索与之最相似的向量内容，并将结果返回给用户。目前，向量数据库在人脸识别、推荐系统、图片搜索、视频指纹、语音处理、自然语言处理、文件搜索等多个领域场景中都扮演着重要角色。

在大型语言模型的时代背景下，传统的基于词语层面的检索方法无法深入理解语义层面的含义，所以基于高维特征的向量匹配成为当前的主流检索手段。如何获得更好的文本向量表示，以及如何高效地存储和检索高维向量数据，也就成为研究的焦点。

9.2.1 文本的向量表征

文本的向量表征就是将一段文本转换成数值向量的技术，主要包括传统方法、词向量方法、深度学习方法、预训练语言模型方法和大型语言模型方法。传统方法主要包括词袋模型、TF-IDF 方法等，其中词袋模型是将文本转换成一个与词表大小一致的向量，向量中的每个元素表示词语出现在文本中的频率；而 TF-IDF 方法也称作词频 - 逆文档频率方法，是对词袋方法的改进，不仅考虑词频对于词语出现在文本中的影响，还考虑词语在整个语料库中出现的次数。

词向量方法通常是先通过神经网络模型对整个语料库进行训练，构建一个词向量模型（词向量模型训练方法包括 Word2Vec 方法、GloVe 方法等），再对文本中的每个词语进行词向量表征，用最大池化、平均池化、带权重池化等方法对词向量序列进行文本向量表征获取。

词向量方法虽然对每个词语用大量无监督语料数据进行了高维向量的表征，但将词向量转换为句子向量时仅采用池化的方法，并不能很好地获取文本中上下文的关联信息。深度学习方法通常是将词向量与深度学习网络（包括 CNN、RNN 等）相结合，结合孪生网络架构进行文本的句子表征训练，如图 9-2 所示。经过训练的文本表征模型，可以更好地获取文本中每个词语之间上下文的语义信息，使文本向量表征效果更理想。

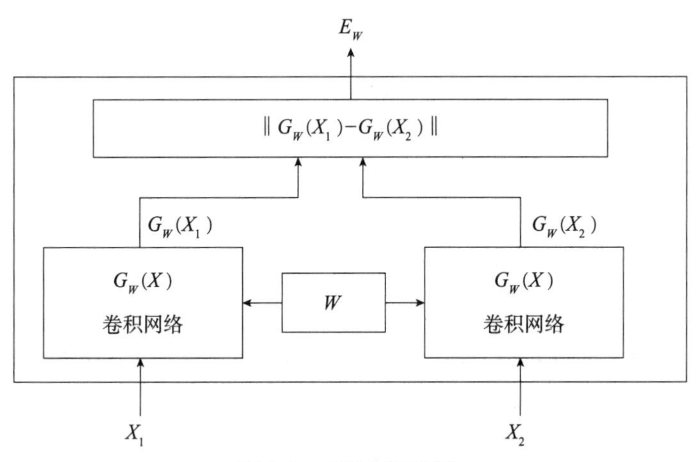

图 9-2 孪生网络架构

2018 年以后，以 BERT 模型为首的预训练语言模型风靡全球。由于模型本身的参数量比 CNN、RNN 等模型大，并且具有较好的表征效果，因此文本表征模型进入“预训练”架构阶段。“预训练”架构阶段主要采用两阶段模式，第一阶段使用很大的通用语料库训练一个预训练语言模型，第二阶段使用预训练语言模型做相似度计算，即将两个文本输入到预训练模型中，得到信息交互后的向量，计算获取文本表征之间的相似度值，如图 9-3 所示，从而使相似文本的文本表征向量在高维空间中更相似。基于 BERT 模型进行文本向量表征的方法主要包括 Sentence-BERT 方法、BERT-Whitening 方法、SimCSE 方法、ConSER 方法、EASE 方法、SNCSE 方法、ConSERT 方法、DiffCSE 方法等。

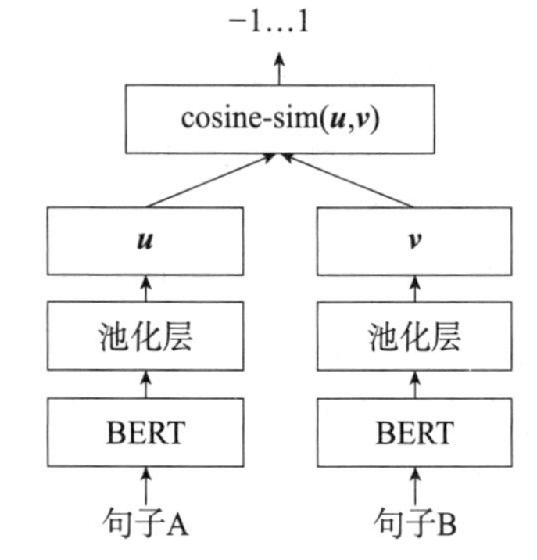

图 9-3　BERT 模型文本表征训练示意

自 ChatGPT 出现之后，人工智能进入大型语言模型时代。大型语言模型其实是预训练语言模型参数量达到一定规模后的别称。虽然目前很多自然语言处理任务均被大型语言模型刷榜，但直接采用大型语言模型进行文本表征的效果还不是很理想。这主要是因为大型语言模型都是以文本续写的形式来训练，训练目标是预测下一个词语是否准确，而不是判断整个句子表征的好坏。如果想让大型语言模型具有更好的文本表征能力，还是需要利用对比学习等方式进行针对性的文本表征训练。如图 9-4 所示，Mistral 的 70 亿参数模型经过针对性训练后，在 MTEB 英文榜单上是 SOTA 效果（截止到 2024 年 1 月 17 日）。

Overall　Bitext Mining　Classification　Clustering　Pair Classification　Reranking　Retrieval　STS　Summarization

English　Chinese　Polish

Overall MTEB English leaderboard

- Metric: Various, refer to task tabs
- Languages: English

Rank	Model	Model Size (GB)	Embedding Dimensions	Sequence Length	Average (56 datasets)	Classification Average (12 datasets)	Clustering Average (11 datasets)	Pair Classification Average (3 datasets)	Reranking Average (4 datasets)	Retrieval Average (15 datasets)	STS Average (10 datasets)	Summa Avera datas
1	e5-mistral-7b-instruct	14.22	4096	32768	66.63	78.47	50.26	88.34	60.21	56.89	84.63	31.4
2	UAE-Large-V1	1.34	1024	512	64.64	75.58	46.73	87.25	59.88	54.66	84.54	32.03
3	voyage-lite-01-instruct		1024	4096	64.49	74.79	47.4	86.57	59.74	55.58	82.93	30.97
4	Cohere-embed-		1024	512	64.47	76.49	47.43	85.84	58.01	55	82.62	30.18

图 9-4　Mistral-7B 模型 MTEB 榜单效果

模型越大，部署的成本就越高，如果利用大型语言模型进行向量表征，就意味着在应用端进行模型部署的成本是巨大的。因此，目前在工业应用中仍以 BERT 模型为主，中文常用的文本表征模型包括 BGE 模型、M3E 模型、IYun-zh 模型、Stella 模型等。

1. BGE

BGE（Baai General Embedding）是由北京智源人工智能研究院发布的开源的中英文

语义向量模型，此模型在多个重要指标上均超越了其他同类模型。BGE的优势在于其高效的预训练和大规模文本微调策略，采用了论文“RetroMAE: Pre-Training Retrieval-Oriented Language Models via Masked Auto-Encoder”中提及的RetroMAE预训练算法来增强模型的语义表征能力。通过引入负采样和难负例挖掘，BGE进一步提升了语义向量的判别力，使模型可以更有效地处理复杂语境和难以理解的文本任务。此外，BGE借鉴了指令微调（Instruction Tuning）的策略，强调在多任务场景下的通用能力，使模型更适应不同领域和任务，提高整体泛化性能。

2.M3E

M3E（Moka Massive Mixed Embedding）是由MokaAI公司开源的一个支持中英双语的文本表征模型。训练过程采用uniem脚本，评估则使用MTEB-zh基准测试。其中，Massive强调了该模型在千万级（2200万以上）的中文句对数据集上进行了训练，以确保其具备强大的性能。Mixed表示该模型支持中英双语的同质文本相似度计算、异质文本检索等功能，未来还将支持代码检索。最后，Embedding表明该模型是一个文本嵌入模型，能够将自然语言转换成稠密的向量。这些特性使得M3E在处理各种自然语言处理任务时表现出色。

3.IYun-zh

IYun-zh是一款由南京云问科技训练的中文嵌入模型，训练方式采用课程学习的方式，第一阶段主要利用短文本数据进行模型训练，可以在训练过程中尽可能增加训练批次，第二阶段主要利用长文本数据进行模型训练，以提高模型对长文本的表征能力。训练采用对比学习损失，并通过传统检索和语义检索相结合的方式为数据集构造难负例。训练数据来源于开源数据以及通过各领域（涉及医疗、法律、军工、工业等）无监督文本构造的数据，总计1000万。IYun-zh的两阶段训练方式旨在提高模型对中文长文本的语义理解和表征能力。

4. Stella

Stella是一款通用的中文文本编码模型，目前分为base和large两个版本，两者均支持输入长度最大1024。在训练过程中，采用了多种数据源，包括开源数据（如wudao_base_200GB、m3e和simclue），特别强调了长度大于512的文本。此外，在通用语料库上使用大型语言模型构建了一批<问题，段落>类型的数据。在损失函数方面，采用了对比学习损失函数，其中包括最经典的批次内负例，缩放系数设定为30。同时，使用了带有难负例的对比学习损失函数，这些难负例分别基于bm25和vector构造。此外，还应用了EWC（Elastic Weight Consolidation，可塑权重巩固）和CoSENT损失，用于训练带标签的文本对。Stella通过采用这些训练数据和损失函数的策略，致力于提高模型对较长文本的编码和理解能力，使其更好地适应实际应用中的需求。

9.2.2　向量的距离度量方法

向量的距离度量方法主要是衡量两个向量之间的差异性或相似性的方法。根据不同应用场景和数据特性，往往会选择不同的方法进行向量之间的度量。目前常用的方法包括欧式距离、余弦距离、曼哈顿距离、切比雪夫距离、闵可夫斯基距离、标准化欧式距离、汉明距离、点积距离等。

1）欧式距离，也称作欧几里得距离，主要衡量的是多维空间中两个点之间的绝对距离，对于两个向量之间距离的计算公式如下：

$$d(\boldsymbol{a},\boldsymbol{b})=\sqrt{\sum_{i=1}^{n}(a_i-b_i)^2}$$

其中，$\boldsymbol{a}$和$\boldsymbol{b}$是两个 n 维向量，a_i和b_i是$\boldsymbol{a}$和$\boldsymbol{b}$在第 i 维的值。

2）余弦距离，也称作余弦相似度，主要利用两个向量在向量空间夹角的余弦值来衡量两个向量之间的差异度，计算公式如下：

$$d(\boldsymbol{a},\boldsymbol{b})=\frac{\sum_{i=1}^{n}a_i\cdot b_i}{\sum_{i=1}^{n}a_i^2\cdot\sum_{i=1}^{n}b_i^2}$$

其中，$\sum_{i=1}^{n}a_i^2$和$\sum_{i=1}^{n}b_i^2$分别表示向量$\boldsymbol{a}$和向量$\boldsymbol{b}$的模长。

3）曼哈顿距离，也称作城市街区距离，主要利用向量各维度数值差的绝对值之和来衡量两个向量之间的差异度，计算公式如下：

$$d(\boldsymbol{a},\boldsymbol{b})=\sum_{i=1}^{n}|a_i-b_i|$$

其中，$|*|$表示一个数值的绝对值。

4）切比雪夫距离，以向量中各维度之间的最大差值作为两个向量之间的距离，计算公式如下：

$$d(\boldsymbol{a},\boldsymbol{b})=\max_i(|a_i-b_i|)$$

其中，max表示取最大值。

5）闵可夫斯基距离，也称作闵氏距离，是欧式距离、曼哈顿距离和切比雪夫距离汇总而成的距离计算方法，计算公式如下：

$$d(\boldsymbol{a},\boldsymbol{b})=\left(\sum_{i=1}^{n}(a_i-b_i)^p\right)^{1/p}$$

当$p=0$时，闵可夫斯基距离与曼哈顿距离相同；当$p=1$时，闵可夫斯基距离与欧式距离相同；当$p=\infty$时，闵可夫斯基距离与切比雪夫距离相同。

6）标准化欧式距离，对向量中各维度进行标准化后的欧氏距离，计算公式如下：

$$d(\boldsymbol{a},\boldsymbol{b})=\sqrt{\sum_{i=1}^{n}\left(\frac{a_i-b_i}{\sigma_i}\right)^2}$$

其中，σ表示标准差。

7）汉明距离，将两个向量之间各维度值相同个数的总和作为向量之间的距离。

8）点积距离，计算两个向量在同一方向上的成分乘积之和，将其作为向量之间的距离，计算公式如下：

$$d(\boldsymbol{a},\boldsymbol{b})=\sum_{i=1}^{n}a_i\cdot b_i$$

在自然语言处理领域，通常采用余弦距离来衡量两个文本向量之间的距离，余弦距离的取值范围在 -1 到 1 之间。当距离值为 1 时，表示两个向量完全相同；当距离值为 0 时，表示两个向量处于正交位置；当距离值为 -1 时，表示两个向量完全相反。

9.2.3 常用的向量数据库

随着人工智能的逐步发展，词语级别的检索已经满足不了人们的需求。大型语言模型时代，基于语义层面的向量检索已经成为检索的必要手段。向量数据库作为处理和查询高维向量数据的关键工具，扮演着越来越重要的角色。目前，向量数据库的发展也十分迅速，以下是一些常用的向量数据库。

1. Faiss

Faiss 是由 Meta AI Research 团队开发的一款高效的开源库，旨在处理相似性搜索和聚类任务，特别适用于大规模的向量数据处理。它基于 C++ 语言实现，同时提供了 Python 语言的封装 API，允许用户以高效的方式处理向量数据。Faiss 在计算过程中不仅支持 CPU，还能利用 GPU 加速计算，提高了处理速度和效率。它包含多种索引创建与搜索方法，如基于欧式距离或点积距离的暴力精确搜索、分区搜索、量化搜索以及图搜索等，使其能够应对各种复杂的数据搜索和聚类需求。通过 Faiss 简单实现向量检索，示例如下：

```
# 第一步，安装 Faiss
pip install faiss-cpu  # 对于没有 GPU 的系统
## 或者
pip install faiss-gpu  # 对于有 GPU 的系统

# 第二步，创建和训练索引：
import faiss
import numpy as np

d = 64            # 向量维度
```

```
nb = 100000      # 数据库大小
np.random.seed(1234)
db_vectors = np.random.random((nb, d)).astype('float32')
db_vectors[:, 0] += np.arange(nb) / 1000.

index = faiss.IndexFlatL2(d)    # 建立一个扁平（Flat）L2 索引
index.add(db_vectors)           # 向索引中添加向量

# 第三步，搜索
nq = 10          # 查询向量的数量
np.random.seed(1234)
query_vectors = np.random.random((nq, d)).astype('float32')
query_vectors[:, 0] += np.arange(nq) / 1000.

k = 4            # 我们想要的最相近的邻居数量
distances, indices = index.search(query_vectors, k)
```

Faiss 的强大功能使其在 AI 领域成为一个极具价值的工具，但在使用过程中需要使用者自行对向量索引进行存储。

2. Milvus

Milvus 是由 Zilliz 公司在 2019 年开发的一款开源向量数据库，旨在存储和管理由深度学习模型或其他机器学习模型生成的大规模嵌入向量。它能够高效处理达到万亿级别的向量索引。Milvus 内嵌了向量存储模块，并提供了一个直观的可视化管理工具，支持带有过滤条件的向量混合检索，增加了在数据处理中的灵活性。此外，Milvus 作为一款云原生向量数据库，展现出卓越的可伸缩性和灵活性。它不仅兼容多种数据源，还提供了一系列易于使用的 API 和 SDK，支持多种编程语言，包括 Python、Java 和 C++ 等。通过强大的功能和用户友好的界面，Milvus 为研究人员和开发人员的向量数据管理和检索工作提供了巨大的便利。

3. Pinecone

Pinecone 是一个专门为工程师与开发者设计的全托管向量数据库，最大限度地减轻了工程师及运维人员的负担。其 API 用法简单，用户很容易上手，同时可拓展性强，支持数据过滤、实时数据的更新和查询等功能。

4. Weaviate

Weaviate 是由 SeMI Technologies 研发的一款开源向量数据库，具有快速查询（100ms 内实现数百万个对象执行最近邻搜索）、支持不同类型媒体资源（图像、文本等）、结合标量和向量的搜索、水平可扩展等特性。

当然，还有很多其他的向量数据库，如 Vespa、Qdrant、Chroma、ZSearch、TensorDB、Om-iBASE 等，此处不做过多介绍，感兴趣的读者可以自行学习。

9.3　基于知识库的大型语言模型问答实战

检索增强的大型语言模型通过给大型语言模型挂载一个外部知识库，在大型语言模型进行生成的同时在知识库中检索相关文档，以此来辅助大型语言模型的生成。其实就是通过检索的模式为大型语言模型的生成提供帮助，使其生成更符合要求的结果。在本节的问答实战中，首先使用 BGE 作为文本表征基础，并使用公开数据对 BGE 进行微调；其次采用 ChatGLM-3 为大型语言模型基座，并针对知识库问答任务进行答案生成任务微调；最后基于 web-ui 搭建问答知识库。

9.3.1　BGE 微调

BGE 微调过程主要采用对比学习和指令微调的方法，以提高模型在检索任务中的性能。对比学习是一种训练模型的有效方法，它通过对比正例和反例的方式学习数据的表示。在 BGE 的微调中，输入数据以三元组的形式提供，包括一个查询（query）、一个正例（positive）和一个反例（negative）。为了增加反例的数量，采用了批次内负例策略，即在同一个批次的数据中使用其他数据作为额外的反例。此外，还采用了跨设备负例共享方法，通过在不同 GPU 之间共享反例，进一步提高了训练效果。在微调的同时，针对检索任务的查询添加了指令。对于英语，指令是“Represent this sentence for searching relevant passages:”；对于中文，指令是“这个句子生成表示以用于检索相关文章：”。在评测中，对于段落检索任务，需要在查询中添加指令，但不需要为段落文档添加指令。这一微调过程旨在提高模型在检索任务中的效果。

1. 项目介绍

本项目是基于 BGE 模型的文本表征模型。利用 bge-base-zh 模型在开源数据中进行长文本表征任务微调，并利用对比学习方法进行数据构造。代码见 GitHub 的 RagProj 项目中的 bge-finetune 部分，项目主要结构如下。

- data：存放数据及数据处理的文件夹。
  - dev.jsonl：验证集数据。
  - train.jsonl：训练数据。
  - load_data.py：用于针对开源数据进行数据处理，生成训练集及验证集数据。
- finetune：模型训练的文件夹。
  - arguments.py：BGE 训练中相关的配置信息。

    - data.py：BGE 训练时所需要构建的数据格式。
    - modeling.py：BGE 模型文件。
    - run.py：BGE 训练主函数。
    - trainer.py：BGE 训练的 trainer 方法。
- predict：推理所需的代码文件夹。
    - get_embedding.py：利用已训练的模型进行文本表征并计算相似度。

本项目从数据预处理、模型微调和模型预测几个部分入手，带领大家一起完成一个 BGE 微调任务。

2. 数据预处理

本项目中的数据来源于开源社区 huggingface.co 中的 Multi-Doc-QA-Chinese，参考文档源数据来自悟道开源的 200GB 数据，其中问题和回答是通过 GPT-3.5 自动生成的，并且具有高质量。在原始数据集中，每个样本包含一个参考文档、99 个无关文档、一个问题和一个基于参考文档的回答。这使得模型在大量文档中提取关键信息的能力得到训练。不同领域的文档保存在不同的 JSON 文件中。

原始数据格式如下：

```
{
    "QA": [
        {
            "question": "孩子为什么容易在手术前感到紧张或焦虑？",
            "answer": "根据原文“孩子们很容易在手术前感到紧张或焦虑，因为他们不太容易理解复杂
的医学术语……"
        }
    ],
    "positive_doc": [
        {
            "id": 73999,
            "dataType": "健康",
            "title": "access sports 用 vr 缓解手术焦虑",
            "content": "等待一场手术，即使是小手术，也会让人紧张不已。研究显示，虚拟现实 (vr)
不仅有助于向患者科普手术相关知识，还能缓解他们的焦虑情绪……",
            "text": "access sports 用 vr 缓解手术焦虑\n\n 等待一场手术，即使是小手术……"
        }
    ],
    "negative_doc": [
        {
            "id": 45258,
            "dataType": "健康",
```

```
            "title": "ai 助推“急危重症”诊断　　发展标准化临床诊疗路径",
            "content": "记者日前从米健医疗获悉，由该公司与美国梅奥诊所旗下 ambientclini-
calanalytics 机构共同研发的急危重症辅助诊疗平台 meecertain 日前已在中国人民解放军总医院……"
        }
    ]
}
```

数据处理代码见 load_data.py 文件，具体流程如下。

步骤 1：获取开源 Multi-Doc-QA-Chinese 数据。

步骤 2：遍历数据，获取 QA 中的 question 字段作为问题，positive_doc 为正向样例，negative_doc 为负向样例。

步骤 3：保存数据集。

相关样例代码如下：

```
def get_data(home, save_home):
    """

    :param home: 开源数据集路径
    :param save_home: 保存数据集路径
    :return:
    """
    data = []
    for name in os.listdir(home):
        if not name.endswith('json'):
            continue
        path2 = os.path.join(home, name)
        print(path2)
        with open(path2, 'r', encoding="utf-8") as f:
            for line in f:
                sample = json.loads(line)
                query = sample['QA'][0]['question']
                pos = [sample['positive_doc'][0]['text']]
                negative_doc = sample['negative_doc']
                neg = [negative_doc[idx]['text'] for idx in random.choic-
es(range(len(negative_doc)), k=10)]
                data.append(json.dumps({"query": query, "pos": pos, "neg": neg},
ensure_ascii=False))

    size = int(len(data) * 0.01)
    train = data[size:]
    dev = data[:size]
```

```
    print(len(train), len(dev))
    with open(os.path.join(save_home, 'train.jsonl'), 'w', encoding="utf-8") as f:
        f.writelines('\n'.join(train))
    with open(os.path.join(save_home, 'dev.jsonl'), 'w', encoding="utf-8") as f:
        f.writelines('\n'.join(dev))
```

生成后的数据样例如下：

```
{
    "query": "孩子为什么容易在手术前感到紧张或焦虑？ ",
    "pos": [
        "access sports 用 vr 缓解手术焦虑 \n\n 等待一场手术，即使是小手术，也会让人紧张不已。研究显示，虚拟现实 (vr) 不仅有助于向患者科普手术相关知识，还能缓解他们的焦虑情绪……"
    ],
    "neg": [
        "一到周末就睡到中午？专家提醒赖床补觉只会适得其反 \n\n 经过了一个星期的工作和学习，你是不是一到周末就想睡到自然醒？你以为一觉睡到中午就能一扫平日里的疲惫，然而你错了……",
        "一口气吃了 6 种感冒药，男子 \"鬼门关 \"走了一遭 \n\n【年度十大控烟法律事件发布：向未成年人售烟 \"首罚 \"案例榜首】……",
        "一天当中，哪个时间段最容易发胖？此时管住嘴，怎么吃或许都不胖 \n\n 成年人的世界里没有容易二字，除了发胖……",
        "一日养生保健法    远离疾病    健康长寿 \n\n 圣诞节已过，健康君感受到今年圣诞节的节日气息特别浓厚……",
        "一份永恒的爱——暖心的老朋友今天又来了 \n\n 她们身穿白衣，高尚纯洁；她们救死扶伤，给予患者希望……",
        "一天之际在于晨！盘点起床后的 4 个坏习惯，看您中招了没 ?\n\n 俗话说：一天之际在于晨，起床是每个人每天早晨必须经历的事……",
        "一家四口全患癌！这 7 种易致癌的做菜习惯，可能会害了全家人 !\n\n 在家吃饭，对于很多中国人来说，不仅代表着安全、健康，还代表着一家人团聚的温馨时光……",
        "q: 有说法称 \"嗜糖之害，甚于吸烟 \"，是真的吗？吃甜食有哪些不良影响 ?\n\n 上海中医药大学附属龙华医院 ×× 教授 ...",
        "一个多月 ××30 人中毒 ,2 人身亡，千万别吃 !\n\n 最近 ×× 市雨水充沛    野生蘑菇大量生长误食毒蘑菇导致中毒事件接连发生……",
        "em 菌是什么菌，能比硝化细菌好用吗 \n\nem 菌，直译是：有益的微生物。因为细菌也属于微生物，所以可以把 em 菌叫作有益菌……"
    ]
}
```

3. 模型微调

针对 BGE 的模型微调，采用 finetune 文件夹中的 run.py 进行模型训练，主要包含模型训练参数设置函数和模型训练函数，涉及以下步骤。

步骤 1：设置模型训练参数。

步骤 2：实例化分词器和 BGE 模型。

步骤 3：加载模型训练所需要的训练数据和测试数据。

步骤 4：加载模型训练所需的 trainer。

步骤 5：进行训练，并按需保存模型和分词器。

相关代码如下：

```
import logging
import os
from pathlib import Path

from transformers import AutoConfig, AutoTokenizer
from transformers import (
    HfArgumentParser,
    set_seed,
)

from finetune.arguments import ModelArguments, DataArguments, \
    RetrieverTrainingArguments as TrainingArguments
from finetune.data import TrainDatasetForEmbedding, EmbedCollator
from finetune.modeling import BiEncoderModel
from finetune.trainer import BiTrainer

logger = logging.getLogger(__name__)


def main():
    parser = HfArgumentParser((ModelArguments, DataArguments, TrainingArguments))
    model_args, data_args, training_args = parser.parse_args_into_dataclasses()
    model_args: ModelArguments
    data_args: DataArguments
    training_args: TrainingArguments

    if (
            os.path.exists(training_args.output_dir)
            and os.listdir(training_args.output_dir)
            and training_args.do_train
            and not training_args.overwrite_output_dir
    ):
        raise ValueError(
            f"Output directory ({training_args.output_dir}) already exists and is
```

```
not empty. Use --overwrite_output_dir to overcome."
        )

    # 设置日志格式
    logging.basicConfig(
        format="%(asctime)s - %(levelname)s - %(name)s -   %(message)s",
        datefmt="%m/%d/%Y %H:%M:%S",
        level=logging.INFO if training_args.local_rank in [-1, 0] else logging.
WARN,
    )
    logger.warning(
        "Process rank: %s, device: %s, n_gpu: %s, distributed training: %s, 16-
bits training: %s",
        training_args.local_rank,
        training_args.device,
        training_args.n_gpu,
        bool(training_args.local_rank != -1),
        training_args.fp16,
    )
    logger.info("Training/evaluation parameters %s", training_args)
    logger.info("Model parameters %s", model_args)
    logger.info("Data parameters %s", data_args)

    # 设置随机种子
    set_seed(training_args.seed)

    num_labels = 1
    tokenizer = AutoTokenizer.from_pretrained(
        model_args.tokenizer_name if model_args.tokenizer_name else model_args.
model_name_or_path,
        cache_dir=model_args.cache_dir,
        use_fast=False,
    )
    config = AutoConfig.from_pretrained(
        model_args.config_name if model_args.config_name else model_args.model_name_
or_path,
        num_labels=num_labels,
        cache_dir=model_args.cache_dir,
    )
    logger.info('Config: %s', config)
```

```
    model = BiEncoderModel(model_name=model_args.model_name_or_path,
                           normlized=training_args.normlized,

sentence_pooling_method=training_args.sentence_pooling_method,

negatives_cross_device=training_args.negatives_cross_device,
                           temperature=training_args.temperature,
                           use_inbatch_neg=training_args.use_inbatch_neg,
                           )

    if training_args.fix_position_embedding:
        for k, v in model.named_parameters():
            if "position_embeddings" in k:
                logging.info(f"Freeze the parameters for {k}")
                v.requires_grad = False

    train_dataset = TrainDatasetForEmbedding(args=data_args, tokenizer=tokenizer)

    trainer = BiTrainer(
        model=model,
        args=training_args,
        train_dataset=train_dataset,
        data_collator=EmbedCollator(
            tokenizer,
            query_max_len=data_args.query_max_len,
            passage_max_len=data_args.passage_max_len
        ),
        tokenizer=tokenizer
    )

    Path(training_args.output_dir).mkdir(parents=True, exist_ok=True)

    # 开始训练
    trainer.train()
    trainer.save_model()
    # 保存tokenizer
    if trainer.is_world_process_zero():
        tokenizer.save_pretrained(training_args.output_dir)

if __name__ == "__main__":
    main()
```

运行上述代码，结果如图 9-5 所示。

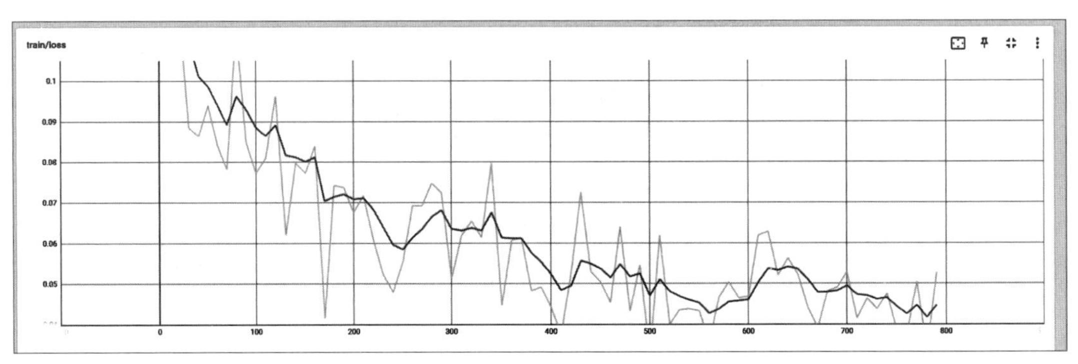

图 9-5　BGE 微调运行结果

4. 模型预测

对于微调后的 BGE 模型，使用 FlagEmbedding 中提供的模型加载方法，对问题、段落进行向量表征，并计算相似度。

步骤 1：加载模型。

步骤 2：对问句进行向量表征。

步骤 3：对段落进行向量表征。

步骤 4：计算问句与段落之间的相似得分。

相关代码如下：

```
def get_similarity(model_path):
    questions = ["孩子为什么容易在手术前感到紧张或焦虑？"]
    paragraph = ["即使是小手术，也会让人紧张不已。孩子们很容易在手术前感到紧张或焦虑，因为他们不太容易理解复杂的医学术语。此外，医生也不愿意向 16 岁以下的儿童开抗焦虑药物。", "一到周末就睡到中午？专家提醒赖床补觉只会适得其反 \n\n 经过了一个星期的工作和学习，你是不是一到周末就想睡到自然醒？"]
    model = FlagModel(model_path, query_instruction_for_retrieval="为这个句子生成表示以用于检索相关文章：", use_fp16=True)
    embeddings_1 = model.encode(questions)
    embeddings_2 = model.encode(paragraph)
    similarity = embeddings_1 @ embeddings_2.T
    print(similarity)
```

9.3.2　基于 ChatGLM3 知识库答案生成任务的微调

ChatGLM3 是由智谱 AI 和清华大学 KEG 实验室联合发布的对话预训练模型系列，其中 ChatGLM3-6B 是该系列中的一个开源模型。在保留了前两代模型的对话流畅性和部署门槛低等优势的基础上，ChatGLM3-6B 引入了更强大的基础模型（ChatGLM3-6B-Base），在

10B以下基础模型中具有较强大的性能。此外，模型支持全新设计的Prompt格式，原生支持工具调用、代码执行和Agent任务等复杂场景。ChatGLM3-6B系列不仅包括对话模型，还开源了基础模型和长文本对话模型，所有权重均对学术研究完全开放，并在填写问卷进行登记后允许免费商业使用，为研究人员和开发者提供了更多的灵活性和可定制性。

1. 项目介绍

本项目是基于ChatGLM3知识库答案生成任务的微调方法介绍。利用ChatGLM3-6B模型从开源数据中进行长文本表征任务微调，并利用对比学习方法进行数据构造。代码见GitHub的RagProj项目中的chatglm3-finetune部分，项目主要结构如下。

- data：存放数据及数据处理的文件夹。
  - dev.jsonl：验证集数据。
  - train.jsonl：训练数据。
  - load_data.py：用于针对开源数据进行数据处理，生成训练集及验证集数据。
- finetune：模型训练的文件夹。
  - train_qlora.py：使用QLoRA进行ChatGLM3训练的函数。
- predict：推理所需的代码文件夹。
  - predict.py：利用已训练的模型进行答案生成的方法。

本项目从数据预处理、模型微调和模型预测几个部分入手，手把手地带领大家一起完成ChatGLM3知识库答案生成微调任务。

2. 数据预处理

本项目中的数据与9.3.1节中使用相同的来源于开源社区Hugging Face中的Multi-Doc-QA-Chinese数据。数据处理代码见load_data.py文件，具体流程如下。

步骤1：获取开源Multi-Doc-QA-Chinese数据。

步骤2：遍历数据，获取QA中的question字段作为问题，positive_doc为参考知识库文档信息，answer为模型需要生成的答案。

步骤3：保存数据集。

相关样例代码如下：

```
def get_data(home, save_home):
    """

    :param home: 开源数据集路径
    :param save_home: 保存数据集路径
    :return:
    """
    data = []
    for name in os.listdir(home):
```

```
        if not name.endswith('json'):
            continue
        path2 = os.path.join(home, name)
        print(path2)
        with open(path2, 'r', encoding="utf-8") as f:
            for line in f:
                sample = json.loads(line)
                query = sample['QA'][0]['question']
                answer = sample['QA'][0]['answer']
                doc = sample['positive_doc'][0]['text']
                one = {
                    "instruction": f"你现在是一个可以根据文档内容进行问答的机器人，以下是用
于参考的文档内容：\n\n{doc}\n 问题为：{query}\n 答：",
                    "output": answer
                }
                data.append(json.dumps(one, ensure_ascii=False))

    size = int(len(data) * 0.01)
    train = data[size:]
    dev = data[:size]
    print(len(train), len(dev))
    with open(os.path.join(save_home, 'train.jsonl'), 'w', encoding="utf-8") as f:
        f.writelines('\n'.join(train))
    with open(os.path.join(save_home, 'dev.jsonl'), 'w', encoding="utf-8") as f:
        f.writelines('\n'.join(dev))
```

3. 模型微调

针对 ChatGLM3-6B 模型微调，采用 finetune 文件夹中的 train_qlora.py 进行模型训练，主要包含模型训练参数设置函数和模型训练函数，主要涉及以下步骤。

步骤 1：设置模型训练参数。

步骤 2：实例化分词器和 ChatGLM3-6B 模型。

步骤 3：加载模型训练所需要的训练数据和测试数据。

步骤 4：加载模型训练所需的 trainer。

步骤 5：进行训练，并按需保存模型和分词器。

相关代码如下：

```
def parse_args():
    parser = argparse.ArgumentParser(description='chatglm3-6b QLoRA')
    parser.add_argument('--train_args_json', type=str, default=None, help='Train-
ingArguments 的 json 文件')
```

```
    parser.add_argument('--model_name_or_path', type=str, default=None, help='模型
id或local path')
    parser.add_argument('--train_data_path', type=str, default=None, help='训练数据
路径')
    parser.add_argument('--eval_data_path', type=str, default=None, help='验证数据
路径')
    parser.add_argument('--seed', type=int, default=42)
    parser.add_argument('--max_input_length', type=int, default=512, help='in-
struction + input的最大长度')
    parser.add_argument('--max_output_length', type=int, default=1536, help='out-
put的最大长度')
    parser.add_argument('--lora_rank', type=int, default=4, help='lora rank')
    parser.add_argument('--lora_alpha', type=int, default=32, help='lora_alpha')
    parser.add_argument('--lora_dropout', type=float, default=0.05, help='lora
dropout')
    parser.add_argument('--resume_from_checkpoint', type=str, default=None, help='
恢复训练的checkpoint路径')
    parser.add_argument('--prompt_text', type=str, default='', help='统一添加在所有
数据前的指令文本')
    parser.add_argument('--compute_dtype', type=str, default='fp16',
                        choices=['fp32', 'fp16', 'bf16'], help='计算数据类型')
    return parser.parse_args()


def tokenize_func(example, tokenizer, global_args, ignore_label_id=-100):
    """单样本tokenize处理"""
    question = global_args.prompt_text + example['instruction']
    if example.get('input', None):
        if example['input'].strip():
            question += f'''\n{example['input']}'''
    answer = example['output']
    q_ids = tokenizer.encode(text=question, add_special_tokens=False)
    a_ids = tokenizer.encode(text=answer, add_special_tokens=False)
    if len(q_ids) > global_args.max_input_length - 2:  # 2 - gmask, bos
        q_ids = q_ids[: global_args.max_input_length - 2]
    if len(a_ids) > global_args.max_output_length - 1:  # 1 - eos
        a_ids = a_ids[: global_args.max_output_length - 1]
    input_ids = tokenizer.build_inputs_with_special_tokens(q_ids, a_ids)
    # question_length = input_ids.index(tokenizer.bos_token_id)
    question_length = len(q_ids) + 2  # chatglm1 - gmask, bos, chatglm2 - gmask,
sop
    labels = [ignore_label_id] * question_length + input_ids[question_length:]
```

```
    return {'input_ids': input_ids, 'labels': labels}


def get_datset(data_path, tokenizer, global_args):
    """读取本地数据文件，并使用 shuffle 操作，返回 datasets.dataset"""
    data = load_dataset('json', data_files=data_path)
    column_names = data['train'].column_names
    dataset = data['train'].map(lambda example: tokenize_func(example, tokenizer,
global_args), batched=False, remove_columns=column_names)
    dataset = dataset.shuffle(seed=global_args.seed)
    dataset = dataset.flatten_indices()
    return dataset


class DataCollatorForChatGLM:
    def __init__(self,
                 pad_token_id: int,
                 max_length: int = 2048,
                 ignore_label_id: int = -100):
        self.pad_token_id = pad_token_id
        self.ignore_label_id = ignore_label_id
        self.max_length = max_length

    def __call__(self, batch_data: List[Dict[str, List]]) -> Dict[str, torch.Ten-
sor]:
        """根据batch最大长度做padding"""
        len_list = [len(d['input_ids']) for d in batch_data]
        batch_max_len = max(len_list)
        input_ids, labels = [], []
        for len_of_d, d in sorted(zip(len_list, batch_data), key=lambda x: -x[0]):
            pad_len = batch_max_len - len_of_d
            ids = d['input_ids'] + [self.pad_token_id] * pad_len
            label = d['labels'] + [self.ignore_label_id] * pad_len
            if batch_max_len > self.max_length:
                ids = ids[: self.max_length]
                label = label[: self.max_length]
            input_ids.append(torch.LongTensor(ids))
            labels.append(torch.LongTensor(label))
        input_ids = torch.stack(input_ids)
        labels = torch.stack(labels)
        return {'input_ids': input_ids, 'labels': labels}
```

```
class LoRATrainer(Trainer):

    def save_model(self, output_dir: Optional[str] = None, _internal_call: bool = 
False):
        """只保存 adapter"""
        if output_dir is None:
            output_dir = self.args.output_dir
        self.model.save_pretrained(output_dir)
        torch.save(self.args, os.path.join(output_dir, "training_args.bin"))

def train(global_args):
    hf_parser = HfArgumentParser(TrainingArguments)
    hf_train_args, = hf_parser.parse_json_file(json_file=global_args.train_args_
json)

    set_seed(global_args.seed)
    hf_train_args.seed = global_args.seed
    model_max_length = global_args.max_input_length + global_args.max_output_
length

    print("global_args.model_name_or_path", global_args.model_name_or_path)

    tokenizer = AutoTokenizer.from_pretrained(global_args.model_name_or_path, 
trust_remote_code=True)

    # 配置量化参数
    q_config = BitsAndBytesConfig(load_in_4bit=True, bnb_4bit_quant_type='nf4', bn-
b_4bit_use_double_quant=True, bnb_4bit_compute_dtype=_compute_dtype_map[global_
args.compute_dtype])
    # 加载模型
    model = AutoModel.from_pretrained(global_args.model_name_or_path, quantiza-
tion_config=q_config, device_map='auto', trust_remote_code=True)

    model = prepare_model_for_kbit_training(model, use_gradient_checkpointing=True)

    # 配置 LoRA
    target_modules = TRANSFORMERS_MODELS_TO_LORA_TARGET_MODULES_MAPPING['chatglm']
    lora_config = LoraConfig( r=global_args.lora_rank, lora_alpha=global_args.lora_
alpha, target_modules=target_modules, lora_dropout=global_args.lora_dropout, bi-
as='none', inference_mode=False, task_type=TaskType.CAUSAL_LM
```

```
    )
    model = get_peft_model(model, lora_config)

    resume_from_checkpoint = global_args.resume_from_checkpoint
    if resume_from_checkpoint is not None:
        checkpoint_name = os.path.join(resume_from_checkpoint, 'pytorch_model.
bin')
        if not os.path.exists(checkpoint_name):
            checkpoint_name = os.path.join(
                resume_from_checkpoint, 'adapter_model.bin'
            )
            resume_from_checkpoint = False
        if os.path.exists(checkpoint_name):
            logger.info(f'Restarting from {checkpoint_name}')
            adapters_weights = torch.load(checkpoint_name)
            set_peft_model_state_dict(model, adapters_weights)
        else:
            logger.info(f'Checkpoint {checkpoint_name} not found')

    model.print_trainable_parameters()

    # 获取数据
    train_dataset = get_datset(global_args.train_data_path, tokenizer, global_
args)
    eval_dataset = None
    if global_args.eval_data_path:
        eval_dataset = get_datset(global_args.eval_data_path, tokenizer, global_
args)

    data_collator = DataCollatorForChatGLM(pad_token_id=tokenizer.pad_token_id,
                                           max_length=model_max_length)

    # 模型训练
    trainer = LoRATrainer(
        model=model,
        args=hf_train_args,
        train_dataset=train_dataset,
        eval_dataset=eval_dataset,
        data_collator=data_collator
    )
```

```
    trainer.train(resume_from_checkpoint=resume_from_checkpoint)
    trainer.model.save_pretrained(hf_train_args.output_dir)

if __name__ == "__main__":
    args = parse_args()
    print(args)
    train(args)
```

4. 模型预测

对于微调后的 ChatGLM3-6B 模型，使用相应的模型加载方法，可以针对问题和参考段落进行答案生成。

步骤 1：加载模型与分词器。

步骤 2：获取用户问题。

步骤 3：生成相应结果并返回。

相关代码如下：

```
from transformers import AutoTokenizer, AutoModel

def get_result(model_path, doc, question):
    """
    :param model_path: 模型路径
    :param doc: 参考文档信息
    :param question: 问题
    :return:
    """
    tokenizer = AutoTokenizer.from_pretrained(model_path, trust_remote_code=True)
    model = AutoModel.from_pretrained(model_path, trust_remote_code=True).half().
cuda()
    model = model.eval()
    input_ = f"你现在是一个可以根据文档内容进行问答的机器人，以下是用于参考的文档内容：\n\n
{doc}\n 问题为：{question}\n 答："
    response, history = model.chat(tokenizer, input_, history=[])
    print(response)
```

9.3.3　基于 Streamlit 的知识库答案应用搭建

Streamlit 是一个简单、易用的开源 Python 库，旨在帮助数据科学和机器学习领域的开发者轻松构建交互式应用程序。它提供了直观的 API，让开发者能够快速创建功能强大的应用，无须处理复杂的网络开发问题。Streamlit 支持快速迭代，自动重新运行功能可以即时反映代码变化，提供流畅的开发体验。此外，Streamlit 提供了广泛的可视化选项，包括图表、地图、表格等，支持与他人共享和部署应用程序到不同的平台中。本次将借助 Streamlit，利用微调后的 BGE 作为向量表征，并结合 Faiss 将相关文档进行向量存储，最后，根据用户输入的问题搜索后的结果使用微调的 ChatGLM3 模型生成答案，并进行展示。

1. 项目介绍

本项目是基于 Streamlit 搭建的知识库答案生成应用。代码见 GitHub 的 RagProj 项目中的 service 部分，项目主要结构如下。

- web_service：Streamlit 综合服务。
  - web.py：Streamlit 问答主函数。
  - split.py：用于针对输入文档进行拆分的方法。

本项目以 Streamlit 为基础进行知识库答案应用搭建。

2. 项目搭建

项目主函数采用 Streamlit，使用 web.py 进行模型服务加载，主要包含向量表征模型初始化、ChatGLM3 模型初始化、文档获取等逻辑，主要涉及以下步骤。

步骤 1：获取服务必要参数。

步骤 2：加载 BGE 向量模型。

步骤 3：加载 ChatGLM3 模型。

步骤 4：获取知识库文件，解析文档内容，并使用已加载的 BGE 向量模型对文档进行表征，进而将表征结果存储到 Faiss 中。

步骤 5：获取用户问题，使用 BGE 向量模型对问题进行表征，结合 Faiss 召回相关文本内容。

步骤 6：结合用户问题集召回的文档内容，使用初始化后的 ChatGLM3 模型，生成答案。并在前端进行展示。

Streamlit 的核心代码如下：

```
def main():
    # 获取配置信息
    args = get_args()
    # 初始化 BGE 向量模型
    st.session_state.embedding_service = EmbeddingService(args)
    # 初始化 ChatGLM3 模型
    st.session_state.glm_service = GLMService(args)

    # 获取知识库文件
    uploaded_file = st.file_uploader(" 请上传文件 ")
```

```
    temp_file = NamedTemporaryFile(delete=False, suffix=os.path.splitext(uploaded_
file.name)[1])
    temp_file.write(uploaded_file.getvalue())
    # 构造包含扩展名的临时文件路径
    file_path = temp_file.name
    with st.spinner('Reading file...'):
        texts = load_file(file_path)
    st.success('Finished reading file.')
    temp_file.close()

    # 初始化文档，对文档内容进行向量化
    st.session_state.index = st.session_state.embedding_service.get_embedding
(texts)

    # 获取用户问题
    st.markdown("#### 请在下列文框中输入您的问题：")
    if 'generated' not in st.session_state:
        st.session_state['generated'] = []
    if 'past' not in st.session_state:
        st.session_state['past'] = []
    user_input = st.text_input("请输入您的问题:", key='input')

    if user_input:
        # 获取用户问题，并得到向量表征，利用已加载的 Faiss 获取 K 个相关文档
        found_doc = st.session_state.embedding_service.search_doc(user_input,
texts, st.session_state.index, k=1)[0]
        # 生成答案并返回结果展示
        output = st.session_state.glm_service.get_result(found_doc, user_input)
        st.session_state['past'].append(user_input)
        st.session_state['generated'].append(output)
    if st.session_state['generated']:
        for i in range(len(st.session_state['generated']) - 1, -1, -1):
            message(st.session_state["generated"][i], key=str(i))
            message(st.session_state['past'][i],
                    is_user=True, key=str(i) + '_user')
            st.button("清空对话", on_click=clear_chat_history)
```

向量表征模块的核心代码如下：

```
class EmbeddingService:
    def __init__(self, args):
        self.embed_model_path = args.embed_model_path
```

```
        self.embed_model = self.load_embedding_model(self.embed_model_path)

    def load_embedding_model(self, model_path):
        embed_model = FlagModel(model_path,
                                query_instruction_for_retrieval="为这个句子生成表示以
用于检索相关文章:",
                                use_fp16=True)
        return embed_model

    def get_embedding(self, doc_info):
        doc_vectors = self.embed_model.encode(doc_info)
        doc_vectors = np.stack(doc_vectors).astype('float32')
        dimension = 512
        index = faiss.IndexFlatL2(dimension)
        index.add(doc_vectors)
        return index

    def search_doc(self, query, doc_info, index: faiss.IndexFlatL2, k: int):
        query_vector = self.embed_model.encode([query])
        query_vector = np.array(query_vector).astype('float32')
        distances, indexes = index.search(query_vector, k)
        found_docs = []
        for i, (distance, index) in enumerate(zip(distances[0], indexes[0])):
            print(f"Result {i + 1}, Distance: {distance}")
            found_docs.append(doc_info[i])
        return found_docs
```

大模型答案生成模块的核心代码如下：

```
class GLMService:
    def __init__(self, args):
        self.args = args
        self.glm_model, self.tokenizer = self.init_model(self.args.model_path)

    def init_model(self, model_path):
        tokenizer = AutoTokenizer.from_pretrained(model_path, trust_remote_
code=True)
        model = AutoModel.from_pretrained(model_path, trust_remote_code=True).
half().cuda()
        model = model.eval()
        return model, tokenizer
```

```
    def get_result(self, doc, question):
        input_ = f"你现在是一个可以根据文档内容进行问答的机器人，以下是用于参考的文档内容：
\n\n{doc}\n 问题为：{question}\n 答："
        response, history = self.glm_model.chat(self.tokenizer, input_, histo-
ry=[])
        return response
```

问答样例如图 9-6 所示。

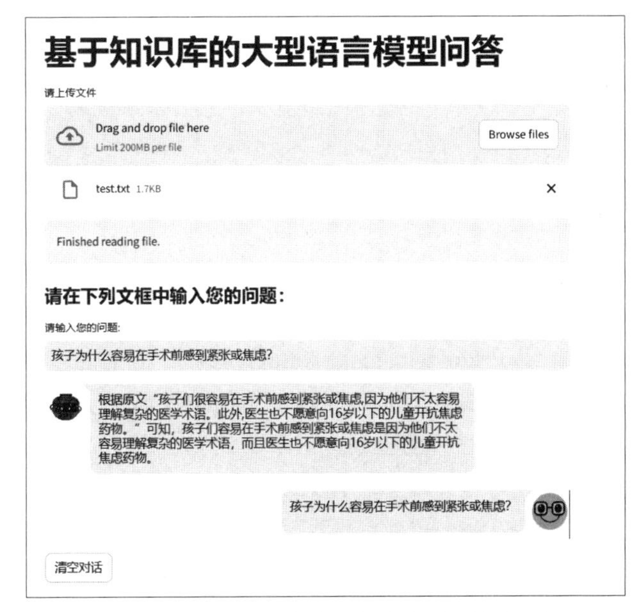

图 9-6　基于知识库大型语言模型问答样例

9.4　本章小结

本章首先介绍了基于知识库的大型语言模型问答应用，以及向量数据的相关内容，并从 BGE 微调入手，介绍了如何使用公开数据进行向量表征微调。接着介绍了使用 ChatGLM3-QLoRA 进行知识库答案生成任务微调。最后结合上述微调内容，利用 Streamlit 搭建知识库答案应用。

CHAPTER 10

第 10 章 使用 LangChain 构建一个 AutoGPT

本章将深入探讨如何使用 LangChain 框架来构建 AutoGPT，这是一种新型的自主 Agent。第 8 章已经简单介绍了 LangChain 和 AutoGPT 两个框架的基础知识，它们都可以用于构建 Agent。本章选择使用 LangChain 构建一个简单原始的 AutoGPT，以便更深入地理解 Agent 的各大模块以及决策和行动机制。本章不仅涵盖了 AutoGPT 的概念和功能，还深入探讨了如何通过代码实践将这一理念转化为现实。

10.1 AutoGPT 概述

AutoGPT 是一个基于 LLM 的实验性地创建自主代理逻辑的开源框架，它允许用户利用 LLM 作为代理的“智能大脑”，对目标进行规划和任务分解，并且使用工具与外部数据进行互动，存储记忆并循环执行任务直至完成目标。其核心任务是自动执行目标任务，例如，把目标设置为“写一份今天北京的天气报告”，在这个代理执行任务的过程中，不需要向代理提供详细的步骤说明；相反，只需给出一句话的目标任务描述，代理就会自己弄清楚如何完成，并迅速执行必要的命令。它自主地将任务串联起来，以实现用户设定的目标任务。它旨在提供一种更智能、更自动化的方式来处理和执行任务。

1. AutoGPT 的特点

AutoGPT 具有以下 5 个特点：

1）自主执行任务。AutoGPT 设计用来自主地执行复杂的任务。这意味着它能够在最少的人类干预下工作。对于 ChatGPT 产品，用户需要为每个想要完成的任务提供具体的提示。相比之下，AutoGPT 能够自我生成所需的提示（提示引擎），自主地执行一系列相关的任务。自主执行任务对应的是 Agent 系统的核心模块之 LLM 模块，自主代理是由 LLM 驱动的一个系统。

2）规划和任务分解。AutoGPT 的关键功能之一是能够将一个大型、复杂的目标任务分解成更小、更可管理的子任务。这一过程类似于人类解决问题时的步骤，其中一个大目标会被分解成更小的、更具体的步骤。AutoGPT 利用这种方法自动执行这些子任务，从而实现最终目标。规划和任务分解对应的是 Agent 系统的核心模块之 Planning 模块。

3）使用互联网和工具的能力。AutoGPT 不仅能够分解任务，还能够利用互联网和其他可用工具来完成这些任务。这可能涉及搜索信息、生成内容或执行特定的在线操作，这些操作通常会结合使用 GPT-4 或 GPT-3.5 的能力。使用互联网和工具的能力对应的是 Agent 系统的核心模块之 Tools 模块。

4）自动循环。AutoGPT 在实现目标的过程中可能会进行多次迭代和自我调整。这意味着它可以在执行任务时根据需要修改其行动方案，类似于一个自动循环，直到达到最终目标任务。自动循环对应的是 Agent 系统的核心模块之 Feedback 模块。

5）记忆功能。AutoGPT 通过使用外部记忆模块来增强 GPT 模型的记忆能力，它可以帮助 Agent 回顾过去对话内容和执行任务。AutoGPT 使用嵌入、向量存储和搜索功能为 Agent 储备长期记忆。记忆功能对应的是 Agent 系统的核心模块之 Memory 模块。

总的来说，AutoGPT 通过结合 LLM 驱动的提示引擎、记忆模块、工具及高效的命令和响应解析机制，自动循环执行任务实现了目标任务。这样的架构使得 AutoGPT 可以自主完成目标任务，并且具有与外部世界交互的能力。

2. AutoGPT 的运行机制

下面通过 AutoGPT 的 Python 实现的源码（仓库 autogpt/core/agent/simple.py），展示它如何实现自我生成所需的提示并自主执行一系列相关的任务，通过代码展示，AutoGPT 的运行机制浮出水面。以下为简化的源代码示例，旨在帮助理解 AutoGPT 的运行机制：

1）系统配置和任务设置。代码中定义了 AgentConfiguration 和 AgentSettings 类，AgentConfiguration 类用于配置 Agent 的目标、角色、任务循环次数等。这为 Agent 提供了执行任务所需的初始参数和目标。

```
class SimpleAgent(Agent, Configurable):
    default_settings = AgentSystemSettings(
        name="simple_agent",
        description="A simple agent.",
        configuration=AgentConfiguration(
            name="企业家-GPT",
            role=(
                "An AI designed to autonomously develop and run businesses with "
                "the sole goal of increasing your net worth."
            ),
```

```
            goals=[
                "Increase net worth",
                "Grow Twitter Account",
                "Develop and manage multiple businesses autonomously",
            ])
)
```

2）任务生成和规划。SimpleAgent类的build_initial_plan方法负责生成初始任务计划。它通过调用_planning对象的make_initial_plan方法，根据Agent的名称、角色和目标创建一个任务列表。这些任务随后被添加到任务队列中，以便进一步处理build_initial_plan。

```
    async def build_initial_plan(self) -> dict:
        plan = await self._planning.make_initial_plan(
            agent_name=self._configuration.name, # Agent的名称
            agent_role=self._configuration.role, # 角色
            agent_goals=self._configuration.goals, # 目标任务
            abilities=self._ability_registry.list_abilities(),
        )
        tasks = [Task.parse_obj(task) for task in plan.parsed_result["task_list"]]
```

3）能力（在LangChain框架中称为工具和工具包的使用）的选择和任务评估。determine_next_ability方法从任务队列中选取一个任务，并通过_evaluate_task_and_add_context方法对其进行评估。这个过程可能包括确定是否有足够的上下文信息来开始任务，并选择适合完成该任务的“工具能力”。

```
async def determine_next_ability(self, *args, kwargs):
        task = self._task_queue.pop()
        task = await self._evaluate_task_and_add_context(task)
        next_ability = await self._choose_next_ability(
            task,
            self._ability_registry.dump_abilities(),
        )
        self._current_task = task
        self._next_ability = next_ability.parsed_result
        return self._current_task, self._next_ability
```

4）执行任务。一旦确定了下一个要执行的能力，execute_next_ability方法将被调用来执行它。这涉及调用相应能力的方法，并处理其结果，包括更新任务状态和记忆系统。

```
async def execute_next_ability(self, user_input: str, *args, kwargs):
        if user_input == "y":
            ability = self._ability_registry.get_ability(
                self._next_ability["next_ability"]
```

```
            )
            ability_response = await ability(self._next_ability["ability_arguments"])
            await self._update_tasks_and_memory(ability_response)
            if self._current_task.context.status == TaskStatus.DONE:
                self._completed_tasks.append(self._current_task)
            return ability_response.dict()
        else:
            raise NotImplementedError
```

5）任务和记忆更新。_update_tasks_and_memory 方法用于在执行能力后更新当前任务的状态和 Agent 的记忆系统。这可能包括总结新知识、存储知识和总结在记忆中，并评估任务是否完成。

```
async def _update_tasks_and_memory(self, ability_result: AbilityResult):
        self._current_task.context.cycle_count += 1
        self._current_task.context.prior_actions.append(ability_result)
```

以上 5 个步骤显示了 AutoGPT 是如何通过内置的任务规划、评估和执行机制，以及与 GPT-4 模型的交互来自动执行任务的。它通过生成和评估任务、选择和执行能力、更新任务状态和记忆，来自主地完成复杂任务。

10.2 LangChain 概述

LangChain 是一个围绕 LLM 构建的框架，旨在简化使用这些模型开发应用程序的过程。

LLM 的出现催生了众多应用程序，也使得越来越多的人能够接触并参与到 AI 编程中。然而，随着这一领域的迅速发展，一个重要的问题逐渐浮现：AI 编程应该如何进行？我们需要什么样的规范和协议来指导这一过程？

LangChain 框架应运而生，为这一问题提供了解决方案。LangChain 不仅是一种工具或库，更是一种开发协议，为 AI 编程划定了明确的界线。

LangChain 框架的核心在于为 AI 编程提供标准化的指导。通过定义一系列的编程协议和规划，LangChain 帮助开发者理解和应用 LLM 技术，从而开发出既高效又可靠的 AI 应用。无论是数据处理、模型训练还是应用部署，LangChain 都提供了一套清晰的指南，使得开发者可以在这一框架下系统性地开发和优化 AI 项目。

LangChain 框架的主要特点和用途如下：

1）上下文感知应用。LangChain 特别强调应用程序的上下文感知能力。通过连接到各种上下文来源，如指令、样本示例、聊天记录，LangChain 使得应用能够更智能地处理和响应信息。这种上下文感知能力增强了应用程序在理解复杂场景和生成精确回应方面的能力。

2）组件链式结构。LangChain 的核心在于其独特的链式结构，它允许开发者将不同的组件以模块化方式组合。这种结构使开发者能够根据需求组合多个模块，创造出高度定制化且功能丰富的应用程序。

3）工具集成。LangChain 支持与广泛的外部工具集成，从而形成一个多元化的生态系统。这种集成能力使得 LangChain 可以有效协调不同工具之间的工作流程，提高从 LLM 中获取期望结果的效率和精准度。

LangChain 框架主要集成了大型语言模型（如 OpenAI 的 GPT-4），以及其他关键组件，如 Pinecone 向量搜索平台。这个结构布局允许 LangChain 在不同的应用领域实现复杂的任务和决策过程，例如自主执行任务、生成新任务，以及实时任务优先级的调整。

LangChain 框架通过集成市面上各种大型语言模型，结合 LangChain 的组件链式结构，并且提供各种工具和工具包，方便地处理前端任务列表，适用于各种 LLM 驱动的任务执行和决策制定场景，方便创建有上下文感知的 AI 项目。

10.3　使用 LangChain 构建 AutoGPT

截止到 2023 年 12 月，AutoGPT 项目已经获得了开源社区 GitHub 的 15.4 万以上的星标，成为开发者社区炙手可热的 LLM 工具框架。它的核心吸引力在于开发者能够使用它创建一系列功能各异的自主代理，这些代理被广泛展示在其 Arena 平台上。那么，是什么驱动了 AutoGPT 的发展，使其成为构建自主代理的理想选择呢？下面通过使用 LangChain 框架构建一个 AutoGPT 代理，我们可以更深入地理解这个代理工具背后的原理。

10.3.1　构建

在使用 LangChain 构建 AutoGPT 代理的过程中，首先需要定义代理的目标和任务。接下来，通过编程实现这些任务，将它们转化为可由 AutoGPT 理解和执行的格式。LangChain 框架提供了一套工具和 API，以便开发者可以轻松地与 LLM 及其他外部服务进行交互。

为了使用智能 Agent，需要一个 LLM 的 API 密钥。本节将介绍如何获取 OpenAI 的 API 密钥。

1）访问 OpenAI 官网，并在屏幕右上角单击用户名。

- 单击“查看 API 密钥”。
- 单击“创建新的密钥”。
- 输入一个合适的名称，然后单击“创建密钥”以获得密钥。

2）为了使用 Google 搜索 API，需要获取一个 Google 搜索 API 的密钥。获取步骤如下：

- 访问 Google Cloud 平台并登录 Google 账户。

- 在 Google Cloud 控制台中创建一个新的项目。
- 在项目中导航到“API 和服务”部分。
- 搜索“Google 搜索 API”，并启用此 API。
- 在 API 页面单击“创建凭证”以生成新的 API 密钥。
- 保存这个密钥以供 API 调用使用。

3）创建一个名为 autogpt_langchain 的文件夹，内部的文件结构如下。

- agent.py：用于构建 AutoGPT 类。
- output_parser.py：用于解析响应结果。
- prompt_generator.py：用于生成提示词模板的组合。
- prompt.py：用于提示词模板的构建。
- weather_agent.py：用于运行一个具有搜索和读写文件的天气报告 Agent。

10.3.2　规划和任务分解

要实现 AutoGPT 的规划和任务分解功能，最重要的是掌握 AutoGPT 的提示词模板技术。

AutoGPT 通过构建提示词模板来指导 LLM 规划和任务分解。构建方法遵循的是“思维链”（Chain of Thought，CoT）和“思维树”（Tree of Thought，ToT）原则，它要求模型逐步思考，从而鼓励它利用自身的推理能力进行有效的规划。

虽然 AutoGPT 并不直接利用像 LLM+P 这样的外部规划器，但它对于明确目标设定和工具整合的重视，可以被看作在 LLM 中实现更强大规划能力的一个重要步骤。通过这种方式，AutoGPT 不仅为 Agent 提供了明确的指导，还帮助它将复杂的任务分解为更简单、更具可操作性的小步骤，从而推进任务的完成。

1）规划提示词模板，选择提示词策略为思维链，要求模型逐步思考后做目标规划和任务分解。我们先创建一个新的文件，名为 prompt.py，专门用于为 AutoGPT 类生成提示词模板。在这个文件中，我们可以先导入所需要的类和方法，然后定义一个名为 AutoGPT-Prompt 的类，它负责管理和处理与 AutoGPT 相关的提示词模板和方法，该类的属性值 ai_role、ai_name 和 tools 用于设置 Agent 的角色、名称和配置的工具能力。

```
import time
from typing import Any, Callable, List

from langchain.prompts.chat import (
    BaseChatPromptTemplate,
)
from langchain.schema.messages import BaseMessage, HumanMessage, SystemMessage

from langchain.tools.base import BaseTool
```

```
from prompt_generator import get_prompt
from langchain.pydantic_v1 import BaseModel
class AutoGPTPrompt(BaseChatPromptTemplate, BaseModel):
    """Prompt for AutoGPT."""
    ai_name: str
    ai_role: str
    tools: List[BaseTool]
```

这个 AutoGPTPrompt 类继承自 LangChain 的 BaseChatPromptTemplate 和 BaseModel。在这个类中，我们首先定义一个名为 construct_full_prompt 的方法。这个方法的主要目的是构建完整的提示词，它将根据特定的目标和工具设定明确的方向和步骤，为 AutoGPT 类生成适当的提示词模板，类似于我们在写文章时确定主题。接着，它根据任务的目标，细化出需要完成的各个具体步骤，就像我们在写作时列出搜集资料、撰写提纲等小任务一样。

当我们调用这个方法，并传入一系列的目标（goals）时，它可以生成如下结构的提示词模板：

```
You are [AI Name], [AI Role].
Your decisions must always be made independently without seeking user assistance.
Play to your strengths as an LLM and pursue simple strategies with no legal complica-
tions. If you have completed all your tasks, make sure to use the "finish" command.

GOALS:
[Goal 1 from the goals list]
... [N. Goal N from the goals list]

TOOLS:
[List of available tools from the tools parameter]

Constraints:
Must independently complete tasks without user assistance.

Commands:
Use search tools to find relevant information.
Use file read/write tools to save and retrieve data.

Resources:
Utilize the internet for searches and information gathering.

Performance Evaluation:
Continuously assess and improve your strategy to enhance task execution efficiency.
```

```
You should only respond in JSON format as described below
Response Format:
{
"thoughts": {
# 省略
    },
    "command": { # 省略
    }
} :
```

这个提示词模板清楚地定义了 Agent 的角色和名称，并提出了一些基本的操作指南，例如独立做决策和采取简单的策略等。紧接着，它列出了 Agent 需要完成的具体目标和可用工具的清单。这种有结构的提示方式不仅有助于 Agent 更好地理解其任务，还能够通过明确地列出步骤和工具，帮助 Agent 有效地规划和执行任务。

2）根据这个提示词模板的设计思路来实现 construct_full_prompt 方法：

```
def construct_full_prompt(self, goals: List[str]) -> str:
    prompt_start = (
        "Your decisions must always be made independently "
        "without seeking user assistance.\n"
        "Play to your strengths as an LLM and pursue simple "
        "strategies with no legal complications.\n"
        "If you have completed all your tasks, make sure to "
        'use the "finish" command.'
    )
    # Construct full prompt
    full_prompt = (
        f"You are {self.ai_name}, {self.ai_role}\n{prompt_start}\n\nGOALS:\n\n"
    )
    for i, goal in enumerate(goals):
        full_prompt += f"{i+1}. {goal}\n"

    full_prompt += f"\n\n{get_prompt(self.tools)}"
    return full_prompt
```

在函数内部使用了一个 get_prompt 方法。该方法的目的是为 Agent 所配置的工具（tools）构建一个包含多种工具约束、命令、资源和性能评估的提示词模板。这个方法在 LangChain 框架中已经有实现代码，我们可以直接导入。

```
from langchain.experimental.autonomous_agents.autogpt.prompt_generator import get_
prompt
```

3）将提示词转化为符合 LLM 聊天模型要求的消息列表格式。为此，我们创建一个名为 format_messages 的函数。这个函数将处理多种输入，并将它们格式化为 LLM 的聊天模型端口要求的信息列表格式（包含 System、AI、User 三种角色信息的列表）。

首先实现的功能是初始化基础提示词和时间信息，也就是利用 construct_full_prompt 函数和提供的目标，创建一个 base_prompt 信息，为 Agent 设定总体背景和目标。接着，创建一个 time_prompt 信息，告知 Agent 当前的时间和日期。

```
def format_messages(self, **kwargs: Any) -> List[BaseMessage]:
    base_prompt = SystemMessage(content=self.construct_full_prompt(kwargs["goals"]))
    time_prompt = SystemMessage(
        content=f"The current time and date is {time.strftime('%c')}"
    )
messages: List[BaseMessage] = [base_prompt, time_prompt, memory_message]
    return messages
```

在完成以上步骤之后，程序具备了为 LLM 创建提示词模板以及处理 LLM 响应的能力。这些步骤都是为了准备 Agent 的运行环境。通过 construct_full_prompt 函数构造一个名为 AutoGPTPrompt 的类，该类能够利用 LLM 的理解和分析能力来生成高效的提示词模板。接着，format_messages 函数用于将 LLM 的输入转换成聊天模型所需的消息列表格式。最后解析 LLM 的输出响应。这整个流程为 Agent 的顺利运行提供了必要的技术支持和基础设施。

在整个 AutoGPT 的开发过程中，深入理解和掌握提示词模板技术至关重要。通过精心设计的提示词模板，AutoGPT 可以自主地分析和解决问题，这体现了其在任务处理和决策制定上的自足性和独立性。

10.3.3　输出解析

将 LLM 的输出（通常是字符串形式）转换为代码或可执行命令是一项复杂的任务。这涉及开发结构化的响应和输出解析器，这些解析器能够处理并修正输出中的错误，这对于将代理的决策转化为具体行动至关重要。

鉴于输出解析的重要性，同时为了构造 AutoGPT 专属的提示词模板，我们必须规范 LLM 的输出，否则 AutoGPT 程序很容易遇到错误并中断。由于我们设计的 AutoGPT 是自主型的，没有人类用户的参与，如果无法将语言模型的输出解析为程序能够理解的语言，它就无法完成自主运行的任务。在提示词中，我们要求 LLM 的响应格式按照以下提示词模板进行输出。

```
You should only respond in JSON format as described below
Response Format: {
    "thoughts": {
```

```
        "text": "思考内容",
        "reasoning": "推理过程",
        "plan": "- 简短的项目列表 \n- 传达长期计划",
        "criticism": "建设性的自我批评",
        "speak": "向用户陈述的思考总结"
    },
    "command": {
        "name": "命令名称",
        "args": {
            "arg name": "值"
        }
    }
}
```

为了更高效地将 AI 生成的文本转换为实际的操作命令，我们需要定制一个 LLM 模型输出器 AutoGPTOutputParser 类。该类旨在解析由 AutoGPT 生成的输出文本，并将其转换为可操作的命令。其关键功能如下。

1）初始化设置和导入模块。新建一个 output_parser.py 文件，导入所需的模块，数据格式使用的是 LangChain 框架已经封装好的 BaseOutputParser。定义一个 AutoGPTAction 类，用于约定解析的数据格式。再定义一个 BaseAutoGPTOutputParser 类，该类继承了 LangChain 框架的输出解析 BaseOutputParser 类，并且写入 parse 方法拓展该输出解析的功能。

```
import json
import re
from abc import abstractmethod
from typing import Dict, NamedTuple
from langchain.schema import BaseOutputParser

class AutoGPTAction(NamedTuple):
    name: str
args: Dict

class BaseAutoGPTOutputParser(BaseOutputParser):
    """Base Output parser for AutoGPT."""
    @abstractmethod
    def parse(self, text: str) -> AutoGPTAction:
        """Return AutoGPTAction"""
```

2）新建 preprocess_json_input 函数。通常在尝试解析 JSON 时，特别是在处理由 LLM（如 GPT-3 或 GPT-4）生成的输出时，这些输出可能包含不规则的反斜杠，从而导致标准

JSON 解析器无法正确解析。编写一个函数处理这样的问题，可以增加将文本成功解析为 JSON 的可能性，从而增强代码的可靠性。

```
def preprocess_json_input(input_str: str) -> str:
    """Preprocesses a string to be parsed as json.

    Replace single backslashes with double backslashes,
    while leaving already escaped ones intact.

    Args:
        input_str: String to be preprocessed

    Returns:
        Preprocessed string
    """
    corrected_str = re.sub(
        r'(?<!\\)\\(?!["\\/bfnrt]|u[0-9a-fA-F]{4})', r"\\\\", input_str
    )
    return corrected_str
```

3）异常处理。定义 AutoGPTOutputParser 类，该类最重要的方法是 parse，parse 方法内首先尝试将文本内容解析为 JSON 对象。若此过程失败，它会对文本进行预处理后再次尝试解析。这一步骤体现了处理 LLM 输出的不确定性，因为输出可能不总是有效的 JSON 格式。

```
class AutoGPTOutputParser(BaseAutoGPTOutputParser):
    """Output parser for AutoGPT."""

    def parse(self, text: str) -> AutoGPTAction:
        try:
            parsed = json.loads(text, strict=False)
        except json.JSONDecodeError:
            preprocessed_text = preprocess_json_input(text)
            try:
                parsed = json.loads(preprocessed_text, strict=False)
            except Exception:
                return AutoGPTAction(
                    name="ERROR",
                    args={"error":f"Could not parse invalid json: {text}"},
                )
```

4）命令提取。这是 parse 方法的第二个任务，如果成功解析出 JSON 对象，代码则尝试从中提取命令名称和参数。这与 AutoGPT 的预期输出格式相符，即假定 LLM 的输出是一个包含命令名称和参数的 JSON 对象。

```
class AutoGPTOutputParser(BaseAutoGPTOutputParser):
    """Output parser for AutoGPT."""

    def parse(self, text: str) -> AutoGPTAction:
        # ... [其他代码]
        try:
            return AutoGPTAction(
                name=parsed["command"]["name"],
                args=parsed["command"]["args"],
            )
        except (KeyError, TypeError):
            # If the command is null or incomplete, return an erroneous tool
            return AutoGPTAction(
                name="ERROR", args={"error": f"Incomplete command args: {parsed}"}
            )
```

5）错误处理。如果无法解析命令，或者命令结构不完整（例如缺少关键组成部分或类型错误），代码将生成一个标记错误的 AutoGPTAction 对象。这一机制确保了在解析失败的情况下，能够妥善处理错误，避免程序中断。

```
        except (KeyError, TypeError):
            # If the command is null or incomplete, return an erroneous tool
            return AutoGPTAction(
                name="ERROR", args={"error": f"Incomplete command args: {parsed}"}
            )
```

LangChain 框架已经实现了具备上述功能的 AutoGPTOutputParser 类，我们可以直接从框架中导入这个类。这样一来，开发者在使用 AutoGPT 时就无须从头编写复杂的输出解析逻辑，而是可以直接利用 LangChain 提供的这个类来处理和解析 LLM 的输出。

10.3.4　程序的核心 AutoGPT 类

当我们的 Agent 拥有了规划和任务分解的提示词模板后，下一步是将这些提示词发送给 LLM，然后通过输出解析器解析结果，并执行任务。为此，我们需要定义 AutoGPT 类。实例化这个类后，我们能够创建一个基于 LLM 模型的对话 Agent，这个 Agent 能够根据用户输入和目标执行各种任务。

首先创建 Agent.py 文件，然后定义 AutoGPT 类，AutoGPT 类是程序的核心，我们按照以下步骤，实现 AutoGPT 类。

（1）定义类

写清楚 AutoGPT 类的用途是使用 AutoGPT 交互的 Agent 类。

```
class AutoGPT:
    """定义 Auto-GPT."""
```

（2）定义属性

AutoGPT 类拥有多个关键属性，包括代理名称（ai_name）、记忆组件（memory）、LLM 链组件（chain）、输出解析器组件（output_parser）、可用工具列表（tools）、反馈工具（feedback_tool）和聊天历史记录存储（chat_history_memory）。构造函数接受这些属性作为参数，以实现定制化的代理配置。

```
    def __init__(
        self,
        ai_name: str,
        memory: VectorStoreRetriever,
        chain: LLMChain,
        output_parser: BaseAutoGPTOutputParser,
        tools: List[BaseTool],
        feedback_tool: Optional[HumanInputRun] = None,
        chat_history_memory: Optional[BaseChatMessageHistory] = None,
    ):
        self.ai_name = ai_name
        self.memory = memory
        self.next_action_count = 0
        self.chain = chain
        self.output_parser = output_parser
        self.tools = tools
        self.feedback_tool = feedback_tool
        self.chat_history_memory = chat_history_memory or ChatMessageHistory()
```

（3）定义 run() 方法

AutoGPT 类的核心功能体现在其 run() 方法中，该方法负责代理的运行逻辑。当调用 run() 方法时，它接受目标列表和初始用户输入作为参数。该函数的逻辑比较复杂，可以拆解成以下几个步骤进行解释：

1）初始化。将用户初始输入设置为“Determine which next command to use, and respond using the format specified above:”，设置循环计数器 loop_count 为 0。

```
# …[其他代码]
def run(self, goals: List[str]) -> str:
        user_input = (
            "Determine which next command to use, "
```

```
            " and respond using the format specified above: "
        )
        # Interaction Loop
        loop_count = 0
```

2）交互循环。进入一个无限循环，直到遇到终止条件为止。在循环体内执行以下操作：向 LLM 发送当前目标、消息、记忆以及用户输入，并获取回复；将回复存储在 assistant_reply 变量中；打印 LLM 的回复；将 LLM 的回复和用户输入分别添加到聊天历史记录中。

```
# …[ 其他代码 ]
   def run(self, goals: List[str]) -> str:
       while True:
           # Discontinue if continuous limit is reached
           loop_count += 1

           # Send message to AI, get response
           assistant_reply = self.chain.run(
               goals=goals,
               messages=self.chat_history_memory.messages,
               memory=self.memory,
               user_input=user_input,
           )

           # Print Assistant thoughts
           print(assistant_reply)
           self.chat_history_memory.add_message(HumanMessage(content=user_input))
           self.chat_history_memory.add_message(AIMessage(content=assistant_reply))
```

3）交互循环内部，解析结果，并进行不同的处理。使用输出解析器 output_parser 解析存储了 LLM 回复的助手回复 assistant_reply，提取命令名称和参数，并存储在 action 变量中。

- 如果命令名称是 FINISH_NAME，则表示用户想要结束对话，返回 LLM 回复中 action 变量的 response 的值。
- 如果命令名称存在于可用 tools 列表中，则传递 action.args 参数且使用该工具执行 run 命令，并获取结果，并将结果存储在 observation 变量中。
- 如果命令名称是 ERROR，则表示 LLM 遇到错误，解析错误信息并打印。
- 如果命令名称未知，则提示用户使用指定格式的命令。

```
def run(self, goals: List[str]) -> str:
# …[ 其他代码 ]
```

```
while True:
    # Get command name and arguments
    action = self.output_parser.parse(assistant_reply)
    tools = {t.name: t for t in self.tools}
    if action.name == FINISH_NAME:
        return action.args["response"]
    if action.name in tools:
        tool = tools[action.name]
        try:
            observation = tool.run(action.args)
        except ValidationError as e:
            observation = (
                f"Validation Error in args: {str(e)}, args: {action.args}"
            )
        except Exception as e:
            observation = (
                f"Error: {str(e)}, {type(e).__name__}, args: {action.args}"
            )
        result = f"Command {tool.name} returned: {observation}"
    elif action.name == "ERROR":
        result = f"Error: {action.args}. "
    else:
        result = (
            f"Unknown command '{action.name}'. "
            f"Please refer to the 'COMMANDS' list for available "
            f"commands and only respond in the specified JSON format."
        )
```

4）在交互循环内部，对程序是否循环做判断，并且更新程序的记忆组件。

首先是添加反馈到记忆组件中，将反馈工具获取到的反馈信息添加到 memory_to_add 变量中。

其次是添加一个新文档保存到记忆组件中。该文档包含存储在 memory_to_add 变量中的信息，也就意味着该文档的信息包括助手回复、上一次操作的结果和用户反馈（如果有）。通过将此文档添加到记忆组件中，代理可以稍后在对话中访问它。这允许代理更好地理解上下文并对未来的用户输入做出更准确的响应。

最后是添加系统消息到聊天历史记忆组件中。该消息 chat_history_memory 包含上一次操作的结果。result 变量是 action 变量的子属性，它包含命令执行的结果。具体来说，result 可以是以下 3 种类型：命令执行输出、错误消息、未知命令提示。这可以帮助用户跟踪对话的进展，并了解命令执行的结果。

总之，添加记忆组件的作用是确保代理的记忆和聊天历史记录在每次用户交互后都更新了相关信息。这允许代理从过去的对话中学习并为未来的用户输入提供更好的响应。

```
def run(self, goals: List[str]) -> str:
# …[其他代码]
        while True:
            memory_to_add = (
                f"Assistant Reply: {assistant_reply} " f"\nResult: {result} "
            )
            if self.feedback_tool is not None:
                feedback = f"\n{self.feedback_tool.run('Input: ')}"
                if feedback in {"q", "stop"}:
                    print("EXITING")
                    return "EXITING"
                memory_to_add += feedback

            self.memory.add_documents([Document(page_content=memory_to_add)])
            self.chat_history_memory.add_message(SystemMessage(content=result))
```

最后，创建 from_llm_and_tools 方法用于创建一个 AutoGPT 实例，并返回该实例。AutoGPTPrompt 实例用于为 LLM 提供提示，其中包括 Agent 的名称、角色、可用工具列表以及一些输入变量。LLMChain 实例将 LLM 与 AutoGPTPrompt 连接起来，并负责将用户输入传递给 LLM 模型，并返回 LLM 的回复。HumanInputRun 实例用于在每次用户交互之后收集用户的反馈。

```
# …[其他代码]
    @classmethod
    def from_llm_and_tools(
        cls,
        ai_name: str,
        ai_role: str,
        memory: VectorStoreRetriever,
        tools: List[BaseTool],
        llm: BaseChatModel,
        human_in_the_loop: bool = False,
        output_parser: Optional[BaseAutoGPTOutputParser] = None,
        chat_history_memory: Optional[BaseChatMessageHistory] = None,
    ) -> AutoGPT:
        prompt = AutoGPTPrompt(
            ai_name=ai_name,
            ai_role=ai_role,
            tools=tools,
```

```
            input_variables=["memory", "messages", "goals", "user_input"],
            token_counter=llm.get_num_tokens,
        )
        human_feedback_tool = HumanInputRun() if human_in_the_loop else None
        chain = LLMChain(llm=llm, prompt=prompt)
        return cls(
            ai_name,
            memory,
            chain,
            output_parser or AutoGPTOutputParser(),
            tools,
            feedback_tool=human_feedback_tool,
            chat_history_memory=chat_history_memory,
        )
```

10.3.5 工具能力配置

在构建AutoGPT类的代理时，选择并设置合适的工具是至关重要的。Agent通过使用一系列特定的工具来执行任务。这些工具的种类繁多，包括网络搜索工具SerpAPIWrapper、文件管理工具WriteFileTool和ReadFileTool等。代理通过配置这些工具，能够高效地处理各种数据和请求。LangChain框架提供了大量常用的工具和工具包组件，使得代理的构建和运行更加高效和灵活。

例如，以下是一些在LangChain框架中可用的常见工具及其配置方法：

```
from langchain.tools.file_management.read import ReadFileTool
from langchain.tools.file_management.write import WriteFileTool
from langchain.utilities import SerpAPIWrapper

# 创建一个SerpAPIWrapper实例，用于网络搜索
search = SerpAPIWrapper()

# 定义Agent可以使用的工具列表
tools = [
    Tool(
        name="search",
        func=search.run,
        description="用于回答有关当前事件的问题。您应该提出有针对性的问题",
    ),
    WriteFileTool(),
    ReadFileTool(),
]
```

在这个代码示例中，我们定义了 3 种工具：一个用于网络搜索的工具（SerpAPIWrapper），一个用于写文件的工具（WriteFileTool）和一个用于读文件的工具（ReadFileTool）。在实例化 AutoGPT 类时，设置 tools 属性为代码中的 tools 列表，可以完成工具的配置。通过这样的配置，代理可以在执行任务时灵活地使用这些工具，例如搜索网络上的信息、读取和写入文件等。因此，为 AutoGPT 代理准备一套有效的工具集合是实现其高效运行的关键。这些工具不仅增强了代理的功能性，也为其在处理复杂任务时提供了必要的支持。

工具配置会对 Agent 的行为产生重大影响，主要体现在以下几个方面：

1）工具信息整合。这个特点主要表现在之前定义的 construct_full_prompt 函数上，该函数调用 get_prompt(self.tools)，生成基于可用工具的提示词部分。这一部分可能提供了特定于每个工具的指示或信息，指导 Agent 如何有效地使用它们。

2）命令识别和执行。Agent 在调用运行函数 run() 时，接收其响应并进行解析。这个过程识别出 Agent 提到的命令名称和参数。如果命令名称与 tools 中的工具名称匹配，则检索相应的工具对象。

```
class AutoGPT:
    def run(self, goals: List[str]) -> str:
          # …[ 其他代码 ]
user_input = (
            "Determine which next command to use, "
            "and respond using the format specified above:"
        )
        # Interaction Loop
        loop_count = 0
        while True:
            action = self.output_parser.parse(assistant_reply)
            tools = {t.name: t for t in self.tools}
            if action.name == FINISH_NAME:
                return action.args["response"]
            if action.name in tools:
                tool = tools[action.name]
                try:
                    observation = tool.run(action.args)
                result = f"Command {tool.name} returned: {observation}"
            elif action.name == "ERROR":
                result = f"Error: {action.args}. "
            else:
                result = (
                    f"Unknown command '{action.name}'. "
                    f"Please refer to the 'COMMANDS' list for available "
```

```
                f"commands and only respond in the specified JSON format."
            )
```

3）任务委派和观察。tools 工具对象根据解析出的参数运行指定动作。这可能涉及各种功能，取决于工具的目的，例如访问外部资源、执行计算或与外部系统交互。工具执行的结果会生成一个观察结果，并被纳入对话历史。这个观察结果可以是通过搜索引擎检索到的数据，也可以是工具执行的特定任务的结果。工具执行的结果（observation）被捕获并记录在对话历史中。这个观察结果可以是从搜索引擎获取的信息、执行特定任务的结果，也可以是任何其他由工具产生的输出。通过记录这些观察结果，AutoGPT 类能够跟踪 Agent 的行为和决策过程，提供关于执行任务的实时反馈。我们可以在命令识别和执行的代码片段中增加观察的逻辑，正常情况下，observation 变量存储的是工具执行的结果；其他异常情况下，则需要分多种错误类型进行处理，例如参数验证失败（ValidationError）或其他类型的错误。这时，代码会捕获异常并生成相应的观察结果，这有助于后续的错误处理和调试。最后将观察的结果通过 f-string 拼接为 result 变量。

```
class AutoGPT:
    def run(self, goals: List[str]) -> str:
        # …[其他代码]
        while True:
# …[其他代码]
            if action.name in tools:
                tool = tools[action.name]
                try:
                    observation = tool.run(action.args)
                except ValidationError as e:
                    observation = (
                        f"Validation Error in args: {str(e)}, args: {action.args}"
                    )
                except Exception as e:
                    observation = (
                        f"Error: {str(e)}, {type(e).__name__}, args: {action.args}"
                    )
                result = f"Command {tool.name} returned: {observation}"

            elif action.name == "ERROR":
                result = f"Error: {action.args}. "
            else:
                result = (
                    f"Unknown command '{action.name}'. "
                    f"Please refer to the 'COMMANDS' list for available "
```

```
                f"commands and only respond in the specified JSON format."
            )
```

4）动态指导和适应性。工具本质上为 Agent 提供了一套功能，可以利用这些功能来实现其目标。与每个工具相关的提示词模板和指令指导 Agent 的决策制定和动作选择。通过融合工具执行的反馈和观察结果，Agent 可以适应其方法并完善其策略，从而可以更有效地完成任务。

```
        memory_to_add = (
            f"Assistant Reply: {assistant_reply} " f"\nResult: {result} " # 
result 变量存储了 observation 的信息
        )
        self.memory.add_documents([Document(page_content=memory_to_add)]) # 将
包含 observation 的 result 变量存储为一个文档。memory.add_documents 为 LangChain 框架实现的
方法
```

通过给 Agent 配置工具能力，赋予了 Agent 做出明智决策、执行多样化动作并从经验中学习的能力，最终呈现出了一个更加灵活和智能的系统。

10.3.6 为 Agent 配置记忆

在探讨如何为 Agent 配置记忆能力之前，让我们先了解一些关于人类大脑中记忆类型的背景知识。这有助于我们更好地理解为何这种类型的记忆对于增强 AutoGPT 的能力是必要的。

人类大脑的记忆可以分为感官记忆、短期记忆和长期记忆几种类型。感官记忆是对感觉信息的短暂保留，例如视觉（图标记忆）、听觉（回声记忆）和触觉（触觉记忆）。短期记忆或工作记忆则存储当前我们意识到的信息，它对于执行复杂的认知任务如学习和推理至关重要。长期记忆则可以长时间存储信息，分为显性 / 陈述性记忆（关于事实和事件的记忆，可以有意识地回忆）和隐性 / 程序性记忆（涉及自动执行的技能和例程，如骑自行车或打字）。

理解这些记忆类型如何在大脑中工作，可以帮助我们更好地设计和实现 AutoGPT 的记忆系统。在 AutoGPT 中，我们通常会尝试模拟这些记忆类型，以增强 Agent 的记忆能力。

1）模拟长期记忆。AutoGPT 依靠 AutoGPTMemory 类实现长期记忆功能。AutoGPT-Memory 类中的 retriever 属性是 LangChain 框架提供的一个 VectorStoreRetriever 对象。这个对象连接到一个向量存储服务，该服务用于存储和检索信息。这种类型的存储通常用于模拟长期记忆。在人类的长期记忆中，信息可以存储很长时间，并且容量几乎是无限的。在 AutoGPTMemory 类中，模拟长期记忆是通过使用向量存储来实现的，向量存储能够保存大量的信息，并且可以快速检索这些信息。当需要查询与聊天相关的信息时，retriever 通过检索与当前查询相关的文档，模拟了长期记忆中的信息检索过程。

2）模拟短期记忆。短期记忆（或工作记忆）是指当前我们意识到并需要处理的信息。在 AutoGPTMemory 类中，模拟短期记忆是通过维护聊天历史的最后几条消息来实现的。例如 AutoGPT 以返回最近的 10 条历史消息来实现短期记忆。而且短期记忆的内容需要不断更新，以反映最新的交互和上下文。

综上所述，AutoGPT 通过其向量存储和聊天历史管理机制，有效地模拟了人类的长期记忆和短期记忆。长期记忆的模拟使得模型能够访问和利用大量的历史信息，而短期记忆的模拟使得模型能够有效地处理当前的交互和上下文。这两种记忆的结合使得 AutoGPT 成为一个拥有短期和长期记忆的 Agent，提高了 AutoGPT 在处理和存储与聊天相关信息时的效率和准确性。

下面将探讨如何为 Agent 配置一个 AutoGPTMemory 类，这个类旨在增强 AutoGPT 的记忆能力，使其能更有效地处理和存储与聊天相关的信息。我们将从类的定义开始，逐步解释每个部分的作用和实现方法。

1）导入所需模块，定义类和成员变量。新建 memory.py 文件，这里定义了一个名为 AutoGPTMemory 的类，它继承自 BaseChatMemory。这意味着 AutoGPTMemory 将拥有 BaseChatMemory 的所有属性和方法，并且可以扩展或修改这些属性和方法。retriever 是一个 VectorStoreRetriever 对象，用于连接到一个向量存储服务，这个服务用于存储和检索与聊天相关的信息。

```
from typing import Any, Dict, List

from langchain.memory.chat_memory import BaseChatMemory, get_prompt_input_key
from langchain.vectorstore import VectorStoreRetriever

from langchain_experimental.pydantic_v1 import Field


class AutoGPTMemory(BaseChatMemory):
    """AutoGPT 的记忆."""

    retriever: VectorStoreRetriever = Field(exclude=True)
    """向量数据库的检索器类"""
```

2）定义内存变量，这个属性返回一个字符串列表，代表内存中要使用的变量名。在这个例子中，我们有两个变量：chat_history 和 relevant_context。这两个变量用于存储聊天历史和相关的上下文信息。

```
    @property
    def memory_variables(self) -> List[str]:
        return ["chat_history", "relevant_context"]
```

3）获取提示输入键，这个方法用于从输入中获取适合用作提示的键。如果内部变量

input_key 是 None，它将调用 get_prompt_input_key 函数（在导入模块时已导入）并传入输入和内存变量。

```
def _get_prompt_input_key(self, inputs: Dict[str, Any]) -> str:
    """ Get the input key for the prompt. """
    if self.input_key is None:
        return get_prompt_input_key(inputs, self.memory_variables)
    return self.input_key
```

4）定义 load_memory_variables 方法用于加载和返回与当前聊天相关的内存变量。首先，确定要用于查询的输入键，然后使用这个键从输入中检索查询。从 retriever 获取相关文档，并将这些文档以及最近的 10 条聊天消息存储在返回的字典中。

```
def load_memory_variables(self, inputs: Dict[str, Any]) -> Dict[str, Any]:
    input_key = self._get_prompt_input_key(inputs)
    query = inputs[input_key]
    docs = self.retriever.get_relevant_documents(query)
    return {
        " chat_history " : self.chat_memory.messages[-10:],
        " relevant_context " : docs,
    }
```

通过 AutoGPTMemory 类的设计，AutoGPT 能够根据聊天的上下文和历史来做出更加准确的响应。

5）构建好这个类后，我们将这个类所具备的记忆能力赋能到用于构造 LLM 提示词模板的 AutoGPTPrompt 类中。在 AutoGPTPrompt 类中，调用 AutoGPTMemory 是为了整合长期记忆和短期记忆数据，以便在构建提示时使用。AutoGPTMemory 在这个过程中的主要作用体现在以下几个方面：

第一，在 AutoGPTPrompt 类，定义的 format_messages 方法中，AutoGPTMemory 通过调用 memory.get_relevant_documents(str(previous_messages[-10:])) 获取与最近的 10 条消息相关的文档。这些文档随后被加工成 relevant_memory。

第二，AutoGPTMemory 类同时负责管理和提供聊天历史信息，这模拟了短期记忆的功能。在 format_messages 方法中，通过 previous_messages[-10:] 获取的最近 10 条消息被用来代表当前聊天上下文。这些消息被整合到提示中，以提供当前交互的直接背景，帮助生成更准确的响应。在代码中，实例化类后，从传递的参数 kwargs[" memory "] 中提取到 memory 对象，即为 VectorStoreRetriever 对象，包含程序的聊天历史信息，存放在向量数据库中。我们在 Agent 运行之前，即为 AutoGPT 类实例化之前，会选择一个向量数据库，通过 LangChain 框架提供的组件集成为向量服务。（代码中选择的是免费的 FAISS，而 AutoGPT 的作者使用的是收费的 Pinecone）。在项目中新建一个 weather_agent.py 文件，这是程序的主程序，提供一个写天气报告的 Agent 服务，加入代码中。我们将向量数据库支撑的记忆能力，在 AutoGPT 实例化的时候，通过参数 memory 传递给 AutoGPT。从此，这个 Agent 就拥有了记忆能力。

```
from langchain.docstore import InMemoryDocstore
from langchain.embeddings import OpenAIEmbeddings
from langchain.vectorstores import FAISS

# Define your embedding model
embeddings_model = OpenAIEmbeddings()
# Initialize the vectorstore as empty
import faiss

embedding_size = 1536
index = faiss.IndexFlatL2(embedding_size)
vectorstore = FAISS(embeddings_model.embed_query, index, InMemoryDocstore({}), {})


from langchain.chat_models import ChatOpenAI
from langchain.experimental.autonomous_agents import AutoGPT

agent = AutoGPT.from_llm_and_tools(
    ai_name= " Tom " ,
    ai_role= " Assistant " ,
    tools=tools,
    llm=ChatOpenAI(temperature=0),
    memory=vectorstore.as_retriever(),
)
```

6）添加长期记忆。添加记忆分为以下步骤。

①输入记忆。当 AutoGPT 的 Agent 运行后，需要将用户的输入添加到内存中。这是输入记忆阶段的关键操作。

② Agent 运行逻辑。设计的 AutoGPT 是完全自主运行的，不涉及用户交互。用户的输入被设置为特定的命令：Determine which next command to use, and respond using the format specified above。

③处理循环和响应。在运行循环中，AutoGPT 使用 LLMChain 发起请求，并将获得的响应保存在 assistant_reply 变量中。

```
class AutoGPTPrompt(BaseChatPromptTemplate, BaseModel):
       def run(self, goals: List[str]) -> str:
           # 初始化用户输入
```

```
        user_input = " Determine which next command to use, and respond using
the format specified above: "

        while True:
            # ... [其他代码]

            # 发送消息给 AI 并获取响应
            assistant_reply = self.chain.run(
                goals=goals,
                messages=self.chat_history_memory.messages,
                memory=self.memory,
                user_input=user_input,
            )

            # ... [其他代码]

            # 将 AI 的响应转换为 Document，并添加到记忆中
            memory_assistant_reply_add = f " Assistant Reply: {assistant_reply} "

self.memory.add_documents([Document(page_content=memory_assistant_reply_add)])
```

在这个代码示例中，AutoGPT 类的 run 方法负责处理用户输入和 AI 的响应，并将它们添加到聊天历史和向量数据库中。通过上述步骤，AutoGPT 类能够将用户的输入（User 角色）和 AI 的响应（AI 角色）作为文档保存到向量数据库中，以便后续的提取和搜索。

7）添加短期记忆。LangChain 框架提供了一个用于存储历史聊天记录的内存功能，这可以通过 ChatMessageHistory 类实现。该功能主要用于在 Agent 自主运行时捕捉和保存 System、User 和 AI 之间的对话。使用这个功能的方法如下：

①导入 ChatMessageHistory。

```
    from langchain.memory import ChatMessageHistory
```

②实例化时作为成员变量。在定义 AutoGPT 类时，将 ChatMessageHistory 实例化为一个成员变量。如果在构造函数中没有提供具体的 chat_history_memory 实例，会默认创建一个新的实例。

```
class AutoGPT:
    # ... [其他代码]

    def __init__(self, ..., chat_history_memory: Optional[BaseChatMessageHisto-
ry] = None):
        # ... [其他初始化代码]
        self.chat_history_memory = chat_history_memory or ChatMessageHistory()
```

③运行时添加消息。在 AutoGPT 类的 run 方法或相关处理函数中，使用 add_message 方法将用户的输入（User 角色）和 AI 的响应（AI 角色）添加到 chat_history_memory 对象中。这样，Agent 就能够保留对话历史，但需要注意的是，这种方式并不是长期的持久化存储，而是程序运行时的临时存储。

```
def run(self, user_input):
    # ... [处理输入和生成响应的代码]
    self.chat_history_memory.add_message(HumanMessage(content=user_input))
    self.chat_history_memory.add_message(AIMessage(content=assistant_reply))
    # ... [其他代码]
```

通过这种方式，AutoGPT 类不仅能处理当前的对话内容，还能参考过往的对话历史来生成更加相关和连贯的响应。

在整个过程中，AutoGPTMemory 和 ChatMessageHistory 的作用是确保 AutoGPTPrompt 可以访问并利用所有必要的上下文信息来构建高质量的提示，这包括从长期记忆中检索相关的历史信息和从短期记忆中获取最近的交互数据。通过这种方式，AutoGPTPrompt 能够生成更加精确和个性化的响应。

10.4　运行 AutoGPT

下面将介绍如何使用 LangChain 和 AutoGPT 实现一个天气报告助手（专业化的代理），这个助手将能够搜索网络，以及读写文件以完成任务。

1）建立项目、设置环境和导入模块。首先创建一个项目文件夹，在项目中创建一个名为 app.py 的文件，安装相关的 Python 包，如 streamlit、langchain、faiss-cpu、openai 等。

```
pip install streamlit langchain faiss-cpu openai google-search-results tiktoken
```

接下来在 app.py 文件中导入所需模块，其中一些重要的包括：SerpAPIWrapper，用于网络搜索；WriteFileTool 和 ReadFileTool，用于管理文件；faiss 和 OpenAIEmbeddings，用于语义搜索和理解用户查询。最后是来自 LangChain 实验模块下的 AutoGPT。ChatOpenAI 用于我们的聊天模型，此处使用 GPT-3.5，这些模块都来自 LangChain 框架。代码如下：

```
import streamlit as st
from langchain.utilities import SerpAPIWrapper
from langchain.agents import Tool
from langchain.tools.file_management.write import WriteFileTool
from langchain.tools.file_management.read import ReadFileTool
from langchain.vectorstores import FAISS
from langchain.docstore import InMemoryDocstore
from langchain.embeddings import OpenAIEmbeddings
```

```
from langchain.chat_models import ChatOpenAI
import faiss
from contextlib import redirect_stdout
import json
import os
import re

# 引入程序的核心类 AutoGPT
from agent import AutoGPT
```

在 app.py 文件中还要设置 API 密钥，包括 OpenAI 的密钥（OPENAI_API_KEY）和谷歌搜索密钥（SERPAPI_API_KEY）：

```
import os
os.environ['OPENAI_API_KEY'] = "填入你的 OpenAI 的密钥"
os.environ['SERPAPI_API_KEY'] ="填入你的谷歌搜索密钥"
```

2）设置工具和记忆。AutoGPT 代理会配置一些工具和记忆功能。这包括使用 SerpAPI-Wrapper 进行网络搜索、使用 WriteFileTool 和 ReadFileTool 进行文件管理，以及设置使用 FAISS 和 InMemoryDocstore 的记忆功能。这些工具和记忆功能将帮助代理理解用户查询的语义意义，并存储相关信息。

```
# 使用 SerpAPIWrapper 进行网络搜索
search = SerpAPIWrapper()

# WriteFileTool 和 ReadFileTool 是 LangChain 已经封装好的读写文件的工具
tools = [
    Tool(
        name= "search",
        func=search.run,
        description= "在需要回答有关时事的问题时非常有用。你应该提出针对性的问题",
    ),
    WriteFileTool(),
    ReadFileTool(),
]
embedding_size = 1536
index = faiss.IndexFlatL2(embedding_size)
vectorstore = FAISS(embeddings_model.embed_query, index, InMemoryDocstore({}), {})
```

3）实例化 LangChain 的 AutoGPT 实现。使用 from_llm_and_tools 方法创建一个由 LangChain 实现的 AutoGPT 代理实例，提供关于代理的详细信息，包括设置的记忆和工具。此外，还使用了 LangChain 的 ChatOpenAI 模块，它是 OpenAI 的 ChatModel（如 GPT-3.5

或 GPT-4）的封装。

```
agent = AutoGPT.from_llm_and_tools(
    ai_name= " Tom " ,
    ai_role= " Assistant " ,
    tools=tools,
    llm=ChatOpenAI(temperature=0),
    memory=vectorstore.as_retriever(),
)
```

4）运行代理。单击 Run 按钮后，用户输入将传递给代理，代理处理输入并生成输出，如图 10-1 所示。在这个过程中，还会调用 load_files 函数来加载模型输出生成的任何文件。天气报告文件如图 10-2 所示。

```
agent.run([ "写一个北京今天的天气报告" ])
```

运行结果及文件如图 10-1 和图 10-2 所示。

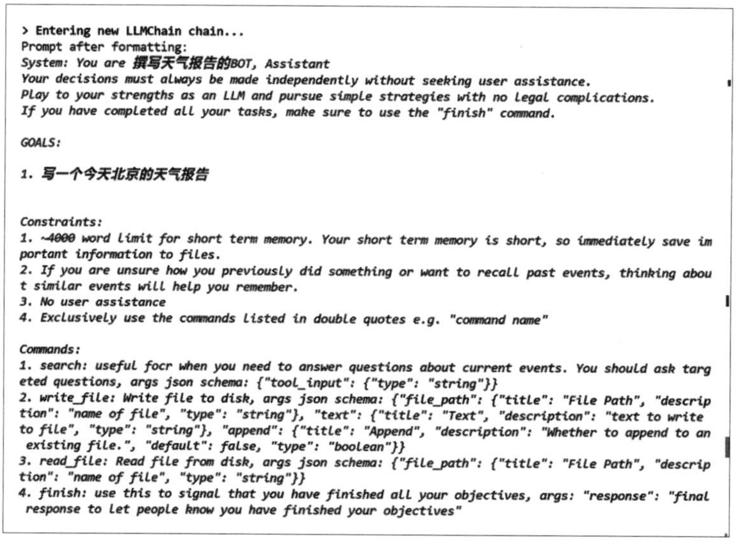

```
> Entering new LLMChain chain...
Prompt after formatting:
System: You are 撰写天气报告的BOT, Assistant
Your decisions must always be made independently without seeking user assistance.
Play to your strengths as an LLM and pursue simple strategies with no legal complications.
If you have completed all your tasks, make sure to use the "finish" command.

GOALS:

1. 写一个今天北京的天气报告


Constraints:
1. ~4000 word limit for short term memory. Your short term memory is short, so immediately save im
portant information to files.
2. If you are unsure how you previously did something or want to recall past events, thinking abou
t similar events will help you remember.
3. No user assistance
4. Exclusively use the commands listed in double quotes e.g. "command name"

Commands:
1. search: useful focr when you need to answer questions about current events. You should ask targ
eted questions, args json schema: {"tool_input": {"type": "string"}}
2. write_file: Write file to disk, args json schema: {"file_path": {"title": "File Path", "descrip
tion": "name of file", "type": "string"}, "text": {"title": "Text", "description": "text to write
to file", "type": "string"}, "append": {"title": "Append", "description": "Whether to append to an
 existing file.", "default": false, "type": "boolean"}}
3. read_file: Read file from disk, args json schema: {"file_path": {"title": "File Path", "descrip
tion": "name of file", "type": "string"}}
4. finish: use this to signal that you have finished all your objectives, args: "response": "final
 response to let people know you have finished your objectives"
```

图 10-1　Agent 运行时的 Python 输出

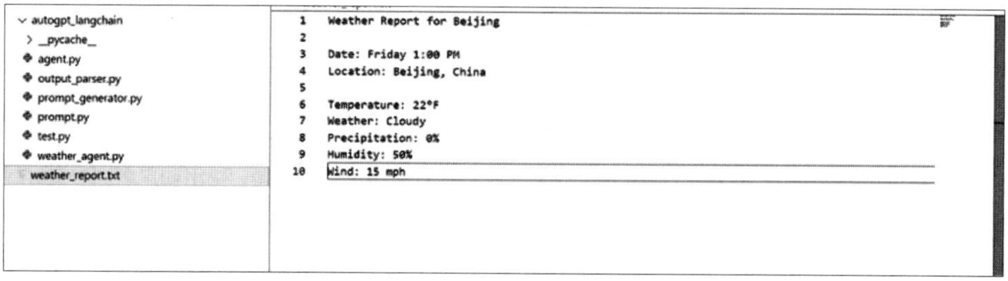

```
autogpt_langchain            1  Weather Report for Beijing
  > __pycache__              2
  agent.py                   3  Date: Friday 1:00 PM
  output_parser.py           4  Location: Beijing, China
  prompt_generator.py        5
  prompt.py                  6  Temperature: 22°F
  test.py                    7  Weather: Cloudy
  weather_agent.py           8  Precipitation: 0%
  weather_report.txt         9  Humidity: 50%
                            10  Wind: 15 mph
```

图 10-2　天气报告文件

这个 AutoGPT 代理实例的实现表明，LangChain 和 AutoGPT 的结合能够创建一个可定制的自动化 AI 助手来执行多种任务，如网络搜索、文件读写、语义理解等。

10.5 本章小结

本章深入探讨了 AutoGPT 的概念、LangChain 的作用及如何利用 LangChain 构建 AutoGPT。

LangChain 作为一个支持构建各种 Agent 框架的底层工具，提供了丰富的工具和模块，帮助开发者更容易地创建和配置 Agent。我们详细介绍了使用 LangChain 构建 AutoGPT 的过程，包括理解 LangChain 的架构、规划和分解任务、解析 LLM 的输出、探讨 AutoGPT 的核心逻辑和功能、配置工具能力，以及为 Agent 配置记忆功能。这些步骤为我们提供了深入理解和有效构建 AutoGPT 所需的知识。最后展示了如何运行构建好的 AutoGPT 以及它在实际应用中的表现。本章内容不仅让读者对 LangChain 和 AutoGPT 有了深入的理解，也为开发者在 LLM 应用领域的未来项目中提供了实用的指导。